房屋市政工程管理实务系列丛书

燃气行业施工生产安全事故案例分析与预防

彭知军　王天宝　主编

中国建筑工业出版社

图书在版编目（CIP）数据

燃气行业施工生产安全事故案例分析与预防/彭知军，王天宝主编. —北京：中国建筑工业出版社，2021.9

（房屋市政工程管理实务系列丛书）

ISBN 978-7-112-26563-3

Ⅰ. ①燃… Ⅱ. ①彭…②王… Ⅲ. ①天然气工程-工程施工-安全生产-生产事故-事故分析-中国 Ⅳ. ①TE64

中国版本图书馆 CIP 数据核字（2021）第 188825 号

本书共 11 章，内容分别是：燃气行业施工生产安全事故概况、高处坠落典型事故、物体打击典型事故、坍塌典型事故、机械伤害典型事故、触电典型事故、火灾典型事故、爆炸典型事故、中毒和窒息典型事故、淹溺典型事故、其他伤害典型事故等内容。文后还有附录，介绍了地方燃气工程建设安全管理办法、防高处坠落安全检查表、防物体打击安全检查表、防机械伤害安全检查表、防触电安全检查表等内容。本书的出版有助于燃气行业施工企业、建设单位及相关方吸取事故教训，总结事故规律，落实安全生产责任，完善各项安全措施，进一步提高燃气行业施工安全生产和应急管理水平，遏制燃气行业施工生产人身伤亡事故的发生。

本书可供从事燃气行业工程施工、管理人员使用，也可供能源专业和大专院校师生使用。

责任编辑：胡明安

责任校对：李美娜

房屋市政工程管理实务系列丛书
燃气行业施工生产安全事故案例分析与预防
彭知军　王天宝　主编

*

中国建筑工业出版社出版、发行（北京海淀三里河路 9 号）

各地新华书店、建筑书店经销

唐山龙达图文制作有限公司制版

天津安泰印刷有限公司印刷

*

开本：787 毫米×1092 毫米　1/16　印张：14¾　字数：367 千字

2021 年 10 月第一版　　2021 年 10 月第一次印刷

定价：**58.00** 元

ISBN 978-7-112-26563-3

（37867）

《房屋市政工程管理实务系列丛书》编委会

主　任：

彭知军（华润（集团）有限公司）

许开军（湖北建科国际工程有限公司）

副　主　任：

胡杨生（湖北建科国际工程有限公司）

王延涛（武汉市城市防洪勘测设计院有限公司）

王祖灿（深圳市燃气集团股份有限公司）

张华军（湖北建科国际工程有限公司）

执行主任：

伍荣璋（长沙华润燃气有限公司）

委　员：

陈寿安（E 网燃气网站 WWW. Egas. cn 创始人、技术总监）

丁天进（安徽安泰达律师事务所）

胡　波（湖北建科国际工程有限公司）

黄　明（深圳市燃气集团股份有限公司）

蒋永顺（华润燃气（郑州）市政设计研究院有限公司）

旷　华（佛山市燃气行业协会）

李　旭（中裕城市能源投资控股（深圳）有限公司）

李文波（湖北建科国际工程有限公司）

秦周杨（湖北宜安泰建设有限公司）

孙　浩（广州燃气集团有限公司）

王凯旋（中国安全生产科学研究院）

王天宝（深圳市市政工程质量安全监督总站）

王　睿（广州燃气集团有限公司）

伍　璇（武汉市昌厦基础工程有限责任公司）

杨泽伟（湖北建科国际工程有限公司）

秘 书 长：

刘晓东（惠州市惠阳区建筑工程质量监督站）

法律顾问：

王伟艺（北京市隆安（深圳）律师事务所）

本书编写组

主　编：

彭知军（华润（集团）有限公司）

王天宝（深圳市市政工程质量安全监督总站）

副主编：

黄　明（深圳市燃气集团股份有限公司）

李　旭（中裕城市能源投资控股（深圳）有限公司）

蒋永顺（华润燃气（郑州）市政设计研究院有限公司）

孙　浩（广州燃气集团有限公司）

编写组：

李雪超（中裕城市能源投资控股（深圳）有限公司）

王鹤鸣（兖州华润燃气有限公司）

王　睿（广州燃气集团有限公司）

伍荣璋（长沙华润燃气有限公司）

旷　华（佛山市燃气行业协会）

主　审：

伍荣障（长沙华润燃气有限公司）

许开军（湖北建科国际工程有限公司）

前　言

事故警示教育是安全生产工作的重要内容之一。为及时归纳、总结燃气行业施工生产安全事故的原因、特点及其发生的规律，吸取事故经验教训，并适时调整燃气行业施工安全管理工作的重点、思路与方向，进而采取有针对性的各项措施，有效遏制和减少燃气行业施工生产安全事故的发生，切实提高燃气行业施工安全生产管理整体水平，笔者编制《燃气行业施工生产安全事故案例分析与预防》。本书收录了近几年燃气行业施工方面发生的人身伤亡典型事故案例，根据高处坠落典型事故、物体打击典型事故、坍塌典型事故、机械伤害典型事故、触电典型事故、火灾典型事故、爆炸典型事故、中毒和窒息典型事故、淹溺典型事故、其他伤害典型事故等进行分类整理，按照基本情况、事故情况、伤亡情况、事故原因、处理意见、事故防范和整改措施等进行典型案例描述。

该书的出版有助于燃气经营企业、施工单位及相关方吸取事故教训，总结事故规律，落实安全生产责任，完善各项安全措施，进一步提高燃气行业施工安全生产和应急管理水平，坚决遏制燃气行业施工生产人身伤亡事故的发生，以鲜血和生命换取的经验教训，应该倍加珍惜。

目　　录

第1章

燃气行业施工生产安全事故概况

1.1 我国房屋市政行业安全事故案例统计

住房和城乡建设部官方网站公布的 2017～2019 年《房屋市政工程生产安全事故情况通报》显示，2019 年，全国共发生房屋市政工程生产安全事故 773 起、死亡 904 人，比 2018 年事故起数增加 39 起、死亡人数增加 64 人，分别上升 5.31％和 7.62％，安全生产形势愈发严峻复杂。近 3 年房屋市政工程生产安全事故统计情况如表 1.1-1、表 1.1-2。

2017～2019 年房屋市政工程生产安全事故统计表 表 1.1-1

统计项目	2017 年	2018 年	2019 年
事故起数(起)	692	734	773
死亡人数(人)	807	840	904
其中较大事故起数(起)	23	22	23
其中较大事故死亡人数(人)	90	87	107

注：数据来自中华人民共和国住房和城乡建设部官方网站。

2017～2019 年房屋市政工程生产安全事故类型统计表 表 1.1-2

事故类型	2017 年		2018 年		2019 年	
	起数	占比	起数	占比	起数	占比
高处坠落	331	47.83％	383	52.20％	415	53.69％
物体打击	82	11.85％	112	15.20％	123	15.91％
起重伤害	72	10.40％	55	7.50％	42	5.43％
土方、基坑坍塌	81	11.71％	54	7.30％	69	8.93％
机械伤害	33	4.77％	43	5.90％	23	2.98％
触电、中毒和窒息、火灾和爆炸及其他类型事故	93	13.44％	87	11.90％	101	13.06％

注：数据来自中华人民共和国住房和城乡建设部官方网站。

2019 年全国房屋市政工程生产安全较大及以上事故中，以土方和基坑开挖、模板支撑体系、建筑起重机械为代表的危险性较大的分部分项工程事故占总数的 82.61％，依然是风险防控的重点和难点；管沟开挖坍塌事故占总数的 13.04％，现场管理粗放、安全防护不到位、人员麻痹大意是重要原因；既有房屋建筑改造、维修、拆除施工作业坍塌事故占总数的 13.04%，相关领域风险隐患问题日益凸显；市场主体违法违规问题突出，存在违章指挥、违章作业问题的事故约占总数的 80%，存在违反法定建设程序问题的事故约占总数的 60%，存在关键岗位人员不到岗履职问题的事故约占总数的 40%。

1.2　燃气工程特点对施工安全的影响

燃气工程作为房屋市政的分部工程，其事故类型可归属于上述六类，但燃气具有易燃易爆的特性，其火灾和爆炸事故发生的概率远大于水电以及通信类市政工程。燃气管道一般位于城镇道路和居住区，具有人员活动多、施工面狭窄、地下管线复杂、地面交通流量大、施工周期长等不利因素，且存在工程规模小、造价低、施工作业行为零散、施工人员素质偏低、安全意识参差不齐等现实情况，给工程施工带来了诸多安全风险。

1.3　燃气施工安全事故风险分析

1. 物的不安全状态

城镇燃气管道施工的机械设备主要有电焊机、切割机、挖土机、起重机、发电机等，部分施工单位为减少安全投入，经常临时租用甚至"串用"上述机械，对租赁及自有缺损设备不及时修复，硬上带"病"电气设备赶工期现象严重，容易造成触电和机械伤害事故，此外，在楼栋燃气立管安装的高空作业过程中，由于吊装设施老化、磨损引起的吊篮倾覆、吊绳断裂等情况，也是造成施工人员伤亡的主要原因。

2. 人的不安全行为

施工作业人员安全意识不强，缺乏基本的安全常识，普遍较少佩戴劳动防护用品；未参加安全教育培训，严重违反规章、制度、流程；忽视安全，心存侥幸，理所当然的认为工艺简单，不会发生危险；作业人员昼夜施工，加班加点，睡眠不足等情况，产生了人的不安全行为，在施工过程中的具体表现为：作业人员设备操作错误、使用不安全工具、不佩戴防护用具、穿着不安全装束、对易燃易爆危化品处理错误等。

3. 环境的不安全因素

开放式的城镇燃气管道施工场地受到人员活动多、施工面狭窄、地下管线复杂、地面交通流量大等不利因素影响，施工过程中经常出现的基坑土体松散、现场围蔽警示不足以及恶劣天气下的强行抢工，极易造成管沟坍塌和物理打击伤害。此外，在与已通气管网的接驳、停气、关阀作业方面，由于燃气本身的易燃、易爆特性，容易在狭小的空间内出现窒息、泄漏燃烧、爆炸等事故，以上因素均为施工环境中的不安全因素。

4. 管理缺陷

作为城镇燃气管道的建设方，燃气企业通常对施工队伍采取准入制的建库模式，而单项工程发包给施工班组后，一些施工班组再转给包工头，以致本应由施工企业建立和实施的整套安全生产管理体系无法有效传导至实际作业人员，造成了工程施工重进度、省成本、轻安全的局面。这种以包代管的现象的存在，给燃气企业带来了巨大的管理难度和安全风险。

即便施工企业自行实施的单项工程，也常常因工程"小而多"而无法配备足够的专职、兼职安全员，甚至项目经理不到位，导致安全检查形同虚设。此外，三级安全教育流于形式、安全宣传停留在口头上、施工组织不按章办事、监理单位责任缺失等现象时有发生。

1.4　燃气施工安全事故风险对策

针对上述风险产生的原因，提高各类施工机械的可靠性以消除或减少故障、增加安全系数、设置安全监控系统、改善作业环境，加强员工的安全意识培训和教育、克服不良的操作习惯，严格按章办事，并在施工作业中保持良好的生理和心理状态，都是施工企业控制安全风险的常规对策。

对于源头上的"以包代管"，燃气企业工程管理人员应担负起常规检查责任，如：严禁施工企业直接转包工程，一旦发现立即终止合同并依法索赔；主动参与施工单位的安全培训，经常检查三级安全教育记录；定期检查机械设备的检测报告及完好性；增加现场检查频率，对于未佩戴安全防护用品的作业人员提出整改并考核；敦促监理单位切实履行管理责任。

此外，利用互联网平台对燃气施工过程进行日常监管也成为趋势，燃气企业可利用燃气工程质量监管系统，对施工单位人员、机具进行备案，对施工现场进行监控，也能适当弥补燃气企业在管理上存在的缺陷。

第2章

高处坠落典型事故

2.1 事故案例1：广西崇左市友谊 MC 天然气利用工程 "12·17" 高处坠落事故

2018 年 12 月 17 日上午 10 时 10 分左右，在崇左友谊 MC 小区 13 栋天然气利用工程施工地发生一起高处坠落事故，造成 2 人死亡。

2.1.1 基本概况

1. 工程概况

工程名称：广西崇左市天然气利用工程，事故地点位于崇左市友谊某小区庭院。

2018 年 5 月 16 日，发包人崇左 ZR 城市燃气发展有限公司（以下简称崇左 ZR 公司）与承包人中 CH 远工程建设有限公司（以下简称 ZC 公司）签订《建设工程施工合同》(TY 合同)，合同编号：崇左 ZR 施合字（2018）001 号；工程承包范围：庭院管网工程等 9 项内容；合同期限：2018 年 4 月 1 日至 2019 年 3 月 31 日；合同总价：450 万元。监理单位委派的监理工程师是刘某斌，发包人崇左 ZR 公司代表是张某，承包人 ZC 公司委派的项目经理是周某燕。

2018 年 10 月 1 日，ZC 公司与广西 YT 劳务有限公司（以下简称 YT 劳务公司）签订《建设工程施工劳务分包合同》，合同编号：工程公司劳合字（2018）G023 号；工程分包范围：为项目提供劳务服务；合同期限：2018 年 10 月 1 日至 2019 年 3 月 31 日；合同暂定价：365 万元。承包人 ZC 公司委派的担任驻工地的项目经理为季某，劳务分包人 YT 劳务公司委派的担任驻工地的项目经理为陆某军。

2. 事故相关单位情况

（1）工程发包方：崇左 ZR 城市燃气发展有限公司。公司成立日期：2012 年 11 月 8 日；法定代表人：贺某；地址：崇左市友谊大道龙胤财富广场某号楼某楼。2018 年 8 月 1 日，公司调整安全生产委员会成员，主任是罗某卉，副主任是张某，专职安全员是张某勇。该公司持有《工商营业执照》，注册资本：（略）；统一社会信用代码（略）；营业期限：2012 年 11 月 9 日至 2042 年 11 月 9 日；经营范围：对城市管道燃气等配套设施的投资及相关业务；登记机关：崇左市工商行政管理局；登记时间：2018 年 1 月 24 日。

（2）工程承包方：中 CH 远工程建设有限公司。公司成立日期：1997 年 3 月 26 日；

法定代表人：谢某奇；地址：辽宁省辽阳市太子河区荣兴路某号。2018 年上半年，该公司调整安全生产委员会成员，调整后主任是谢某奇、郭某亮，副主任是张某伟、佟某晖、王某兴、郎某双、朱某卫、欧某锋、王某全、卢某。

该公司持有《工商营业执照》《建筑业企业资质证书》和《安全生产许可证》。

1)《工商营业执照》，统一社会信用代码（略）；注册资本：（略）；营业期限：1997 年 3 月 26 日至 2027 年 3 月 26 日；经营范围：市政公用工程施工总承包一级；登记机关：辽阳市行政审批局；登记时间：2018 年 4 月 4 日。

2)《建筑业企业资质证书》，证书编号（略）；资质类别及等级：市政公用工程施工总承包贰级；发证机关：辽宁省住房和城乡建设厅；发证时间：2018 年 4 月 25 日。

3)《安全生产许可证》，编号（略）；主要负责人：吴某；许可范围：建筑施工；有效期：2017 年 1 月 17 日至 2020 年 1 月 16 日；发证机关：辽宁省住房和城乡建设厅；发证时间：2017 年 1 月 17 日。2018 年 5 月 16 日，企业名称及企业主要负责人发生变更，变更前名称是 ZR 宏远工程建设有限公司，主要负责人是吴某。变更后的名称是中 CH 远工程建设有限公司，主要负责人是谢某奇。

（3）劳务分包单位：广西 YT 劳务有限公司。公司成立日期：2013 年 3 月 20 日，法定代表人：卢某华；地址：南宁市青秀区佛子岭路某号向南居·金溪园某座某单元。

该公司持有《工商营业执照》《建筑业企业资质证书》和《安全生产许可证》。

1)《工商营业执照》，统一社会信用代码（略），注册资本：（略）；营业期限：长期；经营范围：建筑劳务分包等业务；登记机关：南宁市行政审批局；登记时间：2018 年 5 月 28 日。

2)《建筑业企业资质证书》，证书编号（略）；资质类别及等级：模板脚手架专业承包不分等级；发证机关：南宁市城乡建设委员会；发证时间：2017 年 7 月 24 日。

3)《安全生产许可证》编号（略），主要负责人：卢某华；许可范围：建筑施工；有效期：2017 年 5 月 27 日至 2020 年 5 月 27 日；发证机关：南宁市城乡建设委员会；发证时间：2017 年 5 月 27 日。2018 年 7 月 31 日，企业主要负责人发生变更，变更前主要负责人是陆某军，变更后企业主要负责人是卢某华。

（4）监理单位：安徽 GH 建设监理咨询有限公司。公司成立日期：1997 年 5 月 27 日，法定代表人：吴某淏，地址：合肥市高新区宁西路某号安徽 KC 电子科技股份有限公司办公楼某号。

该公司持有《工商营业执照》《工程监理资质证书》。

1)《工商营业执照》，统一社会信用代码（略）；注册资本：（略）；营业期限：长期；经营范围：所有专业工程类别建设工程项目的工程监理业务和相应类别建设工程的项目管理、技术咨询、建材工业、建筑安装工程、建设工程招标代理；登记机关：合肥市工商行政管理局；登记时间：2017 年 10 月 31 日。

2)《工程监理资质证书》，证书编号（略）；资质等级：工程监理综合资质；发证机关：中华人民共和国住房和城乡建设部；发证时间：2018 年 5 月 9 日。

3. 事故现场勘验情况

经现场勘验，事故地点在崇左友谊 MC13 栋，楼层数为 16 层，层高 3m。工作钢丝绳断口处与吊篮之间的钢丝绳长度为 13.6m，工作钢丝绳有 6 大股即 12 小股，直径为

5mm，断面呈鸟笼状散开状态，极不平整。多功能提升机型号 TSJ-A，提升高度 1～100m，提升重量 500～1000kg，生产厂家是上海 YSB 机械有限公司，无出厂日期，由 YT 公司谢某能提供，多功能提升机未做安全性能检测，吊篮系自制吊篮。

2.1.2 事故情况

1. 事故经过

2018 年 12 月 17 日 10 时 10 分左右，在崇左市天然气利用工程友谊某小区 13 栋楼房工地，YT 劳务公司用多功能提升机作动力机械，多功能提升机未做安全性能检测。使用自制吊篮载人，吊篮配置工作钢丝绳没有安装安全钢丝绳，设置了一条辅绳。谢某鑫在 13 栋楼房天面负责现场指挥，何某中和李某传两人同时在自制吊篮上，在 13 栋楼房东侧外墙面 12 层与 13 层之间进行高空作业，两人共用一条主绳（工作钢丝绳）、辅绳（安全绳），在从第一个焊口移动到第二个焊口过程中，将安全带从辅绳解开，此时，在楼顶指挥的现场工人谢某鑫突然听到"崩"的一声响，工作钢丝绳从楼顶外支点发生断裂，两人从 38m 左右高空坠落至地面。10 时 18 分左右，现场工人谢某鑫马上向公司有关领导汇报并拨打了 120 电话，10 时 30 分左右救护车到达现场，经医生现场鉴定，宣告何某中、李某传两名工人已经当场死亡。

2. 事故现场处置情况

事故发生后，江州区政府梁某华常务副区长带队，组织有关部门召开事故现场救援工作协调会。按照领导的指示精神，崇左市公安局城南派出所对事故区域设置警示标识及安全围栏，封锁事故区域，对现场秩序进行维护，市公安局江州分局刑侦大队固定相关证据。同时法医对尸体进行了检验，结论为死者何某中、李某传两人符合高处坠落致死特征。小区管委会对 13 栋楼顶有关动力设备进行管护，避免事故现场受到破坏。安监局到达现场后进行调查取证，勘验现场，将事故初步认定为生产安全事故，要求事故单位主动同家属方联系，做好事故善后处置工作。当日 12 时 30 分，死者尸体被及时送至崇左市殡仪馆冷藏。

3. 事故赔偿情况

在江州区安监局、石景林街道办多次调解下，12 月 21 日，事故责任方 YT 劳务公司、中 CH 远公司与李某传家属就赔偿问题达成一致意见，赔偿金 85 万元；12 月 24 日与何某中家属就赔偿问题达成一致意见，赔偿金 93 万元。事故责任方按协议要求及时向两位死者家属兑现了死亡赔偿金，死者家属也配合事故责任方做好死者工伤保险赔付工作。死亡赔偿金到位后，12 月 22 日，李某传家属将尸体进行了火化，12 月 25 日，何某中家属将尸体进行了火化，事故善后工作得到妥善处理。

2.1.3 伤亡情况

事故造成 2 人死亡，直接经济损失约 178 万元。

2.1.4 事故原因

1. 直接原因

（1）YT 劳务公司利用多功能提升机违章载人；工人违章作业；高处作业安全防护措

施不到位，没有安全钢丝绳。

（2）连接吊篮的工作钢丝绳与需提升的载荷重量不匹配；未经检测；安全系数低，工作钢丝绳直径为5mm，按照现行国家标准《高处作业吊篮》GB/T 19155—2017规定，钢丝绳的最小直径为6mm，连接吊篮工作钢丝绳小于此值；日常缺少必要的维护保养，导致工作钢丝绳在高空作业时不能承载施工重量而发生断裂。

2. 间接原因

（1）广西YT劳务有限公司

1）YT公司未严格依法履行安全生产主体责任。在该工程项目的施工中，未设置安全生产管理机构，其安全生产主要负责人卢某华及项目安全管理人员未能提供上岗资格证。质量安全管理制度无审批人签字，也未加盖单位公章。现场管理人员未对当日作业人员进行安全技术交底。安全隐患检查制度不落实，不能提供日常安全隐患特别是高空作业重大隐患检查记录。安全事故应急救援预案套用其他项目部文件，也没有演练方案及演练相关记录。

2）YT劳务公司违反建筑施工高处作业安全技术规范及高处作业吊篮等有关技术标准。YT公司对肇事的多功能提升机来源不清楚，不了解其使用功能，设备商标信息不完整，没有出厂时间。对多功能提升机工作钢丝绳厂家来源不清楚，未对其安全性能做安全检测。YT公司也没有将提升机纳入本公司设备的管理，不指定专人维护和保养。不能提供施工作业指导书和多功能提升机安全操作规程。工人使用的高处作业吊篮为自制吊篮，违反了现行行业标准《建筑施工高处作业安全技术规范》JGJ 80—2016高处悬空作业不得使用自制吊篮的规定。依照高处吊篮作业安全配置相关规定，两人在高处吊篮作业时需配置一条工作钢丝绳、一条安全钢丝绳，每人配置一条安全辅绳。然而，事故现场吊篮仅配置一条工作钢丝绳和一条安全辅绳。事发时，何某中、李某传在高处作业时均未系安全辅绳。

3）YT公司特种作业人员未持证上岗。高处作业属特种行业，工人上岗必须持有高空作业许可证，工人何某中、李某传没有办理高空作业许可证，属无证上岗。何某中与YT公司签订的《进城务工人员劳动合同书》工种是普工，但在实际工作中从事的是特种作业工种。

（2）中CH远工程建设有限公司

1）ZC公司主要负责人及安全管理人员不能提供上岗资格培训证书。企业主要负责人（安全生产管理委员会主任）谢某奇、郭某亮；副主任：张某伟、佟某晖、王某兴、郎某双、朱某卫、欧某锋、王某全、卢某等人不能证明具备与所从事生产经营活动相适应的安全知识和管理能力。

2）ZC公司对劳务分包人YT公司安全监管履职不力。一是未向YT劳务公司提出要对使用机械设备多功能提升机及工作钢丝绳进行安全性能检验检测方面的要求；二是对YT劳务公司利用多功能提升机进行高处作业未提出书面整改意见；三是对YT劳务公司日常安全交班（交底）工作情况未做安全巡查；四是对YT劳务公司特种作业人员未持证上岗情况未提出书面整改意见。

3）ZC公司没有严格落实安全管理有关制度，未制定本项高空作业专项施工方案。中CH远工程建设有限公司《安全生产管理手册》表明，企业制度完善但没有真正落实到工作中，有关制度成为一张空纸。高处作业属特种作业，应在施工组织设计或施工方案中制定高处作业安全技术措施。该企业未制定本项目高处作业专项施工方案和高处作业操作规程。所提供的《崇左市友谊某小区庭院及户内燃气管道工程施工方案》中没有包含该项目高处作业具体措施，其提供的材料《高空作业及管道吊装方案》为中CH远百色项目部材料，未经审批又无单位盖章，不能认定该吊装方案是本工程高处作业方案。

4）ZC公司对在用机械设备没有建立安全使用台账。用于高空作业的多功能提升机（工作钢丝绳不是原厂配置）来源不清，没有指定专人维护保养，不能提供多功能提升机及工作钢丝绳维护保养记录。

3. 事故性质

经调查认定，崇左市友谊MC天然气利用工程"12·17"高处坠落事故是一起一般生产安全责任事故。

2.1.5 处理意见

（1）YT劳务公司对事故的发生负有直接安全责任，其行为违反了《中华人民共和国安全生产法》第二十二条第二项、第四项、第五项、第六项；第二十四条第一款；第二十五条第一款、第四款；第二十七条第一款；第三十三条第一款、第二款；第四十一条；第四十二条的规定。根据以上事故责任，建议由江州区安监局根据相关法律法规的有关规定，对YT公司及相关责任人进行行政处罚。

（2）中CH远公司对事故的发生负有监管安全责任，其行为违反了《中华人民共和国安全生产法》第二十二条第五项、第六项；第二十四第一款；第三十三条第一款、第二款；第三十八条第一款；第四十六条第二款的规定。根据以上事故责任，建议由江州区安监局根据相关法律法规的有关规定，对中CH远公司及相关责任人进行行政处罚。

2.1.6 事故防范和整改措施

（1）各相关部门要按照"管行业必须管安全，管业务必须管安全，管生产经营必须管安全"的要求，严格履行职责，加大对企业的检查和执法力度，督促企业全面落实安全生产主体责任。

（2）崇左ZR城市燃气发展有限公司一定要加强对承包单位的监督管理，与承包单位签订的合同要认真审查审核，明确双方的权利和义务。签订合同前重点对承包单位的资格、特种作业人员资格、安全组织机构设立、专业能力水平、有关制度建设情况、安全责任制和有关操作规程进行调查。日常巡查中，重点对自制设备、自购设备进行安全性质检查验收，结合项目特点审核高处作业等特种作业方案，完善审批手续。

（3）工程施工监理单位安徽GH建设监理咨询有限公司在开工前要认真审核施工单位提交的施工组织方案，检查施工单位人员资质、工器具、车辆等各项准备情况。审核承包人提出的施工组织设计、施工技术方案、施工进度计划、施工安全保证体系。在施工过程中，要对工程安全进行有效控制，根据合同、规范、安全文明施工要求进行认真检查，如实做好安全检查的各项记录，确保履职到位。

（4）承包人中CH远公司要按照发包人的安全要求，履行企业的安全生产主体责任。遵守工程建设安全生产有关管理规定，严格按安全标准组织施工，采取必要的安全防护措施，消除事故隐患。特别是加强对特种行业从业人员资格审查和管理，强化现场检查与动态管理，对涉及安全的重要设备设施要建档登记，并加强日常维护与保养。进一步加大对

YT 劳务公司的监督、指导，督促其建立完善的安全生产责任体系、安全风险分级管控和隐患排查治理双重预防性工作机制。

（5）YT 劳务公司要建立健全安全生产组织机构，加强对从业人员安全教育培训，强化现场管理人员职责，做好当日安全交班（交底），让工人熟悉安全操作规程，每日排查事故隐患并做好记录，对特种作业工种要加强现场保护，指定专人负责。对现场在用动力设备要定期进行检查与维护保养，建立设备管理档案。

2.2　事故案例 2：重庆市涪陵区 QD 机电设备管道安装工程有限公司"11·10"高处坠落事故

2018 年 11 月 10 日，重庆市 QD 机电设备管道安装工程有限公司承建的中国 YZ 集团公司重庆市涪陵分公司供气分离改造工程涪陵 YJ 花园 YZ 储蓄银行 2 栋家属楼项目施工现场发生一起高处坠落事故，造成 1 人死亡，直接经济损失 90 万元。

2.2.1　基本概况

单位名称：重庆市 QD 机电设备管道安装工程有限公司。类型：有限责任公司。住所：重庆市长寿区凤城三峡路某号 2 号-1。法定代表人：马某华。注册资本：（略）。成立时间：2004 年 4 月 20 日。营业期限：2004 年 4 月 20 日至永久。经营范围：土石方工程专业承包叁级；防腐保温工程专业承包叁级；化工石油设备管道安装工程专业承包叁级；机电设备安装工程专业承包叁级（按建筑业企业资质证书核定事项在合法有效期限内从事经营）；为国内企业提供劳务派遣服务（以上范围依法须经批准的项目，经相关部门批准后方可开展经营活动）。

统一社会信用代码（略）。

安全生产许可证编号（略）。

建筑业企业资质证书：编号（略），市政公用工程施工总承包三级；建筑机电安装工程专业承包三级；石油化工工程总承包三级。

重庆市安防工程从业资质证书，编号（略）。

资质等级一级。

特种设备安装改造修理许可证（压力管道）：编号（略）。

事故发生时，以上证照均在有效期内。

2.2.2　事故情况

2018 年 11 月 10 日，重庆市 QD 机电设备管道安装工程有限公司承建的中国 YZ 集团公司重庆市涪陵分公司供气分离改造工程涪陵 YJ 花园 YZ 储蓄银行 2 栋家属楼项目已基本完工，早晨上班后开始拆除余下的施工机具设备。按照施工现场负责人黎某波的安排，杂工黄某权、易某寿负责将 B 单元顶层（共十四层）屋面女儿墙内侧已拆除吊篮的水泥墩配重块转运至一楼，黄某权觉得楼层较高，通过人力用扁担箩筐将水泥墩配重块从楼梯转运下去太累，准备就近从楼面用绳子将水泥墩配重块捆绑后直接吊放到一楼。10 时 47 分，当黄某权翻过女儿墙拿着绳子在屋面楼层边缘测试绳子长度时不慎坠落。

女儿墙内侧正在捆绑配重块的易某寿听到"轰"的一声，觉得有重物落下去了，赶忙喊黄某权，无人应答，于是急忙大声呼救并从楼梯跑下一楼。当易某寿和听到呼救的工人赶到黄某权坠落地点，发现黄某权伤势较重，赶忙拨打120和110，同时报告了项目助理章某洪。11时10分左右，120和110先后赶到事故现场，此时黄某权已无生命迹象。

事故发生后，重庆市QD机电设备管道安装工程有限公司立即启动了应急救援预案，公司法人、董事长马某华派公司相关人员立即赶赴项目部协调处理事故善后工作，并将事故情况报告了建设单位重庆FL燃气有限责任公司和敦仁街道办事处，敦仁街道办事处报告了区安监局。

2.2.3 伤亡情况

事故造成1人死亡，直接经济损失90万元。

2.2.4 事故原因

1. 事故原因

（1）工人违章作业。经现场查勘，调查组认为在拆除设备配重时，重庆市QD机电设备管道安装工程有限公司工人黄某权不按规定走运输通道，而是准备直接用吊绳将配重从顶楼吊到一楼，当其在屋面楼层边缘测试绳子长度时，不慎坠落导致事故发生。

（2）未对工人开展安全教育培训。公司未对承建的中国YZ集团公司重庆市涪陵分公司供气分离改造工程涪陵YJ花园YZ储蓄银行2栋家属楼项目临时聘用的劳务用工人员黄某权进行安全教育就安排其上岗作业。

（3）安全技术交底不落实。公司在拆除施工机具设备前，未按规定对作业工人进行安全技术交底，未如实告知作业环境和工作岗位存在的危险因素、防范措施和事故应急措施。

（4）对作业工人的安全监管不力。公司未安排施工现场管理人员进行安全监管，未及时发现和制止作业工人黄某权的违章作业行为。

2. 事故性质

根据事故原因分析，调查组认定此次事故是一起生产安全责任事故。

2.2.5 处理意见

1. 对责任单位的处理意见

重庆市QD机电设备管道安装工程有限公司未严格落实企业安全生产主体责任，未对工人开展安全教育培训，安全技术交底不落实，对作业工人的安全监管不力，其行为违反了《中华人民共和国安全生产法》第二十五条第一款"生产经营单位应当对从业人员进行安全生产教育和培训，保证从业人员具备必要的安全生产知识，熟悉有关的安全生产规章制度和安全操作规程，掌握本岗位的安全操作技能，了解事故应急处理措施，知悉自身在安全生产方面的权利和义务。未经安全生产教育和培训合格的从业人员，不得上岗作业"、第四十一条"生产经营单位应当教育和督促从业人员严格执行本单位的安全生产规章制度和操作规程；并向从业人员如实告知作业环境和工作岗位存在的危险因素、防范措施和事故应急措施"和第四十三条第一款"生产经营单位的安全生产管理人员应当根据本单位的生产经营特点，对安全生产状况进行经常性检查；对检查中发现的安全问题，应当立即处理；不能处理的，应当及时报告本单位有关负责人，有关负责人应当及时处理。检查及处理情况应当如实记录在案"的规定，对事故发生负有管理责任，建议由区安监局按照《中华人民共和国安全生产法》第一百零九条"发生生产安全事故，对负有责任的生产经营单位除要求其依法承担相应的赔偿等责任外，由安全生产监督管理部门依照下列规定处以罚款"第一项"发生一般事故的，处二十万元以上五十万元以下的罚款"的相关规定予以行政处罚。

2. 对责任人的处理意见

（1）黄某权，重庆市 QD 机电设备管道安装工程有限公司临时聘用的劳务用工人员，在拆除施工机具配重时违章作业，高处坠落身亡，导致事故发生，对事故负有直接责任，鉴于其已在事故中死亡，建议免于责任追究。

（2）马某华，重庆市 QD 机电设备管道安装工程有限公司法人代表，履行安全职责不到位，未有效实施本公司的安全生产教育和培训计划，对本公司的安全生产工作督促、检查不力，没有及时发现并消除生产安全事故隐患，其行为违反了《中华人民共和国安全生产法》第十八条"生产经营单位的主要负责人对本单位安全生产工作负有下列职责"第三项"组织制定并实施本单位安全生产教育和培训计划"和第五项"督促、检查本单位的安全生产工作，及时消除生产安全事故隐患"的规定，对事故的发生负有责任，建议由区安监局按《中华人民共和国安全生产法》第九十二条"生产经营单位的主要负责人未履行本法规定的安全生产管理职责，导致发生生产安全事故的，由安全生产监督管理部门依照下列规定处以罚款"第一项"发生一般事故的，处上一年年收入百分之三十的罚款"的相关规定予以行政处罚。

2.2.6　事故防范和整改措施

（1）重庆市 QD 机电设备管道安装工程有限公司要按照"四不放过"原则，分别召开管理人员和员工大会，对此次事故发生的原因、责任进行剖析，从中吸取教训，完善安全制度，增添安全措施，严肃追究相关责任人员的责任。

（2）重庆市 QD 机电设备管道安装工程有限公司必须对从业人员进行专门的安全生产教育和培训，保证从业人员具备必要的安全生产知识，熟悉有关的安全生产规章制度和安全操作规程，掌握本岗位的安全操作技能，了解事故应急处理措施，强化工人的安全自我防范意识，提高作业人员执行安全生产规章制度和安全操作规程的自觉性。

（3）重庆市 QD 机电设备管道安装工程有限公司必须坚持日周月安全隐患排查制度，对承建工程项目要进行认真细致的安全检查，及时发现和消除事故隐患。

（4）涪陵区经济信息委和敦仁街道办事处要按照行业管理和属地管理原则，加强对天然气供气剥离改造工程参建单位的安全监管，排查事故隐患，加大监管和处罚力度，杜绝类似事故的再次发生。

2.3　事故案例 3：浙江宁波市原 ZJ 公司地块项目"8·25"高处坠落事故

2018 年 8 月 25 日 19 时 15 分许，石碶街道原 ZJ 公司地块 4 号楼 10 楼电梯井口发生1 起高处坠落事故，造成 1 名工人死亡，直接经济损失约 140 万元。

2.3.1 基本概况

1. 工程基本情况

工程名称：鄞州新城区原 ZJ 公司地块建设项目二标段；工程地点：宁波市海曙区石碶街道 YGE 大道西侧；工程内容：建筑面积 149848.56m² 的高层及多层住宅；工程共两个标段，事故点位于二标段 4 号楼。

2. 相关单位情况

（1）总包单位：浙江 TS 建设有限公司（以下简称："TS 建设"），住所：浙江省余姚经济开发区滨海新城兴滨路；经营范围：房屋建筑工程施工总承包一级，市政公用工程施工总承包三级，建筑装修装饰工程专业承包二级，地基与基础工程专业承包三级；爆破与拆除工程、起重设备安装工程施工，机械设备租赁、消防设施工程专业承包；法定代表人：施某善；公司类型：有限责任公司；统一社会信用代码（略）。

（2）专业承包：宁波 DX 管道工程有限公司（以下简称："DX 管道"），住所：宁波市海曙区石碶街道某村；经营范围：管道及相关设备的安装、维修、管道非开挖铺设、修复、地下管线置换；管件、管材、阀门及建筑材料的批发、零售；法定代表人：傅某平；公司类型：有限责任公司；统一社会信用代码（略）；其股东为宁波 DF 管道燃气股份有限公司（以下简称："DF 燃气"，注册地址和法定代表人与 DX 管道相同）。

（3）监理单位：宁波 GT 建通工程管理有限公司（以下简称："GT 建通"），住所：宁波市鄞州区新天地东区 9 幢 28 号 （12-7)-(12-12)；经营范围：建设工程监理，工程项目管理，工程招标代理，工程技术咨询，工程造价咨询；法定代表人：林某；公司类型：有限责任公司；统一社会信用代码（略）；建筑业企业资质类别及等级：房屋建筑工程监理甲级，市政公用工程监理甲级。

（4）建设单位：YGE 置业控股有限公司（以下简称："YGE 置业"）。

3. 项目实施情况

（1）合同签订情况：2016 年 12 月 3 日，YGE 置业与 GT 建通签订了《建筑工程委托监理合同》。2016 年 12 月 30 日，YGE 置业与 TS 建设签订了《中基地块土建总承包合同（二标段）》。2017 年 4 月 18 日，YGE 置业与 DF 燃气签订了《管道燃气预埋工程合同》。2017 年 4 月 19 日左右，DF 燃气将燃气中压管、低压管和立管工程分包给控股子公司 DX 管道，双方签订了《建设安装施工合同》。

（2）施工组织情况：2018 年 8 月 3 日始，TS 建设依次将二标段 1～3 号楼电梯井道移交给 TL 通力电梯有限公司宁波分公司，双方确认了电梯井口安全防护情况。8 月 20日，经 DX 管道经理刘某介绍，DX 管道与自然人于某签订了《补孔协议》，委托于某独自对项目工地实施燃气管道补孔施工，施工材料由 DX 管道提供，待工程完工后一次性支付全部工资。除《补孔协议》外，双方未签订专门的安全生产管理协议，DX 管道未对于某开展岗前安全教育培训，也未安排安全管理人员实施现场作业安全管理。

（3）电梯井口安全防护情况：8 月 23 日，TS 建设着手 4 号楼电梯井道移交准备工作，将 4 号楼各楼层电梯井道固定式防护栏拆除，在井道口摆放移动式防护门作简单的防护，未设置安全警示标识。8 月 24 日至事发前，TS 建设未安排人员对 4 号楼电梯井道防护情况开展安全检查。

GT 建通于 2018 年 7 月 31 日组织开展了联合安全周检，发现 4 号楼 9 层电梯井口存在防护门未固定的安全隐患，针对本次隐患发出《监理通知单》并整改完毕。事发前，GT 建通组织的两次联合安全周检时间分别为 2018 年 8 月 14 日和 8 月 21 日，两次周检记录均显示未对 4 号楼开展安全检查。

2.3.2　事故情况

1. 事故经过及应急救援情况

8 月 25 日 14 时许，于某单独一人开始实施 4 号楼 10 层厨房间的燃气管道补孔、防水作业。期间，杂工钱某在 10 层靠东一侧实施外墙窗户冲水作业，泥工刘某在 10 层靠西一侧实施地坪浇水作业，二人完成各自工作内容后即先行离开现场。18 时许，DX 管道经理刘某喊妹夫于某回家吃饭，拨打其电话发现关机，刘某立即打电话给本公司员工杨某一起到工地寻找于某。18 时 40 分许，DX 管道员工杨某在 6 号楼地面发现于某使用的电瓶车。19 时 10 分左右，杨某在 4 号楼 10 层燃气管道附近发现有 1 只泥水桶、1 袋麻丝和 1 个铁梯，杨某立即将发现的情况告诉刘某。19 时 30 分许，刘某赶赴 4 号楼 1 层电梯井口，发现于某坠落在电梯井负 2 层井底，立即拨打"110"报警，同时电话向 YGE 置业黄某报告。此时，杨某也从 10 层来到负 2 层。19 时 40 分许，于某被确认死亡，随后被抬上车辆送至殡仪馆。20 时许，杨某和同事吴某再次返回到 10 层，杨某对电梯井口无防护的情况进行了拍摄。

接警后，区公安分局、区安监局、区住建局、石碶街道等单位立即派员赶赴事故现场，组织事故救援和善后处理。

2. 事故现场情况

经勘查，发生事故的 4 号楼 10 层电梯井口未设置防护栏杆或固定栅门，也未设置防坠落安全警示标志，井道内未设置水平兜网；电梯井口一侧厨房燃气管道附近有 1 只泥水桶、1 袋麻丝和 1 个铁梯，燃气管道底端和顶端水泥孔洞已封堵完工。

电梯井底设置有"田"字形钢管数根，部分钢管表面留有血迹；死者全身大部分浸泡于井底积水中，脸面朝下，额头外缘被一根钢管擦破。

2.3.3　事故原因

1. 事故原因

（1）直接原因

1）人的不安全行为。

于某自我安全防护意识淡薄，对显见的安全隐患未引起足够重视，导致本人从高处坠落。

2）物的不安全状态。

电梯井口固定防护栏在未移交前违规拆除，拆除后未采取可靠的安全防护措施，未设置明显的安全警示标志，致使现场设施未能起到防护和提醒的作用。

（2）间接原因

1）TS 建设安全管理混乱。

一是管理人员未落实岗位安全职责。项目经理鲁某未认真履行安全生产管理职责，项目主要管理工作交由不具备项目管理资质的技术员施某实际负责。

二是现场安全管理不到位。在正式移交电梯井道前，TS 建设违规拆除固定式安全护栏，拆除后也未采取可靠的临时防护措施；安全员虞某红履职不到位，对违规拆除电梯井口安全护栏的行为未加制止，未及时排查治理电梯井口安全护栏缺失和未设置安全警示标志的事故隐患。

三是未落实交叉作业安全管理责任。TS 建设未与交叉作业单位签订专门的安全生产管理协议，未将作业区域的安全隐患如实告知交叉作业单位。

2）DX 管道安全管理不到位。

一是安全生产管理制度落实不到位。未与外派人员及交叉作业单位签订专门的安全生产管理协议，明确各自的安全生产管理职责。

二是作业现场安全管理缺失。未针对本次作业进行危险源辨识并安排专人现场管理、落实相应的安全措施。

三是安全教育培训不到位。未针对现场作业环境对外派人员开展有针对性的安全风险教育培训。

3）GT 建通安全监管缺位。

GT 建通对电梯井口安全防护监管不力，对违规拆除临边防护、未设置安全警示标志等安全隐患未及时发现并制止，未尽到督促施工单位消除安全事故隐患的职责。

2. 事故性质

经调查认定，该起事故是一起一般生产安全责任事故。

2.3.4 处理意见

（1）于某，自我安全防护意识淡薄，冒险进入危险施工区域，应对此次事故的发生负直接责任。鉴于其已死亡，故不予追究。

（2）TS 建设，未履行企业安全生产主体责任，部分管理人员安全岗位职责未履行，对施工现场安全管理不到位，对作业人员安全教育培训不到位，违反了《建设工程安全生产管理条例》（国务院令 第 393 号）等安全管理规定，对此次事故负有管理责任。建议由安监部门依据有关法律、法规对其实施行政处罚。

TS 建设主要负责人施某善，未切实履行主要负责人安全管理职责，对该项目安全生产工作督促、检查不力，对安全管理责任未落实、安全管理缺失等行为失察失管，对此次事故负领导责任。建议安监部门依据有关法律、法规对其实施行政处罚。

TS 建设项目经理鲁某，未认真履行安全生产管理职责；安全员虞某红疏于安全管理，未及时整改生产安全事故隐患；两人均对事故的发生负有一定责任，建议 TS 建设按照内部管理制度严肃处理。

（3）DX 管道，安全生产管理制度落实不到位，作业现场安全管理缺失，安全教育培训不到位，对此次事故负有重要责任。建议由安监部门依据有关法律、法规规定对其实施行政处罚。

DX 管道主要负责人傅某平，未切实履行安全生产主要负责人管理职责，对该项目安全生产协议签订、安全生产教育培训及现场安全管理工作督促、检查不力，对此次事故的发生负领导责任。建议安监部门依据有关法律、法规对其进行行政处罚。

（4）GT建通，未履行安全生产监理责任，对电梯井口安全监管不力，未及时发现并督促施工单位对拆除电梯井口安全护栏的违规行为进行整改，未尽到及时消除安全事故隐患的职责，对此次事故的发生负管理责任。建议安监部门依据有关法律、法规规定对其进行行政处罚。

GT建通主要负责人林某，未切实履行安全生产主要负责人管理职责，在公司承担的监理项目中，未及时督促监理负责人履行监理职责，对此次事故的发生负领导责任。建议安监部门依据有关法律、法规对其进行行政处罚。

事故有关人员若涉及犯罪，建议由司法机关追究刑事责任。

2.3.5　事故防范和整改措施

（1）深刻吸取事故教训。这是一起典型的因交叉作业衔接不到位、外包作业安全教育培训不到位引起的生产安全责任事故。事故暴露出总包单位安全管理混乱、专业承包单位"包而不管"的突出问题，也暴露出总包单位与专业承包单位在安全管理工作衔接等方面的薄弱环节。各建设单位、施工单位、监理单位、专业承包单位要深刻汲取事故教训，举一反三，切实履行安全生产管理职责，严格执行施工工程安全、质量相关法律法规，严格劳务用工管理，确保相关管理人员到岗到位，加强施工现场安全管理，及时制止各类违章、冒险作业行为，确保施工有序、规范、安全。

（2）总包单位应进一步规范施工管理，减少不规范作业形成的安全隐患。本起事故虽然发生在隐患整改的环节，但隐患形成的原因同样值得去认真分析，从规范施工、科学施工、源头管理等方面努力减少施工中的事故隐患。

（3）切实加强洞口临边防护安全生产监管。建设行政主管部门要根据职责部署开展洞口临边防护安全生产专项治理，督促建设单位、施工单位、监理单位、专业分包单位认真落实安全生产主体责任，依法查处建筑施工领域安全生产违法违规行为，确保施工安全。

2.4　事故案例4：河北保定市某小区燃气工程项目"5·30"高处坠落事故

2018年5月30日9时左右，保定市莲池区某小区燃气工程项目施工现场，工人在安装天然气管道过程中，发生一起高处坠落事故，造成一人死亡，直接经济损失112.6374万元。

依据《中华人民共和国安全生产法》和《生产安全事故报告和调查处理条例》（国务院令 第493号）等有关法律法规，经莲池区人民政府同意，5月31日，成立了由区安监局、区监察局、区公安分局、区住建局、区总工会和莲池区人民政府等部门有关人员及专家参加的"保定市莲池区某小区燃气工程项目'5·30'高处坠落事故调查组"（以下简称事故调查组），并邀请区检察院派员参加，对事故展开全面调查。

2.4.1　基本概况

（1）中石HG建设有限公司

该公司成立于2009年，公司类型为有限责任公司，法定代表人孙某国，注册资金

（略），营业执照注册号（略），安全生产许可证编号（略），建筑业企业资质证书编号（略），中石 HG 建设有限公司具有独立法人资格，公司地址：河北省石家庄市丰收路某号，公司从业人员 5980 余人，专职安全管理人员 216 人，工程技术人员 255 人。营业范围：SY 化工工程施工总承包一级、建筑工程施工总承包一级、市政公用工程施工总承包一级、机电工程施工总承包一级、防水防腐保温工程专业承包一级、锅炉安装修理（改造）、压力容器制造安装、压力管道安装、起重机械安装、维修等资质，已通过 ISO 9001 质量管理体系、ISO 14001 环境管理体系及 GB/T 45001 职业健康与安全管理体系认证。

（2）石家庄 TY 工程建设监理有限公司

石家庄 TY 工程建设监理有限公司成立于 1998 年，注册资本（略），注册地址为石家庄西二环南路某号，具有独立法人资格，法定代表人：赵某平，公司下设办公室、经营部、总工办、财务部、人事部、工程概预算部、档案室、工程监理部等部门，公司总人数 146 人，其中注册人员 25 人、高级职称人员 17 人、中级职称人员 73 人、初级职称人员 31 人。营业范围：房屋建筑工程监理甲级资质、市政公用工程监理甲级资质及人防工程监理乙级资质，通过了国家 ISO 9001 质量体系认证。

2.4.2 事故情况

（1）事故发生经过

2018 年 5 月 30 日 9 时左右，中石 HG 建设有限责任公司工人武某龙、吴某金、田某苗在保定市莲池区某小区 8 号楼 4 单元外墙安装天然气管道作业（该楼共六层，安装顺序是从上到下的顺序），其中工人田某苗负责在楼一层系管，工人吴某金负责在六楼顶平台上往上拔管，武某龙负责安装立管，武某龙通过座板式单人吊具下降到五层准备安装天然气立管时，因未使用拦腰带，武某龙后仰从座板上滑脱，其虽系有安全绳，但安全绳自锁器失效，导致其摔落到楼下单元门口的上边平台上当场死亡。坠落高度垂直距离为 7.6m。

（2）事故救援过程

事故发生后，现场人员立即展开救援，并拨打了 120、110、119。120 急救车赶到后经急救人员检查后确定人已经死亡，119 赶到现场后把人从平台上抬到了楼下，110 赶到现场后迅速展开勘查工作并将有关情况通报给了莲池区公安分局，分局将初步调查情况上报给了莲池区政府。

2.4.3 事故原因

1. 直接原因

作业人员作业时未使用按现行国家标准《座板式单人员悬吊作业安全技术规范》GB 23525—2009 第 3.3.7 条规定的拦腰带，违章作业，且安全绳自锁器不符合现行国家标准《坠落防护 带柔性导轨的自锁器》GB/T 24537—2009 要求，是事故发生的直接原因。

2. 间接原因

（1）武某龙（死者）未取得高空作业资格证从事高空作业，无证上岗作业，安全意识淡薄。

（2）使用无标识不合格安全绳自锁器，且未按要求进行测试。违反了现行国家标准《坠落防护 带柔性导轨的自锁器》GB/T 24537—2009 中 7. 标识及现行国家标准《座板式单人员悬吊作业安全技术规范》GB 23525—2009 中 5.6.3 规定。

（3）张某，施工队负责人，负责施工现场的组织指挥工作，无任何施工资质，未对施工人员设备进行安全检查，盲目组织施工作业，未组织工人进行岗位操作规程及安全操作技能等方面的安全生产教育培训，未书面告知危险岗位的操作规程和违章操作的危害，未对员工的违章行为进行制止。

（4）马某宇，施工队负责人，负责施工现场的组织指挥工作，无任何施工资质，盲目组织施工作业，未对施工人员设备进行安全检查，未组织工人进行岗位操作规程及安全操作技能等方面的安全生产教育培训，未书面告知危险岗位的操作规程和违章操作的危害，未对员工的违章行为进行制止。

（5）中石 HG 建设有限责任公司承揽莲池区某小区燃气工程项目工程后，1）没有向现场派出任何工作人员进行安全管理，而将工程转给没有施工资质的个体进行施工；2）未制定施工方案，技术员未给作业人员进行技术交底；3）安全管理人员未尽到安全管理职责，安全检查不及时，隐患排查不力，未能及时发现并制止工人的违章作业行为；4）对工人安全教育培训不到位，未教育和督促工人严格执行岗位安全操作规程，导致工人安全意识淡薄，对其工作岗位存在的危险因素缺乏足够的认识，对违章作业的危险性认识不足，自我防范意识不强，以致没有采取有效的预防措施。

（6）石家庄 TY 工程建设监理有限公司监理人员未认真履行安全监理职责，未对施工现场设备、设施进行严格审查，未能及时发现工人违章作业行为。

3. 事故性质

这是一起安全生产管理不到位，违章作业而引发的一般生产安全责任事故。

2.4.4 处理意见

1. 免于追究责任人员

武某龙，未取得高空作业资格证违章作业，且未佩戴拦腰带，对此次事故发生负有直接责任。鉴于其在事故中死亡，免于追究责任。

2. 建议追究刑事责任的人员

（1）张某，施工队负责人，负责施工现场的组织指挥工作，无任何施工资质，未对自锁器、安全绳进行安全检查，盲目组织施工作业，未组织工人进行岗位操作规程及安全操作技能等方面的安全生产教育培训，未书面告知危险岗位的操作规程和违章操作的危害，未对员工的违章行为进行制止。对事故发生负有主要责任。涉嫌刑事犯罪，莲池区公安分局已于 2018 年 6 月 1 日对其采取刑事拘留强制措施。

（2）马某宇，施工队负责人，负责施工现场的组织指挥工作，无任何施工资质，盲目组织施工作业，未对自锁器、安全绳进行安全检查，未组织工人进行岗位操作规程及安全操作技能等方面的安全生产教育培训，未书面告知危险岗位的操作规程和违章操作的危害，未对员工的违章行为进行制止。对事故发生负有主要责任。涉嫌刑事犯罪，莲池区公安分局已于 2018 年 6 月 1 日对其采取刑事拘留强制措施。

3. 建议事故相关单位内部处理的责任人员

（1）杨某，中石 HG 建设有限公司莲池区某小区燃气工程项目部经理，未尽到安全管理职责，未教育和督促工人严格执行岗位安全操作规程，组织隐患排查不力，以致未能及时发现并制止工人违章作业的行为，对此次事故的发生负有重要责任，建议中石 HG 建设有限公司按照企业内部管理规定对其处以 3000 元的经济处罚并给予撤职处分，处理结果报莲池区安全生产监督管理局备案。

（2）刘某新，中石 HG 建设有限公司莲池区某小区燃气工程项目部工长，负责施工现场管理工作。未尽到安全管理职责，未教育和督促工人严格执行岗位安全操作规程，安全检查不及时，隐患排查不力，未能及时发现并制止工人违章作业的行为，对此次事故的发生负有主要责任，建议中石 HG 建设有限公司按照企业内部管理规定对其处以 3000 元的经济处罚并给予撤职处分，处理结果报莲池区安全生产监督管理局备案。

（3）贾某斌，中石 HG 建设有限公司莲池区某小区燃气工程项目部专职安全员，未尽到安全管理职责，未教育和督促工人严格执行岗位安全操作规程，组织隐患排查不力，以致未能及时发现并制止工人违章作业的行为，对此次事故的发生负有重要责任，建议中石 HG 建设有限公司按照企业内部管理规定对其处以 2000 元的经济处罚并给予撤职处分，处理结果报莲池区安全生产监督管理局备案。

（4）范某棠，石家庄 TY 工程建设监理有限公司驻莲池区某小区燃气工程项目部总监，负责该项目的全面监理工作，对施工现场的安全检查不到位，没有及时发现工人的不安全行为，对此次事故的发生负有重要责任。建议石家庄 TY 工程建设监理有限公司按照企业内部管理规定对其处以 3000 元的经济处罚并给予撤职处分，处理结果报莲池区安全生产监督管理局备案。

4. 建议给予行政处罚的人员

（1）孙某国，中石 HG 建设有限公司法定代表人，负责公司全面工作。允许他人使用本企业的资质证书、营业执照承揽莲池区某小区燃气工程项目工程，致使不具备施工资质的个体成为实际施工单位，对事故发生负有重要责任。依据《生产安全事故报告和调查处理条例》第三十八条第（一）项的规定，建议由莲池区安全生产监督管理局给予孙某国处 2017 年年收入 30％即 4.0174 万元罚款的行政处罚。

（2）赵某平，石家庄 TY 工程建设监理有限公司法定代表人，分管安全生产工作，同时负责公司全面工作。未依法履行安全生产管理职责，安全管理不到位，安全教育培训不到位，未及时督促、检查莲池区某小区燃气工程项目部安全生产工作，以致未能及时消除生产安全事故隐患，对此次事故的发生负有重要责任。依据《生产安全事故报告和调查处理条例》第三十八条第（一）项的规定，建议由莲池区安全生产监督管理局给予赵某平处 2017 年年收入 30％即 1.6200 万元罚款的行政处罚。

5. 建议给予行政处罚的单位

（1）中石 HG 建设有限公司，允许个体张某使用本企业的资质证书、营业执照，以本企业的名义承揽莲池区某小区燃气工程项目工程，致使不具备施工资质的个体张某成为实际施工单位，对事故发生负有责任。依据《中华人民共和国安全生产法》第一百零九条第（一）项的规定，建议给予其 25 万元的罚款的行政处罚。

（2）石家庄 TY 工程建设监理有限公司，未依法履行安全生产管理职责，安全管理不到位，隐患排查不力，未能及时发现并制止工人的违章作业行为；未及时督促、检查莲池区某小区燃气工程项目安全生产工作，以致未能及时消除生产安全事故隐患，对事故发生负有责任。依据《中华人民共和国安全生产法》第一百零九条第（一）项的规定，建议给予其 20 万元罚款的行政处罚。

2.4.5　事故防范和整改措施

（1）中石 HG 建设有限公司要认真吸取事故教训，立即对本单位所有在建工程项目开展安全生产大检查，全面排查和消除各类事故隐患，杜绝各类事故的发生。

（2）中石 HG 建设有限公司要加强对职工的安全教育和培训，未经安全教育培训合格的，不得上岗作业。要按照国家有关规定加强主要负责人、安全管理人员管理，认真开展职工三级安全教育及其他培训工作，严格遵守安全操作规程。

（3）中石 HG 建设有限公司要提高职工对工作环境危险因素的认识，掌握预防措施，切实增强工人安全防范意识。

（4）石家庄 TY 工程建设监理有限公司要认真履行监理职责，加强对本单位监理的所有在建工程施工现场进行安全监管，并督促企业全面排查安全隐患，做到安全检查全覆盖。

2.5　事故案例 5：湖南常德市澧县环宇-LY 小镇"4·30"高处坠落事故

2018 年 4 月 30 日上午，在澧县环宇-LY 小镇 1 号楼户外燃气管道安装施工过程中，发生一起高处坠落事故，造成 1 人死亡。

2.5.1　基本概况

1. 澧县环宇-LY 小镇

澧县环宇-LY 小镇项目位于澧县澧浦街道任家巷居委会，占地面积 55870.4m²，总建筑面积 205040m²，总投资 3.1 亿元，项目分两期开发建设，其中第一期用地 34204.1m²，建设 27 层 3 栋、26 层 3 栋、2 层 1 栋，建筑面积 110506.36m²，第一期项目于 2016 年 4 月 1 日动工开始建设，到目前为止，已基本完成了主体和附属工程的施工，正进行竣工验收。第二期已于 2017 年 3 月动工，目前正在进行主体建设施工。该项目是由澧县 HK 公司，营业执照统一社会信用代码（略），类型：有限责任公司，法定代表人：李某钦，营业期限：2010 年 9 月 3 日至 2040 年 9 月 3 日，经营范围：房地产开发经营，建筑材料的销售，资质证书编号（略），资质等级：三级开发建设。澧县环宇-LY 小镇项目由北京 SJ 千府国际工程设计有限公司设计，澧县 DY 建筑工程有限公司承建施工，常德市 JS 建设监理咨询有限公司进行监理。第一期项目于 2016 年 3 月 18 日签订了施工合同，2016 年 5 月底报澧县发改局项目备案，2016 年 11 月 4 日取得了工程规划许可，2016 年 12 月 14 日取得了工程施工许可，项目各种报建手续齐全。

第一期项目燃气管道安装由湖南 RH 市政工程设计有限公司设计，湖南省 HD 燃气有限公司安装。澧县 HK 房地产开发有限公司已于 2017 年 5 月 16 日与湖南省 HD 燃气有限公司签订了《城市管道燃气工程协议书》，在协议中，双方明确了各自的安全管理职责（甲方向乙方提供燃气管道安装过程中所需的场地及水、电供应条件以及其他需要提供的协助，包括组织和协调区域内用户的配合；乙方施工过程中必须注意施工安全和燃气使用安全，因此而导致的一切事故后果及相应责任均由乙方承担，甲方概不负责）。

2. 湖南省 HD 燃气有限公司

湖南省 HD 燃气有限公司于 2002 年 7 月注册成立的。法人代表：李某；身份证号码（略）；注册资金（略）；营业执照统一社会信用代码（略），营业期限：长期，主要经营范围：燃气工程开发、经营、管道工程安装、燃气灶具、热水器经营安装。该公司取得了湖南省住房和城乡建设厅核发的《燃气经营许可证》，许可证编号（略），经营区域：澧县县城总体规划（2006～2020）控制区域，许可证有效期限：2015 年 12 月 17 日～2018 年 12 月 17 日止。

2006 年 10 月 1 日，县人民政府授权澧县住房和城乡建设局与澧县 HD 燃气有限公司签订了为期 30 年的《澧县管道燃气特许经营协议》，时间从 2006 年 10 月 1 日到 2036 年 9 月 30 日止，特许经营面积为 222.27km^2。该公司现有员工 81 人，其中管理人员 17 人。公司下设有市场部、客服部、工程部、技术部等。

湖南 HD 燃气有限公司将燃气管道地下、地面和进户仪表安装分别发包给胡某发施工队、李某平施工队和宋某峰施工队。李某平具体负责地面管道安装，属于低压安装部分，不需要办理安装资质许可。2018 年，湖南 HD 燃气有限公司与李某平施工队签订了《澧县城区燃气管道户外架空管工程施工协议》，在协议中明确了双方结算细则、甲乙双方的责任和义务、施工安全、违约责任等相关条款（施工前甲方须向乙方提供相应的工程资料和质量标准，施工中甲方有相关技术人员和质量检查人员积极配合乙方开展工作。在发现乙方有严重的技术问题和安全问题，甲方有权要求停工整改，所发生的一切经济损失由乙方负责。乙方须严格执行工程质量标准，自觉授受甲方相关技术人员的监督检查，乙方必须保证施工安全，并有具体安全措施，一旦发生安全事故，后果由乙方负责。乙方在施工中，必须加强安全教育，把安全工作放在首位，施工过程中，必须严格安全规范施工，若在施工过程中出现安全事故，所有责任由乙方负责）。

3. 李某平施工队

2016 年 12 月 29 日，李某平施工队注册成立，营业执照统一社会信用代码（略），经营者：李某平，类型：个体工商户，经营场所：湖南省澧县澧浦街道办事处襄阳社区居委会临江路，经营范围：管道安装、服务。李某平施工队共 10 人，分三个组，负责城区的户外燃气管道工程的施工。根据安装工程量和工程进展情况，人员由李某平临时调配，金某林（死者）系湖南新澧化工有限公司热电工，有时候轮班休息时间，由李某平临时聘请到施工队从事燃气管道安装。

4. 事故现场情况

澧县环宇-LY 小镇 1 号楼总共 27 层（1、2 层为外墙装饰好的商用门面，3～27 层为商品住房，2 层顶部为宽敞平台）。28 层楼顶固定有吊装燃气管道的卷扬机，第 1 根管道 U 形螺丝 3～8 层、10 层已固定，9 层 U 形螺丝套上后螺母未固定好。第 2 根户外燃气管已吊装一半楼层高度。金某林坠落于 2 层楼顶平台，成仰卧状，后颈部肿大，裤子已撕破，左腿受伤严重，安全帽掉落距死者约 1m 处，安全帽无明显撞击痕迹。

5. 燃气管理情况

县住建局：负责全县的燃气管理工作，依照《城镇燃气管理条例》（国务院令 第 583 号）相关规定，县住建局会同有关部门编制了县城规划区燃气发展规划，对湖南 HD 燃气有限公司经营的安全状况进行了监督检查，按照相关规定，澧县环宇-LY 小镇燃气供应管道安装工程竣工后，应在 15 日内将竣工验收情况报县住建局备案。

澧浦街道办事处：分别于 1 月 9 日、4 月 20 日、5 月 4 日、5 月 23 日先后组织城市办、安监站、街道办、社区对 LY 小镇进行了联合安全检查，并对检查的情况有登记记录，有现场图片。

2.5.2　事故情况

1. 事故经过

2018 年 4 月 30 日 6 时 30 分，施工队的工作人员进入施工现场，开始准备管道吊装的前期工作，大约 7 时 30 分，李某平到达施工现场并根据情况安排人员分工。由乔某文在 28 层楼顶部开卷扬机，金某林、郭某庆、刘某宏（每个人发了一个装 U 形螺丝工具的塑料桶）负责在 3 楼以上安装 U 形螺丝，蔡某一个人负责在 3 楼的平台拉绳子，使管道稳定吊装到具体安装位置。8 时左右，HD 燃气公司指派的现场代表荣某到达了施工现场，并在楼顶检了卷扬机和上部的安全吊绳以及施工人员的安全帽的佩戴和注意事项，然后到地面开始疏散人员，维持现场的秩序，拉好警戒线。

由于管道在吊装过程中，怕损坏一楼和二楼已装修好的外墙瓷砖，李某平、朱某元（施工队小组长）、荣某（燃气公司的现场代表）负责在一楼地面拉绳子，将管道首先吊装到 3 楼的平台，再由 3 楼平台吊装到具体安装位置。10 时 30 分左右，李某平离开现场到燃气公司领材料，现场留有朱某元（小组长），荣某（燃气公司的现场代表）负责。大约11 时左右，听到顶楼开卷扬机的吊车司机乔某文喊有人掉下来了，朱某元、荣某立即赶到 3 楼的平台，看到金某林（死者）成仰卧状躺在 3 楼的平台上，看不到明显的受伤部位，裤子已撕破，后颈部肿大但没有血迹。

2. 事故救援情况

事故发生后，朱某元等人迅速拨打 120 急救电话和李某平的电话，荣某也同时向燃气公司的负责人汇报，李某平接到电话 10min 后赶到现场，湖南 HD 燃气有限公司王某民（工程部长、公司兼职安全员）接到电话后也赶到了现场。11 时 10 分左右，120 救护车赶到了事故现场，对受伤人员采取了急救措施，并用心脏起搏器测试后，医生当场宣布金某林已经没有了生命体征。

2.5.3　伤亡情况

（1）事故造成的人员伤亡情况

金某林（死者），男，汉族，出生年月：1974 年 1 月 18 日，身份证号码（略），家庭住址：澧县澧西街道水莲社区。系李某平施工队临时聘请的施工人员。

（2）事故直接经济损失

事故已造成直接经济损失 110 万元。事发后，三方（甲方：金某林亲友方，乙方：李某平，丙方：湖南 HD 燃气有限公司）签订了赔偿协议书，其中乙方（李某平）支付 10

万元，丙方（湖南 HD 燃气有限公司）代乙方支付 100 万元。

2.5.4　事故原因

1. 事故发生原因

（1）直接原因：金某林未按要求佩戴安全带等劳动防护用品，进入窗外平台操作高空作业，对危险环境缺乏准确的判断，不慎从 9 楼平台坠落，死者金某林违章操作是这起事故发生的直接原因。

（2）间接原因：李某平施工队未建立健全安全生产责任制和安全生产规章制度、操作规程；未按要求组织施工队员工安全生产教育和培训；临时聘请非燃气管道安装人员；作业人员进入施工现场，未按要求配发安全带等劳动防护用品，李某平到达现场后，也没有始终督促检查作业人员整个现场施工的安全状况，督促作业人员及时佩戴安全带进行施工，现场负责的施工队的组长朱某元和燃气公司派来的现场代表荣某没有到达 2 楼平台对管道安装进行全程监督检查，未及时发现制止金某林违章操作行为，是导致事故发生的间接原因。

2. 事故性质

根据事故调查组确认的事实，调查组认为，这是一起由施工人员违反操作规定、冒险作业引起的一般生产安全责任事故。

2.5.5　处理意见

（1）直接责任人员

金某林：在施工过程中，安全意识淡薄，自我防范意识差，对危险环境缺乏准确的判断，严重违反操作规定，冒险作业，对事故负有直接责任，鉴于其在事故中当场死亡，不再追究其责任。

（2）间接责任单位和人员

李某平施工队：未按规定建立、健全本单位安全生产责任制和组织制定本单位的安全生产规章制度和操作规程，采取技术和管理措施，加强对安全生产的管理；未按要求组织从业人员进行必要的安全生产教育和培训，保证从业人员具备必要的安全生产知识，熟悉掌握本岗位的安全操作技能；未依法履行安全生产管理职责，督促、检查本单位的安全生产工作，及时消除生产安全事故隐患，是导致事故发生的间接原因，施工队负责人李某平，对该起事故负有主要管理责任。建议由县安监局依据《中华人民共和国安全生产法》第一百零九条和第九十二条规定对李某平施工队和李某平个人给予相应的行政处罚。

朱某元：未经专业安全生产教育和培训，未取得安全员管理资格证，不具备与本单位所从事的生产经营活动相应的安全生产知识和管理能力，无证上岗；未对本单位的安全生产状况进行经常性的检查，及时排查生产安全事故隐患，提出改进安全生产管理的建议，对在 9 楼施工人员违反安全规定，冒险作业的行为没能及时发现并制止，对该起事故的发生负有一定的管理责任，建议施工队依据相应的规定给予处罚。

湖南 HD 燃气有限公司荣某：湖南 HD 燃气有限公司对承包单位李某平施工队的管道安装施工未进行统一协调、管理，定期进行安全检查，及时发现问题并督促整改，对该起事故应负有一定的管理责任。荣某作为燃气公司委派的现场代表，对作业人员未佩戴安全带等劳动防护用品进入现场作业没能及时制止，未加强对现场作业的安全检查，对违章操作、冒险作业的行为未能及时发现并制止，对该起事故的发生负有一定的监督责任，建议县住建局针对湖南 HD 燃气有限公司存在问题和隐患，加强监督管理，依法予以行政处罚，建议湖南 HD 燃气有限公司对员工荣某依据公司内部的相关规定给予处罚。

2.5.6　事故防范和整改措施

针对此次事故暴露出来的问题，为了深刻吸取事故教训，举一反三，有效防范和减少生产安全事故的发生，提出以下建议：

1. 加强企业安全生产教育和培训

施工队应当立即组织制定本单位的年度安全生产培训计划，建立、健全本单位安全生产教育和培训档案，保证足够培训的时间、内容、参加人员以及考核的结果等。让每一位从业人员熟悉各自岗位的安全生产规章制度和安全操作规程，了解自身岗位的危险因素，以及事故的防范措施。施工队要针对此次事故，有针对性的开展一次安全警示教育，提高从业人员的安全意识和自我防护的能力。生产经营单位的安全管理人员必须是经专门的安全生产教育和培训后考试合格并取得了相应的从业资格证书的管理人员。

2. 确实加强作业现场安全管理

生产经营单位确实应加强施工现场的安全管理，建立、健全生产安全事故隐患排查治理制度，采取技术手段和管理措施，对施工现场的危险因素进行多多辨析，做好安全的防护工作，尤其是高空作业的现场作业人员，一定要按照规定正确佩戴和使用劳动防护用品，加强现场人员的管理，对重要工序或重点的施工现场，必须安排有现场安全管理人员，切实加强现场安全管理，防范现场作业人员不安全行为的发生。

李某平施工队要针对"4·30"高处坠落事故，认真总结事故教训，积极配合事故调查和处理，对事故调查报告提出的防范措施和整改意见，要认真的传达部署，按要求及时整改到位。

2.6　事故案例 6：广东化州市河西街道"3·29"高处坠落事故

2018 年 3 月 29 日下午 4 时许，广东化州市河西街道某商品楼发生一起高处坠落事故，造成 1 人死亡，直接经济损失 82 万元（已包括赔偿费用）。

2.6.1　基本概况

1. 有关项目概况

发生事故的项目是化州市天然气利用工程。项目发包单位：化州 ZR 城市燃气发展有限公司，项目施工单位：ZR 宏远工程建设有限公司；工程地点：广东省化州市。

项目工程规模及特征：市政中压管网工程、低压庭院及户内安装工程、LNG 瓶组站工程、LNG 气化站。

资金来源：企业自筹。

项目工程总监：姚某涛；项目经理：郭某亮；监理工程师：贾某庆；现场代表：李某胜。

2. 事故所涉及的单位及人员

(1) 化州 ZR 城市燃气发展有限公司（下简称：化州 ZR）。属中国 RQ 控股有限公司的全资子公司，法人代表：张某爱；统一社会信用代码（略）；公司类型：有限责任公司（法人独资）；所属行业：燃气生产和供应业；实缴资本：（略）；登记机关：化州市工商行政管理局；注册地址：化州市鉴江区农贸市场东侧；经营范围：管道燃气设计、安装、建设经营管理和维护燃气管网及其配套设施，以及就此提供有关的安装、维护及抢修服务。开发管道燃气的储存、运输和输配设施的设计、建设和经营管理、供应和销售管道燃气、瓶装燃气、车用天然气的供应及加气站经营（限下属分支机构凭有效许可证经营）；销售、安装、维修：燃气设备、燃气用具、橱柜、仪器表及其配件；采购、供应、储存、充装、批发及销售：瓶装液化气。

(2) ZR 宏远工程建设有限公司。现已变更为：中 CH 远建设工程有限公司（下简称：中 CH 远）。法人代表：谢某奇。统一社会信用代码（略）；公司类型：有限责任公司（自然人投资或控股的法人独资）；所属行业：房屋建筑业；实缴资本：（略）；登记机关：辽阳市工商行政管理局；注册地址：辽宁省辽阳市太子河区荣兴路；经营范围：市政公用工程施工总承包一级，建筑、机电、SY 化工、电力工程施工总承包，压力管道安装改造维修，建材、机械设备、五金产品、金属及金属矿、塑料板、塑料管、塑料型材批发及零售，建筑工程机械与设备租赁，金属结构件加工及安装，室内家用电器修理服务。

(3) 吉林市北方 JY 劳务服务有限责任公司（下简称：吉林北方 JY）。法人：刘某明；统一社会信用代码（略）；公司类型：有限责任公司（自然人投资或控股）；所属行业：房屋建筑业；实缴资本：（略）；登记机关：吉林市工商行政管理局龙潭分局；注册地址：龙潭区宣化路 DF 新村；经营范围：建筑安装；建筑劳务分包（凭资质证实施经营）；提供非标设备管道制造加工、修理修配；建筑工程技术咨询服务；建筑机械设备租赁。

(4) 洛阳 SH 工程建设集团有限责任公司（下简称：洛阳 SH 建设）。法人：杨某举。统一社会信用代码（略）；公司类型：有限责任公司（自然人投资或控股）；实缴资本（略）；登记机关：洛阳市工商行政管理局；注册地址洛阳市吉利区中原路某号附近公司；经营范围：承包大中小型 SY 化工基建项目及民用建筑工程；测绘；化工、石油工程监理（甲级）、市政公用工程监理（甲级）、房屋建筑工程监理（甲级）、机电安装工程监理（乙级）；建筑材料、化工产品（不含危险品）、化工设备、机械设备、电子仪器设备（不含医疗设备）的销售；房屋租赁；普通货物仓储。

(5) 廖某，1981 年 5 月生，身份证号码（略），身份证地址：广东省茂名市化州市播扬镇播扬坡咀村；工作单位：中 CH 远建设工程有限公司。廖某是中 CH 远建设工程有限公司化州天然气利用工程项目部实际负责人。

(6) 向某勇，1965 年 7 月生，身份证号码（略），身份证地址：河南省尖山县晏河乡刘田村向岗组；工作单位：吉林市北方 JY 劳务服务有限责任公司，是该项目的实际具体施工包工头，向某勇从吉林市北方 JY 劳务服务有限责任公司通过"内部承包经营合同"合同编号：吉林北方内包合字（2017）112 号，承包 ZR 工程公司劳分合字（2017）125 号的具体施工工作。

(7) 曾某强，1970 年 9 月生，党员，身份证号码（略），身份证地址：江西省吉安市吉州区状元桥路某号 1 栋 2 单元。工作单位：化州 ZR 城市燃气发展有限公司。职

位：化州 ZR 城市燃气发展有限公司总经理，任期：2013 年 11 月 11 日至 2018 年 11 月
2 日。

（8）韩某锁，1968 年 12 月生，身份证号码（略）；身份证地址：黑龙江省双鸭山市
尖山区双湖路；工作单位：洛阳 SH 工程建设集团有限责任公司，职务：管网监理。

（9）胡某超（死者），身份证号码（略）。河南省尖山县人，向某勇施工队临时工，向
某勇老乡。

（10）李某东，身份证号码（略），向某勇施工队临时工。

2.6.2　事故情况

1. 事故经过

3 月 29 日（周四），身在广州的向某勇通过电话安排李某东、胡某超（死者）到三官
堂市场小区进行装表作业，按照正常程序，向某勇作为施工实际负责人，应该在场，同时
通知监理韩某锁到场的，但是当天工作是向某勇临时决定，没有在工作计划，也没有通知
监理。

16 时，胡某超和李某东两人到达项目地点施工，李某东在七楼钻孔，原计划胡某超
在十楼做高空作业前的准备工作，等待李某东完成钻孔后，其他人员到来了再进行高空作
业，但是胡某超擅自开始高空作业，而且高空作业本来需要同时固定两个固定点的，胡某
超高空作业时只固定了一个固定点，而且该固定点是属于一个顶楼的砖垛（混凝土砂砖结
构，内部没有钢筋）。16 时多，胡某超用于固定的砖垛因过度受力断裂，胡某超从 8 楼坠
落到 3 楼通风井平台。

2. 事故发生救援和应急处理情况

事故发生后，附近的人员帮忙拨打 110、119 和 120，工作人员到场后，从 3 楼住户
家破窗把胡某超救出，医护人员对其立刻采取急救，经抢救无效后死亡。

化州市安监局接到事故报告后，立刻向茂名市安监局汇报，市政府领导指示市安监、
住建、河西街道办等部门第一时间赶赴事故现场组织事故处置工作。

3. 事故之后采取措施情况

事故处置完毕后，受市领导的委托，市安委会立即召集各相关单位召开事故现场会，
要求深刻吸取事故教训，立即开展辖区住宅单位燃气安全生产大排查；市委、市政府高度
重视，立即启动安全生产应急预案，市委书记、市长批示全力抢救伤者和处理善后工作，
要求全市各地、各有关部门深刻吸取事故教训，举一反三，有效防范和坚决遏制类似事故
发生，并在全市范围内开展安全生产大检查，消除事故隐患。

4. 事故善后处理情况

事故发生后相关单位积极安抚死者和伤者的家属，协助有关人员协商赔偿事宜，双方
最终达成协议并签订了调解协议书，死者和伤者家属对协议书完全认可，并愿意自觉执行
协议。事故善后事宜得到妥善解决，未引发不良后果，维护了社会的稳定。

2.6.3　伤亡情况

事故造成 1 人死亡，事故造成的直接经济损失 82 万元（已包括赔偿费用）。

2.6.4　事故原因

1. 直接原因

冒险作业。李某东、胡某超通过了向某勇组织的岗前培训，但是没有高空作业证。按照李某东陈述，虽然他们没有取得高空作业证，但是平时培训和高空作业工作时，都按照高空作业要求，三个人同时完成，一个负责监护固定位置，一个负责下绳高空作业，一个负责户内对接。但是胡某超没有按照工作规程，私自作业，而且没有将绳子固定在两个支点上就开始高空作业，胡某超高空作业的固定点是属于一个顶楼的砖垛（混凝土砂砖结构，内部没有钢筋），胡某超违章作业是造成事故的直接原因。

2. 间接原因

（1）以包代管，包而不管。化州 ZR 发包工程给中 CH 远，中 CH 远与吉林北方 JY 签订劳务派遣合同，吉林北方 JY 再内部承包给向某勇，在内部承包合同中向某勇主要负责协调业主和施工现场管理。李某东、胡某超属于向某勇施工队，没有正式劳动合同，只有"施工人员入场承诺书"和工资表，属临时工。事发当天，化州 ZR 城市燃气发展有限公司接到用户户内挂表申请，然后把申请转发给化州施工负责人向某勇，向某勇直接组织施工。向某勇交代，本项目是被口头通知施工的，而且没有施工图纸，向某勇的工程队基本是在现场察看后针对性施工的，从 2017 年 7 月开始施工，一直都不顺利，没有图纸，施工条件较差，而且有群众阻挠。整个项目施工由向某勇施工队完成，中 CH 远没有自己的施工队，廖某作为中 CH 远化州片区的实际负责人，对向某勇的施工管理、施工情况却一概不知，属于典型的"以包代管，包而不管"，项目管理混乱，是造成事故发生的间接原因。

（2）擅自组织施工。按照施工程序，挂表作业不需要化州 ZR 城市燃气发展有限公司的行政审批，所以挂表作业具体工作情况化州 ZR 并不知道向某勇组织了施工。事发当天，化州 ZR 城市燃气发展有限公司接到用户户内挂表申请，然后把申请转发给化州施工负责人向某勇，向某勇因身在广州，于是直接通过电话临时安排李某东和胡某超进行户内挂表施工，由于该工作是向某勇临时安排的，并没有在工作计划，也没有通知监理单位，因此监理单位并不知情，擅自组织施工，是造成事故发生的间接原因。

（3）监管不到位。向某勇、李某东、胡某超在 2017 年 7 月开始便在该处项目施工，但是监理单位一直没能发现施工人员不具备相关作业资质，特别是高空作业资质，化州 ZR 和中 CH 远也有对向某勇施工队进行多次检查，亦没发现相关人员资格存在问题，没有认真编制并严格执行的施工方案，没有监督到位，是造成事故发生的间接原因。

3. 事故性质

该事故是相关人员违章作业，以包代管，擅自组织施工，监管不到位所致，属于生产安全责任事故。

2.6.5　处理意见

（1）施工单位中 CH 远建设工程有限公司，技术负责人、安全负责人不到位，没有自己的施工班组，将工程转包给没有任何施工资质的进城务工人员班组施工，而且没有组织过有效的管理、指导和培训，完全是以包代管，非法转包牟利，对事故的发生负主要责任。建议安监部门按照《中华人民共和国安全生产法》等相关法律法规对其进行处罚。

根据《中华人民共和国刑事诉讼法》第八条规定，中 CH 远建设工程有限公司化州天然气利用工程项目部实际负责人廖某涉嫌重大责任事故罪，建议将其移交公安机关对其做进一步查处。

（2）工头向某勇，自身没有承包工程的资质，使用没有相关资质的人员从事特种作业，违规组织施工，对事故负主要责任，根据《中华人民共和国刑事诉讼法》第八十条规定，向某勇涉嫌重大责任事故罪，建议将其移交公安机关对其做进一步查处。

（3）死者胡某超，没有按照工作规程施工，冒险作业，存在过失，在事故中负主要责任。鉴于胡某超在事故中死亡，对其相关责任不做追究。

（4）建设单位化州 ZR 城市燃气发展有限公司，对工程管理混乱，将工程发包给没有实际施工能力的同属本集团（ZR 投资集团）属下的兄弟公司，明知施工单位相关负责人不到位，将工程全部发包给没有任何施工资质的进城务工人员班组，完全是以包代管，却放任施工单位违法、违规、违约，以按合法发包工程的形式，掩盖非法施工的实质，根据《中国共产党党内监督条例》《中国共产党纪律处分条例》《中国共产党问责条例》等规定，建议将化州 ZR 总经理曾某强移交化州市纪委、监委，由化州市纪委、监委对曾某强及"化州市天然气利用工程"项目设计、分包、施工等做进一步调查。

（5）监理单位洛阳 SH 工程建设集团有限责任公司，在长达半年的施工中，没能发现相关人员缺少特种从业资格，监理工作不到位，责令监理单位洛阳 SH 工程建设集团有限责任公司进行整改，并要求洛阳 SH 工程建设集团有限责任公司向住房城乡建设部门作出深刻检讨。

2.6.6　事故防范和整改措施

1. 责令相关单位立刻开展安全隐患排查

化州市河西街道办"3·29"事故发生后的化州市相关部门立刻采取应对措施。为扭转化州市燃气施工形势严峻局面，根据相关法律法规的规定，要求住房城乡建设部门对河西街道办"3·29"事故相关负责人进行了约谈，责令"化州天然气利用工程"项目停工，彻底排查安全隐患，由企业自查的基础上进行复查，彻底消除安全隐患后才能复工。

2. 严格落实安全生产主体责任

各单位务必要求施工单位雇用有相应资质从业人员，建立安全生产规章制度和操作规程等安全管理制度，强化安全生产宣传教育，全面提升企业安全生产管理水平，坚决杜绝违章作业、不按技术规范要求操作等行为的发生。要求全市范围内企业开展燃气施工安全自查工作，督促工程监理企业认真履行安全监理职责，加大对全市工程监理企业履行监理职责的监管力度，特别是特种作业资格；督促施工企业加大安全投入，全面落实安全生产管理责任。

3. 吸取事故教训切实加强安全生产监管

全市各单位要深刻吸取事故教训，举一反三，针对本次事故暴露出的问题开展自查，尤其是要加强对工程分包管理的力度：第一，要建立完善的安全生产管理制度，确保施工方雇用有相应资质的安全生产责任主体，有相关特种作业资质的人员，建立生产安全排查机制，建立生产安全教育机制，要求各企业设立安全生产管理机构并确定责任人。第二，行业主管部门要加强对工程分包的监督检查，杜绝违法分包，以包代管的问题。从严从重处罚相关违法违规行为，保障人民群众的生命财产安全。第三，要铁腕整治，对屡整不改或整改不及时、管理不到位的工程项目要增加检查频次和加大处罚力度，切实达到"横向到边、纵向到底"的监管要求，彻底消除安全隐患，努力减少一般事故、遏制较大事故、坚决杜绝重特大事故。第四，进一步加大对一线工人和监管人员的专业技术教育，提升实际操作技能，夯实安全生产基础，切实提高自我保护意识，确保安全生产。

2.7 事故案例 7：江西赣州市 JH 管道安装有限公司 "8·22" 高处坠落事故

2017 年 8 月 22 日 11 时左右，宜春 SR 天然气有限公司外委施工单位赣州市 JH 管道安装有限公司施工作业人员在盛世 BSW 住宅小区（二期）8 栋 1 单元入户天然气管道进行刷油漆作业，其中一名作业人员吕某不慎从 15 层坠落身亡，造成一起安全生产一般事故。

2.7.1 基本情况

（1）赣州市 JH 管道安装有限公司，成立于 2005 年 10 月 13 日，有限责任公司（自然人投资或控股），位于江西省章贡区沙河工业园沿湖路东侧，法定代表人：叶某云，身份证号（略），注册资本（略），营业期限 2005 年 10 月 13 日至 2025 年 10 月 12 日，经营范围：市政公用工程施工总承包；水暖器安装、勘察设计；安装施工；建筑施工。（依法须经批准的项目，经相关部门批准后方可开展经营活动）。统一社会信用代码（略）。安全生产许可证编号（略），有效期 2016 年 10 月 9 日至 2019 年 10 月 9 日。特种设备安装改造维修许可证编号（略）。

（2）宜春 SR 天然气有限公司，有限责任公司（非自然人投资或控股的法人独资），位于江西省宜春市袁州区明月南路某号，法定代表人：罗某保，注册资本（略），成立日期：1997 年 4 月 30 日，营业期限：1997 年 4 月 30 日至 2057 年 4 月 30 口，经营范围：管道燃气业务经营；汽车加气（限分支机构经营）；燃气输配管网的投资、建设和经营；宜春市城市天然气利用工程的开发、建设和经营；城市天然气发电、售电；燃气器具、五金销售；承担燃气管道安装工程；液化石油气业务经营。（依法须经批准的项目，经相关部门批准后方可开展经营活动）。统一社会信用代码（略）。

（3）宜春 SR 天然气有限公司与赣州市 JH 管道安装有限公司签订《宜春 SR 天然气有限公司外委燃气管道工程合作协议》，合同编号：YCAZ-GCB2016-006 和 YCAZ-GCB2017-004，工程名称：外委燃气管道工程，工程地点：宜春市，建设单位：宜春 SR 天然气有限公司，施工单位：赣州市 JH 管道安装有限公司。宜春 SR 天然气有限公司按照《宜春 SR 天然气有限公司外委施工安全保障协议书》《2017 年安全（消防）管理工作重点计划》等有关规定加强了外委天然气管道施工项目的统一协调管理和跟班作业，相关人员定期或不定期到盛世 BSW 住宅小区（二期）开展天然气管道检查。

2.7.2 事故情况

1. 事故经过

2017 年 8 月 22 日 11 时左右，赣州市 JH 管道安装有限公司人员吕某、杨某彪在

BSW8 栋 1 单元进行燃气管道室内涂漆作业。在施工至十五层时，因十五层入室门已上锁，无法进入室内。吕某到物业公司拿钥匙，得知钥匙被售楼部人员拿走，之后到售楼部取钥匙未果；返回后，欲在无保护措施的情况下攀爬电梯间前室采光通道外出至十五层东侧室内，在攀爬过程中从十五层摔至二层平台。经 120 医护人员现场检查确认死亡。

2. 事故救援情况

事故发生后，赣州 JH 管道安装有限公司人员张某涛向 120 中心电话救援，同时也给公司质检员黄某华打了电话，11 时 20 分左右 120 中心医护人员赶到现场，经检查确认伤者（吕某）死亡。

11 时 25 分宜春市公安局袁州分局刑侦大队到达现场，立即进行现场处置和勘察调查了解有关情况，封锁并保护现场。

11 时 40 分左右，赣州市 JH 管道安装有限公司项目部助理阚某高、质检员黄某华、宜春 SR 天然气有限公司分管安全副总丁某玉、安技部部长潘某发、副部长徐某勇、安全员罗某及工程部韩某才、辛某平赶到现场，询问了解情况。

2.7.3 伤亡情况

事故造成 1 人死亡。

死者：吕某，男，2001 年出生，至事故时未满 16 周岁，云南省宣威市杨柳乡克基村委会李家冲村人，系赣州市 JH 管道安装有限公司施工作业人员，居民身份证号（略）。

经济损失：直接经济损失约 100 万元，间接经济损失约 30 万元。

2.7.4 事故原因

事故调查组对调查取证的材料进行了综合、分析，认定事故原因和事故性质如下：

1. 直接原因

赣州市 JH 管道有限公司施工作业人员吕某安全生产意识淡薄，在毫无安全防护措施的条件下私自攀爬 15 层的电梯间前室采光通道外出至 15 层东侧室内，导致发生高处坠落事故，属严重违规行为。

2. 间接原因

赣州市 JH 管道安装有限公司安全管理不到位：一是未按要求对施工作业人员开展安全教育培训，以致作业人员安全生产意识淡薄，导致产生违章作业现象；二是对施工作业人员未采取有效防范监控措施，管理失职。三是安全管理制度及责任制落实不到位，安全管理人员分工混乱，安全管理职责不明确，同时安全管理制度落实不到位致使部分员工思想存在侥幸心理，冒险蛮干，造成事故发生。

3. 事故性质认定

根据事故调查所确认的事实，调查组认为，这是一起由施工人员违规冒险作业引起的安全生产责任事故。

2.7.5 处理意见

（1）吕某违规冒险作业，是本次事故的直接责任人，鉴于其已死亡，不再追究其责任。

（2）袁某林，1965 年生，赣州市 JH 管道安装有限公司项目经理，宜春区域项目负责人，对宜春项目部施工作业人员教育培训不到位，造成施工作业人员违章冒险作业，对事故负直接管理责任，违反了《中华人民共和国安全生产法》第二十二条第（六）款，依据第九十四条第（三）款，建议处以 1 万元罚款。

（3）肖某，1965 年生，赣州市 JH 管道安装有限公司安全管理人员，安全技术部部长，未履行安全管理人员职责，安全管理不到位，对事故负直接管理责任，违反了《中华人民共和国安全生产法》第二十二条规定，依据第九十四条第（三）款，建议处以 1 万元罚款。

（4）叶某云，1967 年生，赣州市 JH 管道安装有限公司法人代表，对公司施工作业人员教育培训不到位，对天然气管道施工作业人员安全监控不力，违反了《中华人民共和国安全生产法》第十八条第（三）款、第（五）款，依据《中华人民共和国安全生产法》第五条、第九十二条第（一）款，建议处以 2 万元的罚款。

（5）依据《中华人民共和国安全生产法》第四十一条、第一百零九条第（一）款，建议对赣州 JH 管道安装有限公司处以 20 万元的罚款。

（6）赣州 JH 管道安装有限公司招用未满 16 周岁的员工吕某，违反《中华人民共和国劳动法》第十五条规定，依据《中华人民共和国劳动法》第九十四条规定，建议对该违法行为移送劳动行政部门予以处理。

2.7.6 事故防范和整改措施

（1）赣州市 JH 管道安装有限公司要认真吸取"8·22"事故教训，加大隐患排查治理力度，杜绝此类事故再次发生。认真吸取事故教训，举一反三，开展一次大排查及时发现问题及时处理。

（2）要进一步开展从业人员的教育和培训，提高从业人员的法律意识、安全生产意识和操作技能。

（3）严格落实企业主体责任，严格按照企业规章制度和相关操作规程作业。

2.8 事故案例8：福建永安市 JF 永郡 B 标段"4·28"高处坠落事故

2017 年 4 月 28 日 10 时 40 分左右，福建 LA 建设有限公司工人傅某华在永安市 JF 永郡 B 标段 11 号楼燃气管道立管施工过程中，在途经一层楼梯通道时，因一层电梯井口护栏未防护到位，不慎踩空坠入深 7.2m 电梯井基坑底受伤，经抢救无效死亡。发生一起造成 1 人死亡的高处坠落一般事故，直接经济损失约 120 万元。

2.8.1 基本情况

1. 工程概况

永安市 JF 永郡 B 标项目 11 号楼工程，位于永安市东坡路某号，工程规模为一层商业配套用房及架空层，二层以上为住宅，地下一层为车库，地上总层数 32 层，占地面积 847.05m²，地上住宅建筑面积 12043.81m²，建筑高度 98.2m，框架结构体系，开工时间为 2015 年 10 月 11 日。该工程土建部分由福州市 YJ 建设股份有限公司总承包，HS 富士达电梯有限公司福建分公司负责电梯安装，永安 AR 管道燃气有限公司负责燃气管道工程施工，MZ 装饰工程有限公司负责精装修工程。以上施工单位均以招标投标方式获取工程施工。

2. 事故相关单位概况

（1）建设单位：永安 ZS 房地产有限公司。

（2）监理单位：厦门 JX 工程管理有限公司。

（3）施工单位：

1）福州市 YJ 建设股份有限公司，于 2015 年 7 月，开始施工永安市 JF 永郡 B 标项目 11 号楼主体工程，于 2017 年 3 月 4 日，将该楼各层电梯井道口安全防护门移交给 HS 富士达电梯有限公司福建分公司负责保管及防护；但与 MZ 装饰工程有限公司只移交了该楼三～三十二层公共部分，未移交该楼一、二层公共部分。事故发生时，该公司正在该楼一、二层楼梯段进行腻子施工。

2）HS 富士达电梯有限公司福建分公司。该公司成立于 2005 年 3 月，法人代表：陈某平，统一社会信用代码（略），公司住所：福州市鼓楼区园垱街某号 3 号楼三、四层，经营范围：提供售后安装、维修、保养服务等。取得福建省质监局颁发特种设备（电梯）安装改造维修许可证（乘客电梯、载货电梯等安装、维修 A）资质，编号（略）。该公司将永安市 JF 永郡 B 标段电梯安装工程委托给具有电梯安装资质的福州志兴机电设备有限公司施工，于 2017 年 3 月 18 日入驻该项目 11 号楼电梯安装施工作业。项目负责人为林某，游某泰协助。吴某为分公司专职安全员。

3）MZ 装饰工程有限公司，于 2017 年 3 月入驻永安市 JF 永郡 B 标段 11 号楼公共部分精装修。在未与施工总承包单位对该楼一层楼梯通道（电梯井口）进行移交的情况下，于 4 月 17～18 日，安排工人在该楼一层楼梯通道进行部分墙面抹灰。

4）永安 AR 管道燃气有限公司，于 2016 年 2 月，与永安 ZS 房地产有限公司签订了 JF 永郡 B 标项目居民燃气入户合同。于 2017 年 3 月 3 日，安排福建 LA 建设有限公司入驻永安市 JF 永郡 B 标段 11 号楼进行燃气工程施工。

5）福建 LA 建设有限公司。该公司成立于 2011 年 7 月，法人代表：陈某玉，注册资本（略），统一社会信用代码（略），公司住所：福州市晋安区五四北路末端象峰村某号二层，经营范围：房屋建筑工程、管道工程等。取得福建省质监局颁发特种设备安装改造维修许可证（压力管道 GB1、GC2）资质，编号（略）。该公司从永安 AR 管道燃气有限公司承包获得了永安市 JF 永郡 B 标段 11 号楼燃气工程施工。工程项目负责人邱某芳，安全员唐某河，现场施工员范某。于 3 月 3 日入驻该项目 11 号楼，开始进行燃气管道立管安装，事发前尚未施工完毕。

3. 行业主管部门的履职情况

市住建局于 2015 年 8 月 11 日为 JF 永郡 B 标段主体工程办理发放建设工程施工许可证［证号（略），其中包含工程质量监督备案 FJZLJD-0598-YA-2015-032、房屋建筑和市政基础设施安全监督备案 FJAQJD-0598-YA-2015-34］。根据《福建省房屋建筑和市政基础设施工程施工安全生产监督管理工作标准（试行）》（以下简称监督标准）和《福建省建设工程质量安全动态监管办法（2016 年版）》（以下简称动态监管办法）相关规定，市住房和城乡建设局分别于 2016 年 3 月 10 日、2016 年 5 月 18 日、2016 年 8 月 8 日、2016

年 11 月 14 日、2017 年 1 月 9 日对该项目开展了质量安全动态监管检查及企业综合信用评价，并下发责任主体违规事实确认单和责令改正通知单。经调查，未发现市住建局有明显监管过失行为。

4. 事故发生地点

永安市 JF 永郡 B 标段 11 号楼一层电梯井（第一层电梯井口至负一层电梯井基坑底高度约 7.2m）。

5. 事故死亡人员名单

傅某华，男，江西省丰城市尚庄街道候塘尚社区傅家组人，身份证号（略），系施工单位（分包单位）福建 LA 建设有限公司燃气管道安装工人。

2.8.2　事故情况

2017 年 4 月 28 日 7 时左右，福建 LA 建设有限公司燃气管道立管施工班组人员傅某和、傅某华和罗某彪到永安市 JF 永郡 B 标段 11 号楼工地现场进行燃气管道立管施工。在加工场所加工好燃气管后，班组长傅某和、工人傅某华和罗某彪就乘坐 11 号楼的施工电梯把加工好的燃气管从地面搬运到第 4 层准备安装。傅某和、傅某华负责燃气管道的安装和分配；罗某彪负责管道安装后的加固工作。傅某华在安装过程中，发现燃气管尺寸不符合施工要求，就自行乘坐 11 号楼的施工电梯到地面加工场所重新加工。燃气管加工好后傅某华想返回作业点，发现 11 号楼施工电梯因供电电路跳闸无法运行，他就拿着燃气管道想从地面步行到该楼二、三层作业地点。在途经一层电梯通道（当时现场没有照明，且光线昏暗）时，不慎踩空从电梯井口（当时井口没有设安全防护）坠落至负一层电梯井基坑底（高度约 7.2m），并大声喊叫"救命"。在该楼一至二层楼梯段上施工作业的欧某红，听到喊叫声后，立即寻找，当她发现一男子躺在负一层电梯井基坑底后也大声喊叫。听到欧某红的喊声后，现场作业工人和相关单位人员也相继赶到该楼负一层开始救援。这时"120"医务人员也赶到事故现场，"120"医务人员和罗某彪就下到电梯井基坑底，此时发现傅某华脚断了，井底有一摊血，一根加工好的燃气管压在他没有受伤的脚上，一顶安全帽掉在了旁边，在进行了现场救治后，将伤者傅某华送往永安市立医院进行抢救。但伤者傅某华经医院抢救无效，于当日 19 时左右死亡。

2.8.3　事故原因

1. 直接原因

HS 富士达电梯有限公司福建分公司对 11 号楼一层电梯井口安全防护、管理不到位；福州市 YJ 建设股份有限公司、MZ 装饰工程有限公司对 11 号楼一层楼梯通道未设置照明。以上三个单位的过失造成环境的不安全状态。作业人员傅某华，4 月 28 日上午 10 时 40 分途经 11 号楼一层电梯井口（楼梯通道）时，发现该处没有照明、光线昏暗，无法了解周围施工环境，且自身又未配备照明设施情况下，盲目进入，不慎从一层电梯井口坠落到负一层电梯井基坑底，以致当场受伤经抢救无效死亡。环境不安全状态与死者傅某华的不安全行为是造成这起事故的直接原因。

2. 间接原因

HS 富士达电梯有限公司福建分公司、福建 LA 建设有限公司、福州市 YJ 建设股份有限公司、MZ 装饰工程有限公司及永安 AR 管道燃气有限公司等参建单位，均有不同程度存在安全管理不到位，安全培训教育不到位，安全措施、安全隐患排查治理落实不到位问题；建设单位永安 ZS 房地产有限公司，安全管理职责履职不到位，未能统一、有效协调、督促各参建单位抓好安全生产工作；造成 11 号楼一层电梯井口安全防护出现安全隐患未能及时整改处理，这些因素是造成本起事故的间接原因。

3. 事故性质

经调查认定，这是一起生产安全责任事故。

2.8.4 处理意见

（1）傅某华，1977 年 1 月出生，生前系施工单位（分包单位）福建 LA 建设有限公司燃气管道安装工人。4 月 28 日上午 10 时 40 分途经 11 号楼一层电梯井口（楼梯通道）时，发现该处没有照明、光线昏暗，无法了解周围施工环境，且自身又未配备照明设施情况下，盲目进入，不慎从一层电梯井口坠落到负一层电梯井基坑底，以致当场受伤经抢救无效死亡，对本起事故应负直接责任。鉴于其本人已死亡，故不再追究其一切责任。

（2）游某泰，1989 年 3 月出生，HS 富士达电梯有限公司福建分公司永安市 JF 永郡 B 标段电梯安装现场管理人员，协助该项目负责人工作。在该项目负责人林某外出期间，履职不到位，日常隐患排查不彻底、不到位；对安全事故隐患未采取措施进行整改反馈，未能及时、有效消除事故隐患，导致事故发生，对本起事故负有现场直接管理责任，建议由 HS 富士达电梯有限公司福建分公司按公司有关规定予以处理。

（3）林某，1986 年 8 月出生，HS 富士达电梯有限公司福建分公司永安市 JF 永郡 B 标段电梯安装项目负责人。履行职责不到位，未能有效落实安全生产责任制度、安全生产规章制度和安全操作规程；未能结合该项目现场情况制定电梯井口安全防护安全施工措施；长期不在该项目工作岗位，日常安全隐患排查不彻底、不到位，未及时、有效消除安全事故隐患，导致事故发生，违反《建设工程安全生产管理条例》（国务院令 第 393 号）第二十一条规定，对本起事故负有现场直接管理责任，建议由 HS 富士达电梯有限公司福建分公司依法依规予以处理。

（4）唐某河，1990 年 2 月出生，福建 LA 建设有限公司永安 AR 燃气管道安装工程专职安全员，负责永安市 JF 永郡 B 标段 11 号楼燃气管道立管施工现场安全管理。履职不到位，对从业人员安全教育培训不到位；未按规定进行安全技术交底；未能经常性组织开展日常安全检查，开展事故隐患排查工作，导致事故发生，违反《中华人民共和国安全生产法》第二十五条、第四十三条规定，对本起事故负有现场重要安全管理责任。建议由福建 LA 建设有限公司依法依规予以处理。

（5）邱某芳，1982 年 1 月出生，福建 LA 建设有限公司永安 AR 燃气管道安装工程项目经理，负责永安市 JF 永郡 B 标段燃气管道工程施工项目。履行职责不到位，未组织制定安全生产责任制；组织实施安全教育培育不到位；未组织开展日常安全检查，开展事故隐患排查工作，导致事故发生，违反《中华人民共和国安全生产法》第二十五条、第四十三条及《建设工程安全生产管理条例》（国务院令 第 393 号）第二十一条规定，对本起事故负有现场重要管理责任，建议由福建 LA 建设有限公司依法依规予以处理。

（6）宋某清，1968 年 8 月出生，福州市 YJ 建设股份有限公司现场安全员。履行职责不到位，没有严格执行安全管理制度，按《建筑施工安全检查标准》JGJ 59—2011 检查，填写《安全检查日志》，对现场安全检查不到位；未能及时、有效制止违章操作；未能及时、有效消除事故隐患，导致事故发生，违反《中华人民共和国安全生产法》第四十三条及《建设工程安全生产管理条例》（国务院令 第 393 号）第二十三条规定，对本起事故的发生负有现场重要安全管理责任，建议由福州市 YJ 建设股份有限公司依法依规予以处理。

（7）李某勇，1967 年 1 月出生，福州市 YJ 建设股份有限公司永安市 JF 永郡 B 标段项目经理。履职不到位，未认真落实安全生产责任制度、安全规章制度、操作规程；未能全面、有效履行总承包合同规定的安全管理职责，对现场安全管理督促、检查不力，未能及时、有效消除事故隐患，导致事故发生，违反《中华人民共和国安全生产法》第四十三条及《建设工程安全生产管理条例》（国务院令 第 393 号）第二十一条规定，对本起事故的发生负有重要管理责任，建议由福州市 YJ 建设股份有限公司按公司有关规定予以处理。

（8）宋某，1983 年 7 月出生，MZ 装饰工程有限公司永安市 JF 永郡 B 标段公共部位精装修工程施工主管。履职不到位，对 11 号楼一层电梯通道照明管理不到位，未开展日常安全检查，未能及时、有效消除事故隐患，导致事故发生，违反《中华人民共和国安全生产法》第四十三条、《建设工程安全生产管理条例》（国务院令 第 393 号）第二十三条规定，对本起事故的发生负有重要管理责任，建议由 MZ 装饰工程有限公司按公司有关规定予以处理。

（9）陈某，1969 年 3 月出生，MZ 装饰工程有限公司永安市 JF 永郡 B 标段公共部位精装修工程项目经理。履职不到位，对现场安全管理检查、督促不力，导致事故发生，违反《中华人民共和国安全生产法》第四十三条及《建设工程安全生产管理条例》（国务院令 第 393 号）第二十一条规定，对本起事故的发生负有重要管理责任，建议由 MZ 装饰工程有限公司依法依规予以处理。

（10）邹某河，1989 年 12 月出生，永安 AR 管道燃气有限公司工程部副经理，负责永安市 JF 永郡 B 标段项目。履职不到位，对安全生产工作统一协调、管理不到位，对分包单位的安全管理检查、督促不力，导致事故发生，违反《中华人民共和国安全生产法》第四十六条、《建设工程安全生产管理条例》（国务院令 第 393 号）第二十四条规定，对本起事故的发生负有连带管理责任，建议由永安 AR 管道燃气有限公司依法依规予以处理。

（11）邓某元，1970 年 10 月出生，永安 ZS 房地产有限公司永安市 JF 永郡项目部经理。履职不到位，对多家施工单位交叉作业统一协调、管理不到位，未定期进行安全检查，导致事故发生，违反《中华人民共和国安全生产法》第四十六条规定，对本起事故的发生负有领导责任，建议由永安 ZS 房地产有限公司依法依规予以处理。

（12）陈某新，1969 年 9 月出生，福建 LA 建设有限公司董事长、副总经理。安全管理履职不到位，未能依法组织、制定并实施安全生产规章制度及安全生产教育和培训计划；未能督促、检查本单位的安全生产工作，及时消除生产安全事故隐患，导致事故发生，违反《中华人民共和国安全生产法》第十八条第（三）、（五）款及《建设工程安全生产管理条例》（国务院令 第 393 号）第二十一条规定，对本起事故的发生负有重要管理责任，建议由福建 LA 建设有限公司依法依规予以处理。

（13）陈某平，1973 年 10 月出生，HS 富士达电梯有限公司福建分公司法人代表、经理。安全管理履职不到位：未能建立健全本单位安全生产责任制；未能依法组织制定适合本单位实际的安全生产规章制度；未能依法组织制定并实施安全生产教育和培训计划；未能有效督促、检查本单位的安全生产工作，及时消除事故隐患，导致事故发生，违反《中华人民共和国安全生产法》第十八条第（一）、（二）、（三）、（五）款及《建设工程安全生产管理条例》（国务院令　第 393 号）第二十一条等相关规定，对本起事故的发生负有主要管理责任，建议由永安市安监局按照《中华人民共和国安全生产法》第九十二条第（一）款规定予以行政处罚。

（14）HS 富士达电梯有限公司福建分公司，企业安全主体责任不落实，安全管理混乱：1）未经业主同意，将电梯安装工程以委托合同名义变相转包给其他单位；2）没有依法依规建立健全企业安全生产责任制，制定并实施安全检查管理制度；3）没有建立生产安全事故隐患排查治理制度；4）没有依法依规进行安全技术交底；5）没有依法依规实施对从业人员的安全教育培训；6）没有依法依规制定施工方案（或施工组织设计）、安全技术措施；7）未在施工现场设置消防应急通道、消防应急设施和明显的安全警示标志；8）自身既没有依法依规开展安全事故隐患排查与治理工作，也没有对监理在工地例会上提出的安全隐患问题及时采取有效措施予以处理，直接导致 11 号楼一层电梯井口安全防护隐患未能及时消除最终酿成事故，其行为违反《中华人民共和国安全生产法》第四条、第二十五条、第三十二条、第三十八条，《中华人民共和国建筑法》第二十八条、第二十九条、第三十八条、第三十九条、第四十四条、第四十五条、第四十六条和《建设工程安全生产管理条例》（国务院令　第 393 号）第二十三条、第二十七条、第二十八条、第三十一条、第三十六条、第三十七条及施工合同的有关约定，对本起事故的发生负有主要责任。建议由永安市安监局按《中华人民共和国安全生产法》第一百零九条第（一）款规定给予 20 万元行政处罚。

（15）福建 LA 建设有限公司，企业主体责任落实不到位：没有按规定办理职工工伤保险；对作业人员安全教育培训不到位；未按规定进行安全技术交底；未组织开展日常安全检查和事故隐患排查工作，其行为违反《中华人民共和国安全生产法》第二十五条、第三十八条、第四十三条和《建设工程安全生产管理条例》（国务院令　第 393 号）第二十一条及施工合同的有关约定，对本起事故的发生负有重要责任。建议由永安市住建局按有关法律法规及相关规定予以处罚。

（16）福州市 YJ 建设股份有限公司，安全管理不到位：未认真履行承包合同规定的安全管理职责，配合业主对施工现场的安全生产进行有效管理；日常安全检查不到位，隐患排查不彻底；在未完成 11 号楼施工且未办理移交手续情况下，对 11 号楼一层楼梯通道停止提供照明、未设置消防通道、消防应急设施及安全警示标志；未及时消除事故隐患，其行为违反《中华人民共和国安全生产法》第三十八条、第四十三条，《中华人民共和国建筑法》第三十九条、第四十四条，《建设工程安全生产管理条例》（国务院令　第 393 号）第二十一条、第三十一条及施工合同的有关约定，对本起事故的发生负有重要责任。建议由永安市住建局按有关法律法规及相关规定予以处罚。

（17）MZ 装饰工程有限公司，安全管理不到位：没有建立事故隐患排查治理制度；未能有效落实安全技术措施；未能按规定进行安全技术交底；在提前介入施工时，对 11 号楼一层楼梯通道未设置照明、消防通道、消防应急设施及安全警示标志；未对施工现场采取有效的维护安全措施；未能按规定开展安全检查及时消除事故隐患，其行为违反《中华人民共和国安全生产法》第三十八条、第四十三条，《中华人民共和国建筑法》第三十八条、第三十九条，《建设工程安全生产管理条例》（国务院令 第 393 号）第二十一条、第二十七条、第三十一条及施工合同的有关约定，对本起事故的发生负有重要责任。建议由永安市住建局按有关法律法规及相关规定予以处罚。

（18）永安 AR 管道燃气有限公司，安全管理不到位，对安全生产工作统一协调、管理不到位；没有建立生产安全事故隐患排查治理制度；未按规定开展安全检查工作，其行为违反《中华人民共和国安全生产法》第三十八条、第四十六条，《中华人民共和国建筑法》第二十九条，《建设工程安全生产管理条例》（国务院令 第 393 号）第四条及施工合同的有关约定，对本起事故的发生负有连带责任。建议由永安市住建局按有关法律法规及相关规定予以处罚。

（19）永安 ZS 房地产有限公司，作为建设单位，对多家施工承包单位在同一作业区作业时安全生产工作统一协调、管理不到位；未能定期进行安全检查，发现问题未及时督促整改。其行为违反《中华人民共和国安全生产法》第四十六条、《建设工程安全生产管理条例》（国务院令 第 393 号）第四条及施工合同的有关约定，对本起事故的发生负有间接责任。建议由永安市住建局按有关法律法规及相关规定予以处罚。

2.8.5 事故防范和整改措施

（1）施工单位要深刻汲取事故教训，认真学习贯彻《中华人民共和国安全生产法》《建设工程安全生产管理条例》（国务院令 第 393 号）等法律、法规，加强从业人员安全教育培训和施工现场安全生产工作统一协调、管理，严格执行建筑行业标准规范，特别是电梯井口等临边安全防护设置和管护的规定，加强日常巡查、检查，确保施工安全。

（2）市住建局要进一步加强行业监管，督促生产经营单位认真履行企业主体责任。要举一反三，吸取事故教训，全面深入开展安全生产大检查大排查活动，坚决采取措施，切实消除事故隐患。要将该建设工程作为重大隐患挂牌督办，督促企业认真汲取事故教训，加大检查和整改力度，切实提高建筑企业安全生产水平，杜绝此类事故再度发生。

（3）街道办事处要进一步落实属地监管职责，扎实开展安全生产大检查大排查活动，抓好建筑施工等重点行业、领域安全监管工作，及时督促生产经营单位事故隐患整改，坚决制止此类事故的再次发生。同时，要进一步明确、细化领导班子安全监管范围与职责，形成齐抓共管的监管合力。

（4）根据《生产安全事故报告和调查处理条例》第三十三条规定，要求永安市住建局、燕西街道办事处、永安 ZS 房地产有限公司接到本报告批复件后，将处理结果、事故防范和整改措施情况书面向永安市安委会办公室反馈（各责任施工单位的处理结果、事故防范和整改措施情况由业主单位永安 ZS 房地产有限公司汇总统一向市安委会办公室反馈）。

2.9 事故案例 9：上海市 BG 机电设备有限公司 "11·18" 高处坠落事故

2016 年 11 月 18 日 12 时左右，上海市 BG 机电设备有限公司（以下简称 "BG 机电公司"）在对张家港 HC 钢板有限公司东西区连通煤气管道项目进行施工作业时，发生一起高处坠落事故，造成 1 人死亡。

2.9.1　基本情况

（1）BG 机电公司位于上海市宝山区月罗路某号-7，法定代表人环某建，企业类型为有限责任公司，注册资本（略），企业成立于 2003 年 10 月，经营范围：机电设备安装、调试、维修、保养；钢结构件制作、安装，耐蚀防腐工程；焊接探伤检测；金属加工；备件修复；室内装潢服务；杂务劳动；金属材料、五金交电、建筑材料、电线电缆、电讯器材、水暖管件、机电设备、普通劳防用品、日用百货兼批零、代购代销；在新能源技术领域内从事技术开发、技术转让、技术服务、技术咨询；硅材料、太阳能电池片、太阳能组件销售。

（2）项目发包情况：张家港 HC 钢板有限公司与 BG 机电公司于 2016 年 7 月 18 日签订了一份《工程施工合同》，张家港 HC 钢板有限公司将东西区连通煤气管道项目 C-D 段及 D-E 段制作安装工程发包给 BG 机电公司。另外，江苏 SG 集团有限公司与 BG 机电公司于 2015 年 12 月 21 日签订了一份年度的《设备委外维修工程安全生产环境保护承包协议书》。

（3）事故地点位于张家港沙太钢铁有限公司棒线七车间一号线东南侧。

（4）现场勘查情况：张家港 HC 钢板有限公司东西区连通煤气管道项目 CE 段 D 点 $\phi 2.8\text{m}$ 管道对接施工作业位置处于景太东路与景太南二路交叉路口，汽车起重机沿景太东路停放，$\phi 2.8\text{m}$ 管道与主管 $\phi 3.6\text{m}$ 平行设置，靠近景太南二路北侧路基上方两管相连，$\phi 2.8\text{m}$ 管道顶端距地面约 12m。汽车起重机下方的钢丝绳一根已经松开，另一根仍与管道相连。

2.9.2　事故情况

2016 年 11 月 18 日上午，BG 机电公司安排人员对张家港 HC 钢板有限公司东西区连通煤气管道项目 CE 段 D 点 $\phi 2.8\text{m}$ 管道与主管 $\phi 3.6\text{m}$ 管道对接施工作业，BG 机电公司现场管理员赵某强负责现场管理，江苏 SG 集团有限公司机修总厂安排组长张某涛作为现场跟踪人员，至 11 时 $\phi 2.8\text{m}$ 管道与主管 $\phi 3.6\text{m}$ 管道完成对接工作。随后，BG 机电公司赵某强安排普工张某存对汽车起重机进行脱钩作业，张某存头戴安全帽，身上佩戴安全带爬上 $\phi 2.8\text{m}$ 管道顶部拆除南侧钢丝绳卸扣，至 11 时 40 分左右，张某存未将安全带扣牢不慎从管道顶端坠落至地面，旁边职工发现后将其送至张家港市第六人民医院抢救，后经医院抢救无效死亡。

2.9.3　伤亡情况

本次事故造成 1 人死亡，死者张某存，1970 年 10 月生，山西省曲沃县乐昌镇人。事故直接经济损失 80 万元。

2.9.4　事故原因

（1）事故的直接原因：职工在未落实有效安全防范措施的情况下进行高处作业，不慎从高处坠落，直接导致事故的发生。

（2）事故的间接原因：BG 机电公司未督促员工落实高处作业安全防范措施；对作业现场安全管理不到位，未开展事故隐患排查治理工作，未能及时消除事故隐患；SG 集团有限公司作业跟踪人员未能及时发现作业过程中存在的职工不安全行为。

（3）事故性质：事故调查组经调查，认定该事故是一起生产安全责任事故。

2.9.5　处理意见

（1）普工张某存在未落实有效安全防范措施的情况下进行高处作业，身体失稳从高处坠落，导致事故发生，张某存对该事故的发生负有直接责任，鉴于其在事故中已死亡，免于追究其责任。

（2）BG 机电公司现场管理员赵某强，未督促作业人员落实有效安全防范措施，对作业现场安全监督管理不到位，未能及时发现作业过程中存在的事故隐患，赵某强对该起事故负有管理责任，建议 BG 机电公司按企业相关规定进行处理。

（3）BG 机电公司项目经理武某稳，对危险作业管理未落实严格防范措施，对作业现场安全监督管理不到位，未能及时发现作业过程中存在的事故隐患，武某稳对该起事故负有管理责任，建议 BG 机电公司按企业相关规定进行处理。

（4）江苏 SG 集团有限公司机修总厂组长张某涛，未督促作业人员落实有效安全防范措施，对作业现场安全监督管理不到位，未能及时发现作业过程中存在的事故隐患，张某涛对该起事故负有管理责任，建议江苏 SG 集团机修总厂按企业相关规定进行处理。

（5）BG 机电公司执行安全生产法律法规不严，未督促作业人员有效安全防范措施，作业现场缺少有效的安全监管，未能及时消除事故隐患。BG 机电公司对事故的发生负有责任，建议安监部门对该公司依法进行行政处罚。

2.9.6　事故防范和整改措施

（1）BG 机电公司必须深刻吸取"11·18"事故教训，严格执行国家的安全生产法律法规，进一步健全和完善安全生产规章制度，加大对作业现场的隐患排查治理力度。

（2）BG 机电公司要进一步加强对职工的安全生产教育和培训，不断提高从业人员的安全意识和自我防范意识；要提高对危险作业的现场安全监管能力和水平，督促从业人员严格执行本单位安全规章制度和安全操作规程，杜绝各类事故的发生。

（3）江苏 SG 集团有限公司要强化对外委托单位的安全监管，确实抓好危险作业的安全管控，落实项目管理相关规定，确保安全生产顺利进行。

2.10　事故案例 10：四川广安市某园区"7·26"高处坠落事故

2014 年 7 月 26 日 18 时许，川渝合作示范区广安市某生态文化旅游园区（以下简称某园区）ZT·天一广场 2 号楼建筑工地发生一起死亡 1 人的一般高处坠落事故。

2.10.1　基本情况

1. 四川 ZT 房地产开发有限责任公司

四川 ZT 房地产开发有限责任公司（以下简称"ZT 房地产公司"）成立于 2006 年 12 月 22 日，企业法定代表人：王某周，企业法人营业执照注册号（略），经营范围：房地产开发等。2013 年 7 月 30 日，ZT 房地产公司取得了四川省住房和城乡建设厅核发的暂定三级房地产开发资质证书，有效期至 2014 年 6 月 27 日。

2007 年 7 月 25 日，ZT 房地产公司取得了 ZT·天一广场项目建设用地规划许可证；2008 年 3 月 31 日，2012 年 7 月 11 日，该公司分别取得了 ZT·天一广场项目国土使用证、建设工程规划许可证；2012 年 9 月 5 日、2013 年 1 月 16 日，该公司分别取得了 ZT·天一广场项目 2 号、6 号、7 号、8 号和 3 号、4 号、5 号楼建筑工程施工许可证。2012 年 2 月 17 日，广安市发展和改革委员会出具了 ZT·天一广场项目的企业投资项目备案通知书，明确了该项目建设的地点为广安市建安北路平安片区 P14、P15 号地块。

2012 年 7 月 13 日，ZT 房地产公司与四川 JC 建设项目管理咨询有限公司签订了建设工程委托监理合同，由四川 JC 建设项目管理咨询有限公司对 ZT·天一广场项目开展监理工作。2012 年 8 月 10 日，ZT 房地产公司与广安市 JZ 总公司签订工程承包合同，合同约定由广安市 JZ 总公司负责 ZT·天一广场 2～8 号楼的土建、装饰、强弱电、给水排水工程施工。2014 年 2 月 19 日，ZT 房地产公司与广安市 JZ 总公司签订补充合同，将原合同约定的给水、燃气、消防、电梯、强电、装饰等工程由 ZT 房地产公司分包给其他具有资质的施工单位，广安市 JZ 总公司只负责主体结构工程。2012 年 11 月 6 日，ZT 房地产公司与四川广安 XH 电梯公司签订了电梯设备安装合同。2014 年 5 月 20 日，ZT 房地产公司与四川 GAAZ 股份有限公司燃气事业部签订了民用天然气工程安装合同，将 ZT·天一项目的天然气一户一表安装承包给四川 GAAZ 股份有限公司燃气事业部。

2013 年 12 月 23 日，ZT·天一广场项目 2 号楼主体工程通过广安市质监站验收，广安市 JZ 总公司与 ZT 房地产公司约定将 2 号楼的日常安全管理交由 ZT 房地产公司负责。2014 年 7 月 11 日，ZT 房地产公司许某为便于电梯安装公司安装电梯轨道、电梯门、电缆等，擅自安排罗某林拆除 ZT·天一广场 2 号楼电梯井的洞口防护、水平防护，且未采取任何临时安全防护措施。

2. 四川 GAAZ 股份有限公司燃气事业部

四川 GAAZ 股份有限公司（以下简称"GAAZ 股份公司"）成立于 1999 年 3 月 23 日，企业法人营业执照号（略），法定代表人：罗某红，住所：四川省广安市广安区渠江北路某号，燃气经营许可证号（略），有效期：2011 年 11 月 20 日至 2013 年 11 月 19 日，现正在重新办理燃气经营许可证。经营范围：天然气供应（凭建设行政主管部门资质证书经营）、水、电、气仪表校验、安装、调试等。

四川 GAAZ 股份有限公司燃气事业部（以下简称"AZ 燃气事业部"）成立于 2002 年 11 月 19 日，营业执照注册号（略），负责人：曾某，系 GAAZ 股份公司副总经理、燃气事业部总经理，受 GAAZ 股份公司法定代表人罗某红的委托对外签订客户全部承担费用的燃气工程施工合同等。经营范围：天然气供应（凭建设行政主管部门资质证书经营），销售：燃气炉具，气仪表校验、安装。

根据《四川省物业管理条例》第十五条：新建住宅物业管理区域内的供水、供电、供气等终端用户的分户计量表或者终端用户入户端口以前的专业经营设施设备及相关管线按照国家技术标准和专业技术规范统一设计，由相关专业经营单位依法组织具有资质的单位安装施工，所需费用依照有关工程计价规定确定，由建设单位承担。2014 年 5 月 1 日，AZ 燃气事业部与四川省 HG 建设总公司签订了燃气管道及设备安装合同，合同约定安装范围为 AZ 燃气事业部供气范围。AZ 燃气事业部于 2014 年 5 月 20 日与 ZT 房地产公司签订了民用天然气工程安装合同，2014 年 7 月 26 日四川省 HG 建设总公司进场对 ZT·天一广场民用天然气工程进行施工作业。

3. 四川省 HG 建设总公司

四川省 HG 建设总公司（以下简称"四川 HJ 公司"）于 2003 年 3 月 13 日在四川省广汉市工商行政管理局注册登记，注册号（略），法定代表人：耿某云；经营范围：市政工程施工等，主项资质等级：化工石油工程施工总承包一级，承包工程范围：市政公用工程施工总承包二级（供气规模 15 万 Nm^3/日燃气工程；中压及以下燃气管道、调压站等）。2007 年 10 月 31 日，四川 HJ 公司取得国家质量监督检验检疫总局核发的压力管道安装改造维修许可证，有效期至 2016 年 11 月 2 日。

2014 年 5 月 1 日，四川 HJ 公司与 AZ 燃气事业部签订了燃气管道及设备安装施工合同，负责 AZ 燃气事业部供气范围内的室内燃气安装。2014 年 6 月 26 日，四川 HJ 公司陆续将燃气施工材料送入 ZT·天一施工现场，2014 年 7 月 2 日，AZ 燃气事业部屈某、程某与四川 HJ 公司安装工人吴某平进行了安全技术交底，2014 年 7 月 26 日，四川 HJ 公司进场对 ZT·天一广场 2 号楼进行户内燃气安装，安装队队长吴某平聘请临时工王某林、刘某搬运施工材料。安装队长吴某平未对临时工王某林、刘某进行安全教育，在知道施工作业场所存在重大安全隐患且未整改的情况下，仍组织工人施工作业。

4. 广安市 JZ 总公司

广安市 JZ 总公司成立于 1994 年 2 月 4 日，法定代表人：尹某，工商营业执照注册号（略），安全生产许可证编号（略），有效期：2014 年 3 月 11 日至 2017 年 3 月 11 日，经营范围：房屋建筑工程施工总承包等，主项资质等级：房屋建筑工程施工总承包二级。

5. 四川 JC 建设项目管理咨询有限公司

四川 JC 建设项目管理咨询有限公司（以下简称"JC 项目管理公司"）于 2007 年 5 月 15 日在遂宁市工商行政管理局注册登记，有效期为长期，注册号（略），法定代表人：唐某文，经营范围：工程监理等，业务范围：房屋建筑工程监理乙级、市政公用工程监理乙级。2012 年 11 月 2 日，JC 项目管理公司在成都市工商行政管理局变更注册登记，注册号（略），经营范围不变，房屋建筑工程监理由乙级升级为甲级。

2012 年 7 月 13 日，JC 项目管理公司岳池片区负责人曾某洪以 JC 项目管理公司的名义与 ZT 房地产公司签订了建设工程委托监理合同，对 ZT·天一广场项目开展监理工作。合同有效期为 2012 年 7 月 16 日至 2014 年 7 月 16 日，合同第三十九条补充约定：合同委托期满后，工程未完，按监理实际工资支付，即 12000 元/月。

该项目的监理总工程师为詹某万，专职监理员为杨某权，曾某洪将项目总监和专职监理员的资质证书交给 ZT 房地产公司到建设行政主管部门办理相关手续，但并未告知詹某万、杨某权，且詹某万、杨某权均未到 ZT·天一广场项目现场开展监理工作，曾某洪本人也从未到过该项目现场，现场所有监理工作由监理员吴某军负责。

6. 四川广安 XH 电梯有限公司

四川广安 XH 电梯有限公司（以下简称"XH 电梯公司"）于 2010 年 10 月 25 日在广安市广安区工商行政管理局注册登记，有效期：长期。注册号（略），法定代表人：兰素华，经营范围：电梯销售，电梯安装、维修、保养等。2011 年 8 月 16 日取得四川省质量技术监督局核发的特种设备安装改造维修许可证（电梯），编号（略），有效期至 2015 年 8 月 15 日。2012 年 11 月 6 日 XH 电梯公司与 ZT 房地产公司签订了电梯设备安装合同。2014 年 7 月 25 日，XH 电梯公司向广安质量技术监督局填写了 ZT·天一广场电梯安装改造维修告知书，2014 年 8 月 5 日，四川省广安质量技术监督局在告知书上批准同意。2014 年 7 月 21 日，电梯的安装材料进场。

7. 广安市住房和城乡规划建设局

广安市住房和城乡规划建设局（以下简称"广安市住建局"）负责监督检查并指导全市住房城乡建设系统安全生产工作，承担监督管理建筑市场、规范市场各方主体行为的责任，负责建筑工程质量安全的监督管理工作等。2012 年 9 月 5 日、2013 年 1 月 16 日，广安市住建局核发了 ZT·天一广场项目 2 号、6 号、7 号、8 号楼和 3 号、4 号、5 号楼的建筑工程施工许可证。2014 年 3 月 19 日，广安市住建局会议纪要明确了某园区管委会在建筑施工领域的监管范围，ZT·天一广场项目属于某园区监管范围内，但至事故发生时广安市住建局未将 ZT·天一广场项目的相关资料移交某园区管委会。广安市住建局根据工程的进度情况于 2014 年 5 月 29 日和 2014 年 7 月 4 日对 ZT·天一广场项目进行了两次安全检查。

8. 广安某园区管委会

根据《中共广安市委机构编制委员会关于印发川渝合作示范区广安某生态文化旅游园区管理委员会主要职责工作机构和人员编制规定的通知》（广委编发〔2013〕58 号）要求，广安某园区管委会区域范围为广安市广安区某镇、浓溪镇和广福街道办事处的大寨社区、岩头村、北辰街道办事处的界坡村 1 组、2 组、3 组。广安某园区管委会承担园区内基础设施建设、安全生产管理等工作，ZT·天一广场项目在某园区管委会监管范围内。某园区管委会按属地管理的原则对其进行了两次检查，2014 年 6 月 11 日某园区规划建设局到 ZT·天一广场进行安全生产检查时，针对检查发现的隐患要求建设单位许某督促施工单位立即整改，但没有对隐患是否按要求进行整改的情况进行督查。"7·26"事故发生后，2014 年 8 月 2 日某园区规划建设局到 ZT·天一广场进行了检查，对事故情况进行了了解，并提出了整改要求。至事故发生时某园区管委会没有与广安市住建局衔接 ZT·天一广场项目的相关资料移交事宜。

2.10.2　事故情况

1. 事故发生、抢救情况

2014 年 7 月 26 日，四川省 HG 建设总公司在 ZT·天一广场 2 号楼进行民用天然气安装作业，安装队队长吴某平聘请临时工王某林、刘某搬运施工材料，当日 18 时许，现场工人王某林发现刘某在搬运材料过程中不慎从电梯井入口坠落至电梯井底部，后即报 120 急救中心，120 急救人员赶到现场后确认刘某已经死亡。

2. 善后处理情况

事故发生后，广安区安环局、某园区管委会、大寨派出所、四川 ZT 房地产公司许某和李某国立即赶赴事故现场，开展事故救援和善后处理。2014 年 7 月 27 日，广安市住建局接到事故报告后，立即组织相关人员到 ZT·天一广场调查了解情况，督促善后处理工作。

2.10.3 伤亡情况

本次事故造成 1 人死亡，事故直接经济损失 50 余万元。

2.10.4 事故原因

1. 事故原因

（1）直接原因

ZT 房地产公司擅自拆除 ZT·天一广场 2 号楼电梯井的洞口防护、水平防护且未采取任何临边防护措施。

（2）间接原因

1）ZT 房地产公司与 AZ 燃气事业部签订天然气安装合同后，没有进行安全技术交底；ZT 房地产公司安全管理制度不健全，安全生产责任制度不落实，项目部没有设专门的安全管理机构，现场安全管理人员没有经过专门的安全培训，无隐患排查制度及台账。

2）四川 HJ 公司现场施工安全管理不到位，安装队队长吴朝平没有对新进临时工进行安全教育培训，安全管理制度不健全，安全责任制度不落实，未层层签订安全目标责任书。

3）JC 项目管理公司 ZT·天一广场项目总监詹某万和专职监理员杨某权没有到现场履职，现场监理员吴某军被告知 2 号楼电梯井洞口防护和水平防护被拆除后没有发监理通知书给相关单位，只口头报告开发商，对日常监理排查出的隐患未督促相关单位整改到位；在业主单位隐患未整改的情况下，未及时向负有安全监管职责的部门报告。

4）AZ 燃气事业部没有对 ZT·天一广场项目现场的施工作业环境进行安全检查；将 ZT·天一广场项目的户内燃气安装劳务分包给四川 HJ 公司时，只注重了施工单位的资质和专业技术人员的资质，疏于对施工现场的监督管理。

2. 事故性质

经调查认定，这是一起电梯口无洞口防护措施造成的一起一般高处坠落生产安全责任事故。

2.10.5 处理意见

1. 对相关责任单位的责任认定及处理建议

（1）ZT 房地产公司是此次事故的主要责任单位。其行为违反了安全生产法律法规和规章的有关规定，建议由安全生产监督管理部门依照相关法律法规对 ZT 房地产公司作出处理。

（2）四川 HJ 公司是此次事故的主要责任单位。其行为违反了安全生产法律法规和规章的有关规定，建议由安全生产监督管理部门依照相关法律法规对四川 HJ 公司作出处理。

（3）JC 项目管理公司是此次事故的重要责任单位，其行为违反了安全生产法律法规和规章的有关规定，建议由安全生产监督管理部门依照相关法律法规对 JC 项目管理公司处理。

（4）AZ 燃气事业部是此次事故的重要责任单位，其行为违反了安全生产法律法规和规章的有关规定，建议由安全生产监督管理部门依照相关法律法规对 AZ 燃气事业部作出处理。

（5）广安市住建局未将 ZT·天一广场项目的相关资料移交某园区管委会，对某园区管委会履行建设施工安全属地监管指导不力，建议由广安市安委会对广安市住建局进行约谈。

（6）某园区管委会没有与广安市住建局衔接 ZT·天一广场项目的相关资料移交事宜，对其项目现场安全管理不力，建议由广安市安委会对某园区管委会进行约谈。

2. 对相关责任人员的责任认定及处理建议

（1）王某周，ZT 房地产公司法定代表人。对公司安全生产工作全面负责，是公司安全生产的第一责任人，是此次事故的重要责任人员，建议由安全生产监督管理部门依照相关法律法规对王某周作出处理。

（2）许某，ZT 房地产公司安全生产的第二责任人，ZT·天一广场项目安全生产领导小组副组长，ZT·天一广场项目现场负责人，对 ZT·天一广场建设项目负有安全管理责任，是此次事故的主要责任人员，建议由安全生产监督管理部门依照相关法律法规对许某作出处理。

（3）李某国，ZT 房地产公司管理人员，ZT·天一广场项目安全生产领导小组副组长，对 ZT·天一广场建设项目负有管理责任，是此次事故的主要责任人员，建议由安全生产监督管理部门依照相关法律法规对李某国作出处理。

（4）耿某云，四川 HJ 公司法定代表人，公司安全生产的第一责任人，对公司安全生产工作全面负责，是此次事故的重要责任人员，建议由安全生产监督管理部门依照相关法律法规对耿某云作出处理。

（5）黄某军，四川 HJ 公司在 ZT·天一广场项目的现场负责人，是此次事故的主要责任人员，建议由安全生产监督管理部门依照相关法律法规对黄某军作出处理。

（6）吴某平，四川 HJ 公司 ZT·天一广场项目的燃气安装队队长，是此次事故的主要责任人员，建议由安全生产监督管理部门依照相关法律法规对吴某平作出处理。

（7）唐某文，JC 项目管理公司法定代表人，是此次事故的重要责任人员，建议由安全生产监督管理部门依照相关法律法规对唐某文作出处理。

（8）曾某洪，JC 项目管理公司岳池片区负责人，是此次事故的主要责任人员，建议由安全生产监督管理部门依照相关法律法规对曾某洪作出处理。

（9）吴某军，ZT·天一广场项目实际监理员，是此次事故的主要责任人员，建议由安全生产监督管理部门依照相关法律法规对吴某军作出处理。

（10）罗某君，AZ 燃气事业部技术总监，是此次事故的主要责任人员，建议由安全生产监督管理部门依照相关法律法规对罗某君作出处理。

（11）付某，AZ 燃气事业部安全监察部经理，是此次事故的重要责任人员，建议由安全生产监督管理部门依照相关法律法规对付某作出处理。

2.10.6 事故防范和整改措施

为深刻吸取事故教训，杜绝此类事故再次发生，广安市住建局、广安某园区管委会、ZT 房地产公司、四川 HJ 公司、AZ 燃气事业部、JC 项目管理公司等部门应采取以下措施：

（1）ZT 房地产公司要深刻吸取事故教训，进一步健全安全生产责任制，按照《四川省生产经营单位安全生产责任规定》（省政府令 216 号）建立健全安全生产各项管理制度及台账，层层签订目标责任书，完善安全教育培训和隐患排查治理制度，切实加强施工现场的安全管理，全面、深入、细致开展隐患排查，及时治理各类事故隐患，杜绝同类事故再次发生。

（2）四川 HJ 公司要落实企业主体责任，建立健全安全生产管理制度，加强对员工的培训，加强现场的安全管理，对作业现场存在重大安全隐患的要停止作业，待隐患消除后方可作业。

（3）JC 项目管理公司要落实企业主体责任，建立健全安全生产管理制度，层层签订目标责任书，要认真履行安全监理职责，加强对施工项目的现场监理，对施工过程中的每个环节一定要监理到位，并落实好签字验收制度，有效防范安全事故；要加大安全检查的力度，及时发现纠正存在的安全隐患；对安全隐患整改不到位的，要采取果断措施予以处理，绝不允许项目部带着问题和隐患进行施工作业。

（4）AZ 燃气事业部要层层落实本单位的安全生产责任制，加强对燃气安装、作业现场的安全检查，加强对户内燃气安装单位四川 HJ 公司的安全管理。

（5）广安市住建局要完善安全管理制度，落实"一岗双责"，要举一反三，进一步加强建筑领域的安全生产监督管理。要认真查找建筑工程安全生产工作中的薄弱环节和突出问题，强化监督检查，做到令行禁止，确保建筑行业的生产安全。

（6）某园区管委会要加大对辖区内企业的日常监管力度，要认真学习贯彻落实安全生产法律法规特别是《中华人民共和国建筑法》《建设工程安全生产管理条例》（国务院令第 393 号）等法律法规，进一步加大建筑施工安全的执法力度，对检查中发现的隐患要督促企业进行整改并对整改情况进行复查。

2.11 事故案例 11：湖南长沙市 XA 燃气工程有限公司"7·13"高处坠落事故

2013 年 7 月 13 日，XA 燃气工程有限公司发生一起高处坠落事故，死亡 1 人，直接经济损失 98.6 万元。

2.11.1 事故概述

（1）事故时间：2013 年 7 月 13 日 10 时许。

（2）事故发生单位：XA 燃气工程有限公司。

（3）事故发生地点：宁乡县城二环路 SJ 花园住宅小区二期 5 号栋靠东边的电梯井内。

（4）事故类别：高处坠落事故。

（5）事故伤亡情况：死亡 1 人。

（6）事故直接经济损失：98.6 万元（未包括事故责任行政处罚罚款）。

2.11.2　基本情况

1. 企业基本概况

XA 燃气工程有限公司 2001 年 11 月 16 日注册成立，法定代表人：韩某深，企业住所地为长沙河西高新麓谷大道某号软件大楼（专业楼）539 号。企业类型为有限责任公司（外国法人独资），注册资本（略）。该公司经营范围为燃气工程、防腐工程施工及管道设备安装维修项目。

公司持证情况：2012 年 2 月 17 日在长沙市工商行政管理局取得了企业法人营业执照，注册号（略），有效期至 2034 年 11 月 3 日。该企业 2012 年 2 月 8 日取得了长沙市质量技术监督管理局颁发的组织机构证，代码（略），有效期至 2016 年 2 月 8 日。该企业 2012 年 7 月 5 日取得了湖南省住房和城乡建设厅颁发的安全生产许可证，编号（略），有效期至 2015 年 4 月 3 日。该企业 2011 年 4 月 15 日取得了湖南省质量技术监督局颁发的中华人民共和国特种设备安装改造维修许可证，编号（略），有效期至 2015 年 4 月 14 日。

2. 项目概况

SJ 花园住宅小区位于宁乡县城二环路。该小区的建设方为长沙 HY 投资有限公司，主体施工方为长沙 JZ 建设工程有限公司。项目一期工程已竣工，正在进行二期工程建设。二期工程共分 5、6、7 号栋，主体工程已接近完工，正进行卫生清理等扫尾工作，尚未完成验收交接。长沙 HY 投资有限公司将该小区的燃气工程发包给宁乡 XA 燃气有限公司，宁乡 XA 燃气有限公司将其发包给了有相应施工资质的 XA 燃气工程有限公司进行燃气管道及其他燃气入户设施的安装；同时在该小区 5 号栋楼内进行施工的还有 TY 电梯（中国）有限公司承接的电梯安装工程。

3. 企业安全管理情况

XA 燃气工程有限公司建立了安全生产责任制，制定了安全生产管理制度和相关安全生产操作规程。该企业未严格按要求组织对全体从业人员进行安全生产教育和培训。XA 燃气工程有限公司总经理马某光和宁乡项目部负责人许某均没有对宁乡县城二环路 SJ 花园住宅小区二期的燃气设施施工工程进行安全生产检查，没有发现作业场所存在的高处坠落事故隐患。XA 燃气工程有限公司派往该工地的安全管理人员陈某星未认真对生产作业场所进行检查，未与同一场地内的其他施工单位进行安全交接，也未对本单位的燃气设施施工工人进行安全技术交底；与陈某星一同派往该施工工地的兼职安全员刘某仅在该处燃气设施安装工程进场施工时，到宁乡 SJ 花园二期工地围墙内空坪转了一下，没有进入各楼栋进行安全检查，没有与各相关方进行安全交接，也没有向从业人员凌某、李某娥、邓某等进行安全技术交底，仅在前往该工地途中的车上向从业人员讲了一些安全生产注意事项。陈某星、刘某都没有向本单位的燃气施工工人凌某、李某娥、邓某等明确告知作业场所和工作岗位存在的危险因素、防范措施。在 SJ 花园住宅小区 5 号栋进行燃气设施施工过程中，负责该处燃气设施施工的班长凌某仅到 SJ 花园 5 号栋的一楼看了一眼，未到其他楼层进行安全检查，未及时发现也未向施工工人李某娥、邓某明确告知 5 号栋电梯井口存在的无防护、人员易于坠落的事故隐患。

4. 事故地点概况

发生事故的 5 号栋楼内 TY 电梯（中国）有限公司已在电梯井内安装了电梯底座，其施工人员正在用提升机运送电梯门板。XA 燃气工程有限公司工人在 5 号栋楼外东边空坪进行除锈、刷漆作业。坪内有许多燃气管道放置在进工地大门的左侧位置，5 号栋的前方堆置着 TY 电梯（中国）有限公司用来装电梯构件的各类集装箱。SJ 花园住宅小区 5 号栋为高层电梯房，为双电梯设计，死者邓某掉落的电梯井为东侧电梯井。在东侧电梯井的电梯底座上靠近负一楼出口的地方有一摊血迹。事故调查组人员观察到 1～5 层的电梯井口的防护为：1 层、2 层、3 层的防护均是用两块架板交叉防护，4 层是用黑色铁架挡在电梯井口，5 层的东侧电梯井口是用两木棍交叉防护，西侧电梯井口是用黑色铁架挡住。后经调查确定事发时 1 层、2 层电梯井口均无任何防护，这些防护是事发后长沙 JZ 建设工程有限公司人员补装上去的。事故现场无任何安全警示标志。

2.11.3　事故发生经过及抢救过程

1. 事故发生经过

2013 年 7 月 13 日上午 10 时许，XA 燃气工程有限公司员工凌某、李某娥、邓某在 SJ 花园住宅小区二期坪内结束了管道除锈、喷漆作业。凌某安排邓某去 5 号栋查看穿越楼层套管的安放位置。邓某去二层查看时，因其不熟悉楼层内的情况，加上现场缺乏照明，二层电梯井口无防护，不慎从二层东侧的电梯井口坠入到井底。

2. 事故抢救过程

10 时多，长沙 JZ 建设工程有限公司正在进行卫生清理的杂工蔡某明到 5 号栋地下室去找木楼梯。当蔡某明来到 5 号栋地下室后，看到邓某躺在电梯底座上，不再动弹。蔡某明意识到那个人已经死亡，吓得跑开了。蔡某明在跑到地下室门口时看到一个保安，他要求保安立即向有关方面报告情况。闻讯赶来的 TY 电梯（中国）有限公司的员工李某、王某馀、贺某意跑到 5 号栋一楼往电梯井内察看，看到邓某躺在电梯的底座上。他们呼唤邓某，但已无反应。王某馀感觉不对，立即拨打了 120 急救电话。长沙 JZ 建设工程有限公司的杂工班班长颜某兵，现场负责人范某清、蔡某轰和长沙 HY 投资有限公司土建工程师范某强相继闻讯赶到了现场。大约 20 分钟后，宁乡县中医院的救护车赶到了现场。蔡某轰等人从救护车上接下担架，将伤者邓某抬上了救护车。邓某被送到宁乡县中医院后抢救无效死亡。

3. 伤亡人员基本情况

死者邓某，男，41 岁，系 XA 燃气工程有限公司安装工，湖南省耒阳市三都镇某村人。

4. 司法鉴定结论

受宁乡县安全监督管理局委托，长沙市楚天司法鉴定所对事故中的死者邓某进行了尸体检验，并出具了司法鉴定检验报告书（楚天司鉴〔2013〕尸检字第 122 号）。其鉴定结论为："死者邓某系急性颅脑损伤死亡。"

2.11.4　事故原因

1. 直接原因

（1）防护不到位。SJ 花园住宅小区二期 5 号栋楼内一、二层电梯井口的防护被拆除，导致邓某从电梯井口踩空后坠落电梯井内。

（2）作业场地环境不良。SJ 花园住宅小区二期 5 号栋内楼梯口、电梯井口照明不良，没有设置明显的安全警示标志。

（3）从业人员邓某忽视自身安全，在不熟悉 SJ 花园住宅小区 5 号栋现场状况的情况下，贸然进入 5 号栋楼内察看场地，导致事故发生。

2. 间接原因

（1）XA 燃气工程有限公司主要负责人和其他安全生产管理人员未依法履行安全生产管理职责，未及时督促、检查本单位在 SJ 花园住宅小区施工现场的安全生产工作，未及时发现并消除该项目工地 5 号栋电梯井口存在的高处坠落事故隐患。

（2）XA 燃气工程有限公司未按要求组织对邓某等从业人员进行安全生产教育和培训。

（3）XA 燃气工程有限公司没有向邓某等从业人员如实告知作业场所和工作岗位存在的危险因素、防范措施。

3. 事故性质

经调查认定，XA 燃气工程有限公司"7·13"高处坠落事故是一起生产安全责任事故。

2.11.5　处理意见

1. 建议不再追究责任的人员

邓某，XA 燃气工程有限公司安装工。忽视自身安全，贸然进入不熟悉的施工场地，导致本次事故的发生。对事故发生负有直接责任。鉴于其已死亡，建议不予追究。

2. 建议给予行政处罚的单位和个人

（1）XA 燃气工程有限公司，未按要求组织对工人邓某、李某娥等人进行安全生产教育和培训，未向从业人员如实告知作业场所和工作岗位存在的危险因素、防范措施。其行为违反了《中华人民共和国安全生产法》第二十一条、第三十六条的规定，对本次事故发生负有责任。建议由宁乡县安全生产监督管理局依据《生产安全事故报告和调查处理条例》第三十七条第（一）款的规定给予行政处罚。

（2）TY 电梯（中国）有限公司，在宁乡 SJ 花园二期 5 号栋进行电梯安装过程中，没有落实现场安全防护措施。建议由宁乡县质量技术监督局另案依法处理。

（3）长沙 JZ 建设工程有限公司，在拆除 SJ 花园二期 5 号栋 1、2 层电梯层门的防护后，没有及时采取防护措施。建议由宁乡县住房和城乡建设局另案依法给予行政处罚。

（4）长沙 HY 投资有限公司，对宁乡 SJ 花园二期的燃气设施安装和电梯安装工程均没有向相关主管部门报告开工，未组织相关施工方搞好安全生产交接工作。建议由宁乡县住房和城乡建设局另案依法给予行政处罚。

（5）马某光，46 岁，XA 燃气工程有限公司总经理。未依法履行安全生产管理职责，未及时发现并消除该 XA 燃气工程有限公司宁乡项目部在宁乡县城二环路 SJ 花园住宅小区燃气设施施工中存在的高处坠落事故隐患。其行为违反了《中华人民共和国安全生产法》第十七条第（四）款的规定，对本次事故发生负有主要领导责任。建议由宁乡县安全生产监督管理局依据《生产安全事故报告与调查处理条例》第三十八条第（一）款的规定，给予马某光行政处罚。

3. 建议按企业内部规章制度处理的人员

（1）许某，38岁，XA燃气工程有限公司宁乡项目部负责人。未依法履行安全生产管理职责，未及时发现并消除该公司宁乡项目部SJ花园二期燃气设施安装工地存在的高处坠落事故隐患，对本次事故发生负有重要领导责任。建议由XA燃气工程有限公司按企业内部规章制度处理。

（2）陈某星，41岁，XA燃气工程有限公司宁乡项目部安全员。未依法履行安全生产管理职责，没有认真对SJ花园二期燃气施工项目安装作业场地进行检查，未及时发现并消除该项目工地存在的高处坠落事故隐患，对本次事故发生负有重要责任。建议由XA燃气工程有限公司按企业内部规章制度处理。

（3）刘某，23岁，XA燃气工程有限公司宁乡项目部兼职安全员。未依法履行安全生产管理职责，没有对SJ花园二期燃气施工项目安装作业场地进行检查，未及时发现并消除该项目工地存在的高处坠落事故隐患，未对施工人员进行安全技术交底，对本次事故发生负有重要责任。建议由XA燃气工程有限公司按企业内部规章制度处理。

（4）凌某，38岁，XA燃气工程有限公司宁乡项目部SJ花园住宅小区二期燃气设施安装施工班班长。未依法履行安全生产管理职责，未及时发现并告知该项目工地存在的高处坠落事故隐患，对本次事故发生负有重要责任。建议由XA燃气工程有限公司按企业内部规章制度处理。

2.11.6 事故防范和整改措施

XA燃气工程有限公司要吸取"7·13"高处坠落事故的深刻教训，进行安全生产事故隐患排查治理。具体要落实如下防范措施：

1）要严格按照国家规定组织对从业人员进行安全生产教育和培训。

2）主要负责人和其他安全生产管理人员要依法履行安全生产管理职责，要对本单位的安全生产工作进行经常性检查，要向从业人员如实告知作业场所和工作岗位存在的危险因素、防范措施，及时消除检查中发现的事故隐患。

XA燃气工程有限公司要将整改落实情况报宁乡县安全生产监督管理局备案。

第 3 章

物体打击典型事故

3.1 事故案例 1：安徽河北 HB 石油工程建设有限公司"3·22"物体打击事故

2018 年 3 月 22 日 7 时左右，在安徽省怀远县、五河县输气管道工程位于合徐高速与东海大道交叉口西北角蚌埠 FY 药业西侧定向钻出土点现场，施工队施工时，发生一起物体打击事故，导致 1 人死亡。

3.1.1 基本情况

1. 事故相关单位概况

（1）建设单位基本情况

项目建设单位为蚌埠皖北 ZSYKL 燃气有限公司，工商营业执照注册号（略），该公司成立于 2014 年 12 月 26 日，法定代表人：刘某钦，公司注册地址：安徽省怀远经济开发区乳泉大道某号，经营范围：天然气利用技术开发；天然气管道安装、销售；天然气管道支线、城市天然气管网及设施建设、运营；汽车加气站建设、运营；燃气输气设备材料供应、自用设备租赁；液化天然气、液化石油气、燃气器具销售。（依法需经批准的项目，经相关部门批准后方可开展经营活动）

（2）施工单位基本情况

项目施工（事故发生）单位为河北 HB 石油工程建设有限公司，工商营业执照注册号（略），该公司成立于 2001 年 9 月 17 日，法定代表人：司某俊，公司注册地址：河北省任丘市东北某村北，经营范围：石油化工工程施工总承包一级；市政公用工程施工总承包二级；防水防腐保温工程专业承包二级；输变电工程专业承包二级；建筑工程施工总承包三级（凭资质证书经营）；机械加工；油田施工设备制造、销售（国家有专项规定的除外）；自有设备租赁；第 I 类（D1 级别）、第 II 类（D2 级别）压力容器制造（凭许可证经营）；普通货运；房屋租赁；抽油机、变压器维修；220kV 及以下输电线路铁塔、低压成套开关设备、电力非标金具、常压热水锅炉的生产、销售；焊接技能培训；锅炉安装、维修 3 级（凭许可证经营）；压力管道安装维修（GA、GB、GC 类，管道现场防腐蚀作业甲级）（凭资质证书经营）；承装（修、试）电力设施（凭许可证经营）。（依法须经批准的项目，经相关部门批准后方可开展经营活动）

该公司于 2015 年 8 月 13 日通过公开投标方式中标本工程，该公司任命吕某懿为项目负责人。

（3）监理单位基本情况

项目监理单位为北京 XD 国际工程管理有限公司，该公司成立于 1993 年 12 月 01 日，法定代表人：张某明，工商营业执业注册号（略），工程监理综合资质，公司注册地址：北京市海淀区首体南路某号中 GD 工大厦，经营范围：工程项目管理；工程监理；工程招标及代理；工程造价咨询、工程技术咨询；技术培训、技术服务；技术进出口；代理进出口；劳务服务。（依法须经批准的项目，经相关部门批准后依批准的内容开展经营活动）

该公司于 2015 年 5 月 19 日通过公开投标方式中标本工程。

2. 事故项目工程概况

安徽省怀远县、五河县输气管道工程从西气东输刘巷子分输站接天然气，向怀远县经济开发区、马城镇经济开发区和沫河口工业园区、城南工业园区等片区的工业用户及 CNG 用户供气。输气管道设计输量为 $3.0 \times 10^8 Nm^3/a$，管道沿线经过安徽省蚌埠市禹会区、怀远县和淮上区。管道设计长度 70.6km，管径 D273mm，设计压力为 6.3MPa。开工时间为 2015 年 12 月 20 日，计划完工时间为 2018 年 5 月 31 日。该工程前期手续齐全，在建设工程中其两个场站（沫河口末站、怀远输配站）办理了施工许可证，但中途管线施工未完全按照相关法律法规办理施工许可。

3.1.2　事故情况

2018 年 3 月 22 日 7 时左右，施工现场的工人叶某林和张某高发现工友唐某中倒在钻杆西侧地上，卡钻杆的管钳横压在其右大腿上，两人急忙将伤者救出，并立即打电话通知 120 急救车和队长杨某伟等人。由于施工现场到市里医院路途较远，工地立即安排了一辆小货车，在往车上抬人时，唐某中头脑意识比较清醒，讲腿疼轻点抬。运送途中意识开始模糊，随车人安抚他时，唐某中说腿疼并感到胸闷心里难受，并出现意识模糊言语不清现象，将唐某中送到第一医院时约 7 时 45 分左右，医院急诊科医护人员马上进行全力抢救。9 时左右，医生宣布临床死亡，河北 HB 石油工程建设有限公司通过与其子电话沟通后，结束抢救。在发生本事故后，河北 HB 石油工程建设有限公司安排保护事故现场，稳定家属情绪，在收拾唐某中个人物品时发现病历本，载明其有心脏疾病，公司安抚家属并达成赔偿协议，做好善后工作，但河北 HB 石油工程建设有限公司并未按照相关规定的要求及时向事故发生地县级以上人民政府安全生产监督管理部门和负有安全生产监督管理职责的有关部门报告。

3.1.3　伤亡情况

事故造成 1 人死亡，唐某中，53 岁，河南省内乡县人，身份证号码（略），直接经济损失 130 万元。

3.1.4　事故原因

1. 直接原因

在定向钻杆连接操作时，因固定钻杆的大管钳（长 1.1m，重 50kg）失稳脱落（因事故受害者唐某中已经死亡，故无法明确判断管钳脱落原因，经询问在场工作人员，脱落原因为设备安装不牢固，同时可能存在施工人员作业时操作不当），砸伤操作工唐某中下肢，诱发旧疾心脏病导致死亡，是事故发生的直接原因。

2. 间接原因

（1）河北 HB 石油工程建设有限公司作为本项目施工单位安全管理不到位，主要表现在：

1）未对唐某中进行安全生产教育和培训，唐某中未经安全生产教育和培训合格，即上岗作业，不符合相关法律法规的要求。

2）现场安全管理不规范，没能及时发现并消除事故隐患（设备安装不牢固）。

（2）北京 XD 国际工程管理有限公司作为本项目监理单位未完全尽责，主要表现在：对于施工现场存在的安全隐患（设备安装不牢固）未能及时发现。

3. 事故性质

通过对事故调查取证和原因分析，认定本起事故是一起因施工单位未完全履行安全管理相关职责导致的建筑施工物体打击生产安全责任一般事故。

3.1.5　处理意见

1. 对事故责任单位的责任认定及处理建议

本次事故中，河北 HB 石油工程建设有限公司未按照《中华人民共和国安全生产法》第二十五条规定对唐某中进行安全生产教育和培训，唐某中未经安全生产教育和培训合格，即上岗作业。事故发生后，公司没有按照《生产安全事故报告和调查处理条例》第九条规定及时向项目所在地的安全生产监管部门和行业主管部门报告生产安全事故。以上行为违反了相关法律法规，故河北 HB 石油工程建设有限公司在本次事故中应负有责任。

鉴于以上情况，根据《中华人民共和国安全生产法》第一百零九条第（一）款规定，应当对河北 HB 石油工程建设有限公司进行处罚，考虑其在事故发生后及时与死者家庭达成赔偿协议，故建议由区安监局对其处以 20 万元罚款。

北京 XD 国际工程管理有限公司作为本项目监理单位，对于施工现场存在的安全隐患（设备安装不牢固）未能及时发现，根据《建设工程安全生产管理条例》（国务院令 第 393 号）第五十七条第（四）款规定建议由区住建交通委责令其限期整改。

2. 对事故责任人的责任认定及处理建议

吕某作为该项目生产经营单位的主要负责人，未按照《中华人民共和国安全生产法》第十八条规定组织制定并实施本项目安全生产教育和培训，没有对唐某中进行岗前安全教育和培训。同时，吕某没有及时向事故发生地县级以上人民政府安全生产监督管理部门和负有安全生产监督管理职责的有关部门报告。根据《中华人民共和国安全生产法》第九十二条第（一）款和第一百零六条规定，建议由区安监局对其分别处以一年年收入 30% 和 60%（合计 90%）的罚款，同时建议河北 HB 石油工程建设有限公司给予其降级、撤职的处分。

3.1.6　事故防范和整改措施

（1）河北 HB 石油工程建设有限公司应立即开展施工工地安全生产事故隐患排查治理

工作，特别是职工岗前安全培训和健康体检、建档工作，对事故隐患进行逐一排查、整改，确保万无一失；北京 XD 国际工程管理有限公司作为项目监理单位应按照《建设工程安全生产管理条例》（国务院令 第 393 号）及合同约定要求认真履职，尤其加强对安全方面的监督检查。

（2）安徽省怀远县、五河县输气管道工程各参建单位要认真吸取此次事故的教训，在施工过程中强化安全制度的落实，加大对施工现场安全检查力度，建立健全员工体检制度，要真正做到安全培训的全覆盖，同时需要举一反三，开展事故警示教育，落实安全措施，杜绝此类事故再次发生。

（3）建设监管部门要切实履行监督和管理职责，进一步加强在建工程的安全监管工作，加大监督检查力度，增加安全监管频次，督促企业落实安全生产主体责任。

3.2 事故案例 2：湖北武汉市 DD 市政安装工程有限公司 "5·15" 物体打击事故

2017 年 5 月 15 日 15 时 10 分左右，湖北 DD 市政安装工程有限公司在武昌区梅苑路（武珞路—文安路）进行中压燃气管道改造工程，对管道焊接封头进行打压压力试验时，发生一起物体打击事故，造成 1 名路人死亡（张某，25 岁，河南省人）。事故直接经济损失约 147 万元。

3.2.1 基本情况

项目名称：梅苑路（武珞路—文安路）中压燃气管道改造工程；施工地段：起于武珞路，终于文安路沿梅苑路东侧人行道铺设；施工内容：安装管径 de 250 聚乙烯（PE）管道共长 620m，全部采用非开挖施工方式进行铺设。

建设单位为：武钢江南 ZR 燃气（武汉）有限公司（以下简称：江南 ZR），监理单位为：濮阳市 ZY 石化工程建设监理公司（以下简称：ZY 监理）；施工单位为：湖北 DD 市政安装工程有限公司（以下简称：DD 市政），法定代表人：周某；公司地址：江汉区马场后街某号；注册资本（略）；公司类型：有限责任公司；经营范围：管道工程施工、地下非开挖技术铺设管线；建筑材料、五金、化工产品（不含危险品）、环保产品、建筑设备及配件、汽车配件批零兼营。（国家法律法规规定需经审批的项目，凭许可证经营）

梅苑路燃气管道改造工程是江南 ZR 老旧铸铁管改造的重点项目。由于该路段燃气管道为老旧铸铁管道，造成多次燃气管道泄漏，存在重大安全隐患，急需对老旧铸铁管道进行改造，企业为彻底消除安全隐患，采取边施工边办理有关建设审批手续的办法。

2017 年 2 月 20 日江南 ZR 与 ZY 监理签订了《2017 年天然气管道安装工程年度委托监理总合同》，监理内容及监理量：委托人将本公司管辖区域内中、低压干（支）管、普通民用户、别墅区、商业户等天然气管道安装工程监理业务委托承包人实施工程监理，监理范围为工程施工阶段的质量、进度、费用控制管理和安全生产监督管理、合同、信息协调服务。2017 年 5 月 12 日江南 ZR 与 DD 市政签订了《燃气管道工程施工合同》和《年度外包工程安全协议书》，并进行了安全技术交底工作。

3.2.2　事故情况

2017 年 5 月 15 日上午，DD 市政项目现场负责人陈某飞在没有通知 ZY 监理的情况下，安排聘请焊接工周某桂（45 岁，湖北省麻城人）对管径 de 250 聚乙烯（PE）管道与封头进行热熔焊接（型号为 SHY160 热熔焊机）。15 时，周某桂用空压机对已焊接好的聚乙烯管道进行打压压力试验（试压），当压力加到 0.6MPa 后，周某桂停止加压进行观察，15 时 30 分左右末端的聚乙烯管道封头突然断裂脱落，在气压的作用下飞出，聚乙烯管道封头击中路过的行人张某（正在打电话）胸部。事故发生后，周某桂立即打 110、120 电话报警，同时向公司汇报事故情况。救护车将张某送往附近的 TY 医院，公司领导接到电话后立即赶往医院，请求医院全力抢救，经医生全力抢救无效于 18 时 30 分死亡。

3.2.3　事故原因

根据《生产安全事故报告和调查处理条例》《湖北省生产安全事故报告和调查处理办法》和其他有关规定，事故调查组要求武昌区城市管理委员会聘请专家对该起生产安全责任事故进行勘查，分析造成事故的直接原因和间接原因。6 月 26 日武昌区城市管理委员会与北京大方科技咨询有限公司签订《事故技术鉴定委托书》。通过三位专家对事故现场的勘查和物证的比对分析。三位专家一致认定该事故造成事故的直接原因和间接原因如下：

1. 直接原因

根据调查情况和现场分析，试压时施工单位在聚乙烯管与打压封头进行对接焊接时严重违反操作规程，封头接口焊缝热熔质量不合格，不能耐受试验压力，试压时封头突然脱落飞出是导致死亡事故发生的直接原因。

（1）所用焊机性能与焊接管道不匹配

通过调查取证，发现施工单位现场使用的焊接设备为无锡 CY 机械有限公司出厂的热熔焊机，最大焊接管径为 $DN160$，而该项建设工程使用的聚乙烯管道管径为 $de250$，已经超出了热熔焊机的额定工作管径。

根据 2008 年实施的行业标准《聚乙烯燃气管道工程技术规程》CJJ 63—2008 第 5.1.2 条：聚乙烯管材与管件的连接和钢骨架聚乙烯符合管材与管件的连接，必须根据不同连接形式选用专用的连接机具，不得采用螺纹连接或粘连。连接时，严禁采用明火加热。施工单位现场使用的焊接设备是不符合上述规定要求。

（2）事故调查中，未见封头质量检测文件，不能判定其具体存放时间。

根据 2008 年实施的行业标准《聚乙烯燃气管道工程技术规程》CJJ 63—2008 第 3.1.3 条：管材从生产到使用期间，存放时间不宜超过 1 年，管件不宜超过 2 年。当超过上述期限时，应重新抽样，进行性能检验，合格后方可使用。管材检验项目应包括：静液压强度（165h/80℃）、热稳定性和断裂伸长率；管件检验项目应包括：静液压强度（165h/80℃）、热熔对接连接的拉伸强度或电熔管件的熔接强度。

（3）从焊接断口判断，焊接工艺不符合要求

从封头断口处看到，表面不平整，可见小孔和缺口，翻边高度和根部宽度不足，不符合下述规定的要求。

根据 2008 年实施的行业标准《聚乙烯燃气管道工程技术规程》CJJ 63—2008 5.2.4 第二款：翻边对称性检验。接头应具有沿管材整个圆周平滑对称的翻边，翻边最低处的深度不应低于管材表面。

（4）未见试压施工安全防护措施

该工程是沿梅苑路（武珞路—文安路）东侧人行道铺设聚乙烯燃气管道，经过门面众多，属人口密集区，在对聚乙烯燃气管道进行压力试验（试压）施工时，现场未设置有效安全防护设施及夜间警示灯。

根据现行行业标准《城镇燃气输配工程施工及验收规范》CJJ 33—2005 第 2.2.1 条：在沿车行道、人行道施工时，应在管沟沿线设置安全护栏，并应设置明显的警示标志。

2. 间接原因

（1）未见设计文件和技术要求

根据现行行业标准《城镇燃气输配工程施工及验收规范》CJJ 33—2005 中第 1.0.5 条：工程施工必须按设计文件进行，如发现施工图有误或燃气设施的设置不能满足国家现行标准《城镇燃气设计规范》GB 50028 时，不得自行更改，应及时向建设单位和设计单位提出变更设计要求。修改设计或材料代用应经原设计部门同意。

事故调查过程中未见该项目的设计文件和技术要求，不符合上述规定的要求。

（2）未见试压施工安全防护方案和试压记录

根据现行行业标准《城镇燃气输配工程施工及验收规范》CJJ 33—2005 中第 12.1.3 条：管道吹扫、强度试验及中高压管道严密性试验前应编制施工方案，制定安全措施，确保施工人员及附近民众与设施的安全。

事故调查过程中只见《梅苑路（武珞路—文安路）中压燃气管道改造工程施工方案》，其中未见试压施工安全防护方案和试压记录，不符合上述规定的要求。

（3）未见监理大纲和相关监理文件

根据《建设工程监理规范》GB/T 50319—2013 中第 1.0.5 条：在建设工程监理工作范围内，建设单位与施工单位之间涉及施工合同的联系活动应通过工程监理单位进行。

事故调查中，未见监理大纲和相关监理文件，不符合上述规定的要求。

（4）施工单位焊接人员焊接资格难以认定

施工单位聘请焊接工周某桂，于 2012 年 4 月 22 日参加过聚乙烯管道焊接培训，不能判定其是否间断安装时间超过 6 个月，焊接操作资格难以认定。

3.2.4 处理意见

经调查认定，该起事故是一起因作业人员违反操作规程，使用不符合技术要求的热熔焊机，从业人员安全教育培训和现场安全管理不到位而造成的生产安全责任事故。依据有关法律、法规和规定，事故调查组建议对事故处理如下：

（1）施工单位聘请焊接工周某桂，安全意识淡薄，在施工中不按操作规程施工，也未按要求组织设备材料进行现场验收和对焊接过程关键参数进行记录；现场安全和文明施工未达到规定要求。违反了《聚乙烯燃气管道工程技术规程》CJJ 63—2008，对此次事故负有直接责任，建议解除劳动用工合同。同时根据《中华人民共和国刑法》有关规定，涉嫌责任事故罪，建议由武昌区公安分局依法追究其刑事责任。

（2）项目现场负责人陈某飞安全意识淡薄，在不清楚周某桂是否具有聚乙烯管道焊接资质和施工中不按操作规程施工的情况下，不加以制止和纠正其违规操作行为，对事故负有直接领导责任。建议撤销其项目现场负责人职务，解除劳动用工合同。同时根据《中华人民共和国刑法》有关规定，涉嫌责任事故罪，建议由武昌区公安分局依法追究其刑事责任。

（3）湖北 DD 市政安装工程有限公司法人代表周某，作为公司法定代表人，疏于安全管理，没有严格执行安全管理制度，应对事故的发生负主要领导责任。建议由区城管委进行安全约谈，批评教育，要求其对项目安全隐患进行排查，依法履行职责。责成其作出深刻书面检查。

（4）濮阳市 ZY 石化工程建设监理公司为事故发生项目的监理单位，对事故负有安全监管责任不落实、现场安全监管不力的责任。建议由区城管委进行安全约谈，批评教育，要求其对项目安全隐患进行排查，依法履行职责。

（5）建设项目单位武钢江南 ZR 燃气（武汉）有限公司相关责任人，建议由区城管委进行安全约谈，批评教育，要求其对项目安全隐患进行排查，依法履行职责。

（6）湖北 DD 市政安装工程有限公司为事故发生单位，对事故负有安全责任不落实、现场安全管理不力的责任，建议由区安监局依据《中华人民共和国安全生产法》第一百零九条第一款的规定，给予该单位经济处罚 20 万元。

3.2.5 事故防范和整改措施

湖北 DD 市政安装工程有限公司要充分吸取"5·15"物体打击一般生产安全事故的教训，进一步落实企业安全生产主体责任，严格落实安全生产各项管理制度，生产过程中要严格落实各项操作规程；加强一线安全生产行为的监督管理，督促全面开展安全隐患排查和治理工作；加大安全教育和培训力度，全面提高从业人员安全素质。

3.3 事故案例3：江苏南京市 HQ 港投仓储物流有限公司"1·18"物体打击事故

2017 年 1 月 18 日下午 1 时 27 分，在位于栖霞区龙潭街道的江苏 HQ 港投仓储物流有限公司内，工人在卸载聚乙烯（PE）管材时，运输车围挡立柱被突然散落的管材撞折，PE 管材部分滚落，将站在车旁卸载的工人朱某宁（59 岁，南京市鼓楼区人）砸伤，即送栖霞区医院抢救。当天 16 时 30 分许，朱某宁经抢救无效死亡。

3.3.1 基本情况

1. 事故发生单位概况

江苏 HQ 港投仓储物流有限公司，2015 年 4 月 15 日注册成立，统一社会信用代码（略），公司类型：有限责任公司；企业法人营业执照标明；住所为南京经济技术开发区恒广路某号科创基地，法定代表人：杨某明，注册资本（略），经营范围：货物运输、配送、仓储、包装、搬运、装卸、加工服务；天然气设施投资、建设；投资咨询服务等。

2. 合同情况

2016 年 1 月 14 日，南京 GH 燃气有限公司（甲方）与山东 SB 塑胶有限公司（乙方）签订《采购合同》，合同编号（略），合同有效期至 2017 年 2 月 28 日，合同约定由乙方根据甲方采购订单，提供符合要求的 PE 管材，并承担汽车运输费用。

2016 年 3 月 10 日，山东 SB 塑胶有限公司与山东 SD 运输有限公司签订《公路运输合作协议》，协议运输产品为 PE 管材、管件及相关设备，承运方负责托运方指定区域的产品运输，特定工程包括装、卸车服务，并全面负责货物在运输过程中的安全和管理。其中，承运方车辆要求配备立柱，立柱高度为 2.5m，承重性强、坚固、耐用，表面用塑料管、胶皮、编织布或帆布进行包装，确保产品在运输过程中的质量。

2016 年 6 月 8 日，南京 GH 燃气有限公司（甲方）与江苏 HQ 港投仓储物流有限公司（乙方）签订《仓储保管服务协议》，由甲方委托乙方为其提供仓储保管及附加服务，包括保管、装卸搬运、储存、库存管理、库存位置追踪、安全管理等。其中，乙方负责物料的保管、装卸搬运、安全等工作。

3.3.2 事故情况

2017 年 1 月 13 日，南京 GH 燃气有限公司向山东 SB 塑胶有限公司派发订单，要求购买 150 根 PE100 燃气管材（规格：$de200$，SDR17.6，橙色），并指定于 2017 年 1 月 18 日送至江苏 HQ 港投仓储物流有限公司位于龙潭街道的仓库。

山东 SB 塑胶有限公司接到订单后，联系山东 SD 运输有限公司，要求其派遣货车前去装送货。1 月 14 日，山东 SD 运输有限公司业务员联系驾驶员彭某仁，让其驾驶货车前去山东 SB 塑胶有限公司装货。

1 月 15 日下午，彭某仁驾驶半挂车到达山东 SB 塑胶有限公司，公司储运部安排工作人员进行装货。为了后期卸货方便，装货工作人员将该批 150 根 PE 管材分 5 层装载，并在每层下面铺设 1~2 根吊带。同时，为了防止运输过程中发生意外事故损坏管材，工作人员在货车挡板两侧各树立 2 根钢管立柱（长约 2.5m，直径约 5cm），并用绳子将整车管材捆扎。管材装载完成后，彭某仁驾驶车辆回到盱眙老家。

1 月 18 日上午 9 时 30 分许，彭某仁驾驶半挂车装载一车管材来到江苏 HQ 港投仓储物流有限公司位于龙潭街道的仓库，由于当天上午其他货物较多，当时未对该车进行卸货。

当天 13 时许，彭某仁提前将最外面捆绑管材的绳子解开，等待其他工作人员前来卸货。13 时 15 分，江苏 HQ 港投仓储物流有限公司搬运组带班纪某能根据仓库经理鲁某的安排，带领余某华、朱某宁两人前来卸载该批管材。

经调取现场监控视频，13 时 16 分，余某华爬上货车车厢站在最上层的 PE 管上，纪某能操作行车电动葫芦。13 时 18 分，纪某能第一次起吊，因供货方留下的吊带较短，无法起吊。于是，朱某宁找来一根吊带，余某华将吊带接上后，并进行第二次起吊，因吊带接起来后起吊高度过大不能单吊货物，朱某宁、纪某能找来了两根吊带，准备将货物两端捆扎再起吊。朱某宁在货车（车头方向）地面左侧，纪某能在右侧，在保持吊物约 0.2m 高后，两人配合放置好两端的吊绳后，纪某能将吊物放下，余某华解开绑在货物上的吊带。

13 时 27 分，朱某宁拉拽靠近拖车车厢头端的吊带，致压在吊带上的 PE 管受振动后散落将挡在车厢左侧两根钢管撞折，致使 27 根 PE 管从车上滚落，将朱某宁埋压。现场人员报警后，120 救护车赶到现场，立即将其送往栖霞区医院进行抢救。当天 16 时 30 分许，朱某宁经抢救无效死亡。

3.3.3 伤亡情况

1. 人员伤亡情况

此次事故造成 1 人死亡：朱某宁，59 岁，家庭住址：南京市五佰村，出生年月（略），身份证号（略），工作单位：江苏 HQ 港投仓储物流有限公司，装卸工，接受过安全生产三级教育。

2. 直接经济损失情况

此次事故共造成直接经济损失约 160 万元。

3.3.4 事故原因

1. 事故发生的原因

（1）直接原因

余某华在松开货车车厢顶层吊装的 PE 管吊带后，上层的 PE 管处于松散状态，当事人朱某宁在没有采取任何保护情况下拉拽吊带，致压在吊带上的 PE 管受振动后散落将挡在车厢左侧两根钢管撞折，致使 PE 管从车上滚落，将朱某宁埋压致死。

（2）间接原因

江苏 HQ 港投仓储物流有限公司对卸货作业现场安全管理不到位，卸货前未采取有效的安全防范措施，对作业人员未佩戴安全防护用品、违规站立在吊运物件上作业且无专人指挥等违规操作行为未及时发现和制止。

2. 事故性质

这是一起工人安全意识淡薄，江苏 HQ 港投仓储物流有限公司对作业现场安全管理不到位而导致的一般生产安全责任事故。

3.3.5 处理意见

（1）朱某宁在没有采取任何保护措施的情况下拉拽吊带，致压在吊带上的 PE 管受振动后滚落将挡在车厢左侧两根钢管撞折，致使 PE 管从车上滚落，对事故发生负有一定责任，但鉴于其已在此次事故中死亡，故不予追究。

（2）江苏 HQ 港投仓储物流有限公司对卸货作业现场安全管理不到位，卸货前未采取有效的安全防范措施，对作业人员未佩戴安全防护用品、违规站立在吊运物件上作业、无专人指挥等违规操作行为未及时发现和制止，对事故发生负有管理责任，建议由栖霞区安全生产监督管理部门按照相关法律法规，对江苏 HQ 港投仓储物流有限公司予以行政处罚。

3.3.6 事故防范和整改措施

江苏 HQ 港投仓储物流有限公司要从事故中吸取血的教训，举一反三，分析事故发生原因及应采取的预防措施，强化企业安全生产主体责任意识，要牢固树立"安全第一，预防为主，综合治理"的方针，建立健全各项安全生产制度并认真落实，要加强对施工现场的管理，特别是涉及吊装作业，必须在工作前认真检查作业现场及周围环境的安全状况，落实安全防护措施，同时，要加强对员工的安全生产教育培训，督促员工严格执行各项规章制度，切实防止类似事故再次发生。

3.4 事故案例4：广东深圳市中国 HGY 第五建设有限公司 "9·29"物体打击事故

2016 年 9 月 29 日 8 时 20 分许，大鹏新区葵涌办事处土洋社区下洞深圳市某天然气储备与调峰库在建工程（施工单位：中国 HGY 第五建设有限公司）发生一起物体打击事故，造成 1 人死亡。

3.4.1 基本情况

（1）深圳市 RQ 集团股份有限公司，注册号（略），法定代表人：李某，注册地址：深圳市福田区梅坳一路，注册资本（略），营业期限：1996 年 4 月 30 日至 2054 年 4 月 8 日，系工程建设方。

（2）中国 HGY 第五建设有限公司，注册号（略），法定代表人：林某忠，注册地址：深圳市福田区梅坳一路，注册资本（略），营业期限：1989 年 7 月 19 日至不约定期限，系工程施工方。

（3）刘某山，汉族，41 岁，住址：广东惠州市惠阳区淡水土湖村委会某公司宿舍，身份证号（略），系项目经理。

（4）赵某，汉族，32 岁，住址：广东省东莞市虎门镇丰台华园山庄丰泰区某号楼某房，身份证号（略），系项目副经理。

（5）祝某平，汉族，39 岁，住址：湖北省大冶市还地桥镇黄金湖村靠背陈湾二组某号，身份证号（略），系普工，为事故死者（法医鉴定结果，重度颅脑损伤而死亡）。

3.4.2 伤亡情况

（1）事故造成的人员伤亡

事故造成 1 人死亡，死者祝某平。

（2）事故造成的经济损失

事故造成经济损失约 98 万元，主要是丧葬费和善后经济赔偿。

3.4.3 事故经过

2016 年 9 月 29 日上午，电气安装班班长甘某平安排祝某平等 7 人在深圳市某天然气储备与调峰库在建工程主变配电站一层进行电气柜安装作业。

8 时 20 分许，作业班组在安装电气柜过程中，祝某平拿撬棍调整电气柜就位时用力过猛，使电气柜超出摆放位置导致西南角悬空，周围配合人员未及时扶住盘柜，盘柜重心失稳向西侧倾翻，祝某平躲闪不及被盘柜砸中。事后在场人员将祝某平从电气盘柜移出并送到医院，经医院抢救无效后死亡。

3.4.4 事故原因

1. 事故的直接原因

（1）死者祝某平，安全意识淡薄，电气盘柜转运吊装方法不当，拿撬棍调整电气盘柜就位时用力过猛，使电气盘柜西南角悬空从而倾翻。

（2）现场预留电缆沟未满铺，电气盘柜上重下轻，重心偏高，转运和就位过程存在倾翻的安全隐患。

2. 事故的间接原因

施工单位相关人员巡查时没有发现电气柜吊装方法存在不当，未采取相应的安全措施。

3. 事故性质

调查组认为该事故是一起因工程施工方未认真履行安全生产管理职责，作业人员操作不当而导致的生产安全事故。

3.4.5 处理意见

（1）依照相关法律法规，事故调查组对该事故有关责任单位和责任人员的责任划分和处理意见如下：

1）祝某平，安全意识淡薄，电气盘柜转运吊装方法不当且操作不当，违反了《中华人民共和国安全生产法》第五十四条的规定，应承担事故的直接责任。鉴于祝某平已在事故中死亡，建议免于对祝某平的处罚。

2）中国 HGY 第五建设有限公司，未认真履行安全生产管理职责，对施工作业现场隐患排查不到位，未及时发现并整改存在的安全隐患，现场安全措施不到位，违反了《建设工程安全管理条例》第六十四条等规定，导致事故发生，应承担事故的管理责任。另根据特别法优先于普通法的适用规则以及"一事不二罚"的要求，建议由市行业主管部门依据有关行政法规对其进行处罚，并抄送新区安监局。

（2）施工单位贯彻落实安全生产法律法规的情况。

经调查，该电气柜安装属于常规作业，对施工人员资质及技术并无特定要求，施工过程无需图纸及专项操作指引。施工单位中国 HGY 第五建设有限公司在作业现场周围设置有安全生产标语和警示标识，作业前召开班前会，向所有施工人员通报当日作业安全隐患及注意事项，安排作业人员符合岗位职责要求，事发前 1 小时有安排区域安全员、项目安全主任、作业班长、现场经理、专业工程师进行安全巡检，巡检未发现作业现场存在安全隐患。

据查，中国 HGY 第五建设有限公司招录人员上岗前均已要求签署安全生产承诺书，岗前安全教育培训内容涵盖安全生产法律法规和公司相关制度。公司内部制定有相应的安全生产管理制度，在项目安全隐患高峰期及施工高峰期，有按时对现场进行检查。具体项目方面，各级管理人员及施工人员须接受安全生产责任制交底，项目部每周定期召开安全会，对项目安全隐患进行排查、分析并落实整改。

3.4.6　事故防范和整改措施

（1）有关监管单位要进一步加强项目监督管理工作，加大巡查力度，规范施工行为，对违法施工要做到及时发现，及时处理，决不姑息，对因违法施工引发事故致人伤亡的，严格执法，依法严厉追究相关责任单位（人）的责任，杜绝此类事故的再次发生。

（2）各相关部门要加强宣传力度，充分利用报纸、电视、广播、网络等媒体，广泛、深入地宣传国家的有关法律法规及安全知识，强化全民安全意识，提高全民法律法规意识，杜绝违法施工行为。

3.5　事故案例 5：江苏徐州市金 SY 筑小区 "12·5" 物体打击事故

2013 年 12 月 5 日下午 5 时 10 分许，徐州市金 SY 筑小区发生一起物体打击事故，造成 1 人死亡。直接经济损失约 75 万元人民币。

3.5.1　基本情况

1. 事故地点

徐州市金 SY 筑小区 A3 号楼二单元楼体南侧天然气挂表处。

2. 事故单位概况

（1）江苏省 FF 安装工程公司

该公司 1988 年 5 月 25 日在江苏省工商行政管理局注册成立。注册号（略）。法定代表人：李某。注册资本（略）。住所：徐州市淮海西路某号。承包工程范围：管道工程专业承包三级。

（2）徐州 GH 燃气有限公司

该公司 2004 年 1 月 16 日在江苏省徐州工商行政管理局注册成立，注册号（略）。法定代表人：华某镛，注册资本（略）。住所：徐州市矿山路某号。一般经营范围：在徐州市区统一投资建设和经营城市燃气的输配管网及相关设施；采购、储存、加工及输送、供应和销售城市燃气；城市燃气设施、燃气器具及相关配套设备的设计、制造、安装、维修及提供各种售后服务；以及从事与前述业务相关的其他业务。

3. 死亡人员情况

张某明，1990 年生，汉族，住址：山东省河县胡官屯镇胡官屯村，身份证号（略）。

3.5.2　事故经过

2013 年 12 月 5 日上午 8 时许，江苏省 FF 安装工程公司现场负责人郑某峰向工人周某义发放派工单共计 7 家需要安装天然气，郑某峰安排新来的工人张某明跟随周某义干活。17 时许，干完 6 家后，周某义带领张某明来到金 SY 筑小区 A3 号楼 2 单元 902 室进行天然气管道施工作业，天色已晚，周某义和张某明为了早收工回家，周某义在 9 层作业，张某明在一层挂表处安装天然气表。周某义在用扳手（管钳）拧管子时，扳手突然从周某义手中滑脱坠至一层，击中正在天然气挂表处的张某明头部，造成张某明经抢救无效死亡。

3.5.3　相关事项调查情况

（1）江苏省 FF 安装工程公司和徐州 GH 燃气有限公司，经双方协商达成一致，签订《燃气用户单项施工承揽合同》，合同有效期为 2010 年 10 月 1 日至 2011 年 9 月 30 日。双方同时约定合同到期后如不另立合同，本合同自动延期一年。

（2）徐州 GH 燃气有限公司和江苏省 FF 安装工程公司签订的《燃气用户单项施工承揽合同》已到期，在公司未续约的情况下，2013 年 2 月 25 日徐州 GH 燃气有限公司项目工程管理部分管零售工程组的领导安排零售工程组主任在公司内网系统上将江苏省 FF 安装工程公司的施工队伍和人员进行报备。零售工程仍然继续选派江苏省 FF 安装工程公司的施工队伍施工。

（3）2013 年 12 月 5 日徐州金 SY 筑小区发生死亡事故后，江苏省 FF 安装工程公司副总经理师某明作为甲方代表（肇事方），与死者家属签订《死亡赔偿协议书》。在 2013 年 12 月 6 日黄山派所对江苏省 FF 安装工程公司法人李某和副经理师某明调查时，两人承认郑某峰是江苏防腐安装公司的施工队长。

（4）在调查事故期间徐州 GH 燃气有限公司与江苏省 FF 安装工程公司，向事故调查组提供了费用申请表和相关费用发票。表明 2013 年 5 月 27 日，徐州 GH 燃气有限公司将 2012 年 1 月至 2013 年 3 月江苏省 FF 安装工程公司的过路户与临时安装防盗封堵费，共 11328 户每户 40 元合计金额为 453120 元人民币的工程款汇给了江苏省 FF 安装工程公司。江苏省 FF 安装工程公司开具了发票并提取了 15000 元的管理费，余款由郑某东代丁某签收领取。

（5）调查组对江苏省 FF 安装工程公司经理李某调查询问时，李某叙述到 2010 年允许丁某借用江苏省 FF 安装工程公司资质与徐州 GH 燃气有限公司签订业务施工合同，开展了与徐州 GH 燃气有限公司的业务来往，从中向借用资质人员收取一定的管理费用。江苏省 FF 安装工程公司是通过收取管理费来维持本公司的经济支出。

（6）江苏省 FF 安装工程公司工人周某义和张某明，为了早收工回家，周某义站在 A3 号楼二单元 902 室业主家北侧的空调外机上进行施工，张某明在 A3 号楼二单元一层挂表处安装天然气表，两人同时进行垂直施工作业。并且周某义在 A3 号楼二单元 902 室业主家的户外燃气管道施工时，未佩戴安全绳和安全带等相关安全用具站在空调外机上，手戴白色劳保手套持管钳对燃气管道进行改装管道施工作业。

（7）管钳为金属类材质，管钳总长度约 30cm，把手长度约 20cm。

（8）周某义在 A3 号楼二单元 902 室南侧空调外机上施工时，手中滑落的管钳击中张某明头部，施工地点距离地面高度约 25m。

3.5.4　事故原因

1. 直接原因

江苏省 FF 安装工程公司工人周某义在改装燃气管道过程中，手中管钳发生滑落坠地击中在地面垂直施工的张某明头部，是事故发生的直接原因。

2. 间接原因

江苏省 FF 安装工程公司，在改装燃气管道时，使用无高处作业资质人员，在距离地面约 25m 高处进行施工。周某义与张某明在施工时属于垂直作业，违反操作规程，是事故发生的间接原因。

3. 事故性质

这是一起管理不到位，工人违章作业，安全意识淡薄所造成的生产安全责任事故。

3.5.5 处理意见

（1）江苏省 FF 安装工程公司工人周某义，在未取得高处作业资质的情况下，擅自对距离地面约 25m 高处的户外燃气管道进行冒险改装施工作业，并与工人张某明保持垂直作业的状态进行施工，违反操作规程，对这起事故负有直接责任。建议移交司法机关，追究刑事责任。

（2）江苏省 FF 安装工程公司工人张某明，在垂直上方有施工人员的情况下进行挂表作业，对这起事故的发生负有直接责任，鉴于张某明在事故中死亡，不予追究其责任。

（3）江苏省 FF 安装工程公司现场负责人郑某峰，未依法履行安全生产管理职责，督促、检查施工现场安全生产工作不到位，对这起事故的发生负责任。依据《安全生产违法行为行政处罚办法》（国家安全生产监督管理总局令 第 77 号）第四十四条规定，建议对郑某峰处以 9000 元人民币的罚款。

（4）徐州 GH 燃气有限公司项目工程管理部分管零售工程组的副经理徐某光，明知公司未予江苏省 FF 安装工程公司续约合同，弄虚作假，安排零售工程组主任张永志在公司内网系统上将江苏省 FF 安装工程公司的施工队伍和人员进行报备，零售工程仍然继续选派江苏省 FF 安装工程公司的施工队伍施工。对这起事故负有一定责任。建议徐州 GH 燃气有限公司按照企业内部有关规定对徐某光给予行政记过处分。

（5）江苏省 FF 安装工程公司对该起事故的发生应负有重要责任。依据《生产安全事故报告和调查处理条例》（国务院令 第 493 号）第三十七条第（一）款规定，建议对江苏省 FF 安装工程公司处以 10 万元人民币的罚款。

（6）江苏省 FF 安装工程公司向他人出借本公司资质和其他公司签订工程合同发生业务来往，从中收取管理费。建议将江苏省 FF 安装工程公司移交徐州市城乡建设局，依据法律法规和相关规定对江苏省 FF 安装工程公司做出相应的处理。

3.5.6 事故防范和整改措施

这起事故暴露出事故单位对现场施工人员管理不到位、工作人员安全教育培训不到位，工人违反操作规程作业，工作人员安全意识淡薄等问题。为吸取事故教训，防止类似事故发生，事故单位要认真贯彻执行有关法律法规、作业标准和操作规程，加强工作人员管理、加强安全教育，强化工人安全意识，加强工人现场安全管理，并及时落实整改，防止事故的再次发生。

3.6 事故案例 6：宁夏石嘴山市中国 SY 天然气管道局宁夏分公司"10·12"物体打击事故

2013 年 10 月 12 日 16 时 40 分左右，在大武口区世纪大道东侧、恒产商务中心南侧，中国 SY 天然气管道局宁夏分公司承建的石嘴山市 XZ 燃气有限公司银石天然气高压管道改线工程施工现场发生一起物体打击致 1 人死亡的生产安全事故。

3.6.1　处理意见

（1）中国 SY 天然气管道局宁夏分公司在施工过程中没有按照现行国家标准《油气长输管道工程施工及验收规范》GB 50369—2014 的要求对进入现场的管材进行堆放，未对职工进行"三级"安全培训教育，导致发生了致 1 人死亡的一般事故。根据《安全生产事故报告和调查处理条例》第三十七条第（一）款"事故发生单位对事故发生负有责任的，发生一般事故的，处以 10 万元以上 20 万元以下的罚款"之规定，处以 13 万元罚款。

（2）中国 SY 天然气管道局宁夏分公司负责人朱某志，全面负责公司生产经营管理工作，是安全生产第一责任人。安全生产责任落实不到位，企业规章制度不完善，对工人的培训教育不落实，对这起事故负主要责任。根据《安全生产事故报告和调查处理条例》第三十八条第（一）款"事故发生单位主要负责人未依法履行安全生产管理职责，导致事故发生的。发生一般事故的，处上一年年收入 30％的罚款"规定，处以 22170 元罚款。

（3）中国 SY 天然气管道局宁夏分公司银石天然气管线改造项目负责人张某、项目工长杨某龙、技术员王某辉，没有认真履行职责，对作业现场监管不到位，未及时采取措施消除施工现场安全隐患，对事故发生负有一定的责任。根据《安全生产违法行为行政处罚办法》第四十四条规定，依据责任轻重不同对张某处以 5000 元罚款，对杨某龙、王某辉分别处以 2000 元罚款。

（4）中国 SY 天然气管道局宁夏分公司临时雇用人员李某忠，安全意识不强，在此次事故中负有一定的责任，鉴于其已在事故中死亡，免于追究责任。

3.6.2　事故防范和整改措施

（1）中国 SY 天然气管道局宁夏分公司要完善制度，加强对临时雇用人员和租赁机械设备管理，加大对施工现场的监管力度，有效防范各类事故的发生。

（2）中国 SY 天然气管道局宁夏分公司按照要求在施工现场配备取得安全资格证书的安全管理人员，监督指导施工人员按照技术规范和操作规程进行施工。

（3）中国 SY 天然气管道局宁夏分公司要落实"三级安全教育"培训制度，立即组织本项目施工人员进行安全培训并考试，考试不合格严禁上岗作业，杜绝违章作业。

（4）石嘴山市 XZ 燃气有限公司要立即与中国 SY 天然气管道局宁夏分公司签订安全管理协议，明确责任，加强对外包工程的管理，督促项目施工单位加大施工现场隐患治理排查工作。

中国 SY 天然气管道局宁夏分公司和石嘴山市 XZ 燃气有限公司要立即落实以上整改措施，并将整改落实情况于处理决定签收后 5 日内报石嘴山市安监局。

坍塌典型事故

4.1 事故案例 1：安徽淮南市中 CH 远建设有限公司 "12·13" 坍塌事故

2018 年 12 月 13 日上午 9 时 30 分左右，中 CH 远工程建设有限公司在淮南市田家庵区 GYB 村小区燃气管道安装施工过程中，引起围墙倒塌，造成 1 人当场死亡，2 人经送医院抢救无效死亡，1 人受伤。事故造成直接经济损失约 400 万元。

4.1.1 基本情况

1. 事故相关单位情况

（1）淮南 ZR 城市发展有限公司（以下简称"淮南 ZR"），位于淮南市田家庵区洞山路某号，成立于 2003 年 9 月 11 日，统一社会信用代码（略），注册资本（略），法定代表人：王某。经营范围：生产和销售自产的天然气及其他自制气；投资建设和经营淮南市燃气管网和相关设施及燃气工程的设计、安装、监理等。

（2）中 CH 远建设工程有限公司（以下简称"中 CH 远"），位于辽宁省辽阳市太子河荣兴路 120 号，成立于 1997 年 3 月 30 日，统一社会信用代码（略），注册资本（略），法定代表人：谢某奇。经营范围：市政公用工程施工总承包一级，建筑、机电等施工总承包，压力管道安装改造维修等。

（3）吉林市 SC 劳务有限责任公司（以下简称"吉林 SC"），位于吉林省吉林市龙潭区合肥路某号，成立于 2008 年 8 月 13 日，统一社会信用代码（略），注册资本（略），法定代表人：李某成。经营范围：建筑劳务分包（凭资质证书经营）；国内劳务派遣。

（4）重庆市 CD 燃气工程设计研究院（以下简称"CD 燃气设计"），位于重庆市渝北区龙溪镇新牌坊碧海金都某楼，成立于 2000 年 2 月 15 日，注册资本（略），统一社会信用代码（略），法定代表人：束某国。经营范围：市政公用行业〔燃气（含加气站）〕甲级、石油天然气行业（气田地面、管道输送）乙级，建筑行业建筑工程丙级，晒图、制图等。

（5）安徽 GH 建设监理咨询有限公司（以下简称"监理"），位于合肥市高新区宁西路 16 号安徽凯创电子科技股份有限公司办公楼某号，成立于 1997 年 5 月 27 日，统一社会信用代码（略），注册资金（略），法定代表人：吴某淏。经营范围：所有专业工程类别建设工程项目的工程监理业务和相应类别建设工程的项目管理等。

（6）安徽省 HH 畅顺物业管理有限公司（以下简称"HH 物业"），位于淮南市田家庵区洞山街道中兴社区，成立于 2013 年 9 月 22 日，统一社会信用代码（略），注册资金（略），法定代表人：任某。经营范围：物业管理，楼宇配套设备（不含特种设备）管理、维修及养护，保洁服务，园林绿化，停车服务，房屋租赁。

2. 项目情况

（1）施工合同签订情况：2018 年 5 月 7 日，淮南 ZR 与中 CH 远签订年度《建设工程施工合同（TY 工程）》（合同编号：淮南 ZR 施合字"2018"001 号），将淮南市天然气利用工程施工承包给中 CH 远，承包范围包括长输管线工程、庭院管网工程、市政管网工程、户内安装工程等。合同有效期自 2018 年 4 月 1 日起至 2019 年 3 月 31 日止。合同明确了监理单位委派的监理工程师、发包人代表、发包人派驻的现场工程师、承包人委派的项目经理等，明确了承包人和发包人义务，提出"因承包人施工管理、安全防范等原因造成的安全事故，由承包人承担全部法律责任和经济赔付责任，与发包人无关"；"未经发包人书面同意，承包人不得将承包工程的任何部分分包。经发包人书面同意的工程可以采取专业或劳务的形式合法分包，工程分包不能解除承包人任何责任与义务，承包人应在分包场地派驻相应管理人员，保证本合同履行。非法转包、违法分包合同视为无效的合同"。

（2）监理合同签订情况：2018 年 4 月 25 日，淮南 ZR 和 GH 监理签订年度《工程施工监理合同》（合同编号：淮南 ZR 监合字"2018"001 号），由 GH 监理对"淮南市天然气利用工程"进行监理，范围包括市政管网工程、庭院管网工程、户内安装工程及其他工程，明确监理人派驻专业监理工程师 3 人驻地实施监理工作，按照 9967 元/（月·人）支付费用，监理合同有效期自 2018 年 4 月 1 日至 2019 年 3 月 31 日，要求监理人在监理期间对已开工的工程应持续跟进实施监理工作。监理内容包括：编制监理规划和监理实施细则，协助委托人与承包人编写开工报告、办理开工手续、审核确认承包人选择的分包商，审核承包人提出的施工组织设计、施工技术方案及开工申请报告等，组织分项工程和隐蔽工程的检查、验收，检查安全生产文明施工等。同时提出"工程开工前，监理人应认真审核施工单位提交的施工组织方案，检查施工单位人员资质、工器具等各项准备情况；监理人应对工程安全进行有效控制，根据合同、规范、安全文明施工要求进行认真检查；监理人应按要求进行旁站"。

（3）设计合同签订情况：2018 年 6 月 11 日，淮南 ZR 和 CD 燃气设计签订《建设工程设计合同》（CDRQ（年度）2018-142，淮南 ZR 设合字"2018"003 号），将淮南市天然气利用工程（庭院工程、户内工程、工商业用户工程、市政管网工程）的设计委托给 CD 燃气设计公司设计。

（4）劳务分包合同签订情况：中 CH 远与吉林 SC 签订《建设工程施工劳务分包合同》（工程公司劳分合字"2018"S045 号）（无签订日期），为淮南市天然气安装工程提供劳务服务，分包工程合同有效期自 2018 年 4 月 1 日至 2019 年 3 月 31 日。合同明确了双方安全责任，提出"发生重大伤亡及其他安全事故，均由劳务分包人自行承担并应按有关规定立即上报有关部门并报告承包人，同时按国家有关法律、行政法规对事故进行处理"。

（5）内部承包经营合同签订情况：2018 年 4 月 1 日，吉林 SC 与"淮南 ZR-葛某军"签订《内部承包经营合同》（合同编号：吉林 SC 内包合字"2018"109 号），明确《建设工程施工劳务分包合同》（工程公司劳分合字"2018"S045号）工程劳务项目由吉林SC负责实施，葛某军团队负责具体施工，工作范围为市政、庭院、户内安装工程。合同中附葛某军团队成员名单。事故发生时，只有施工现场负责人李某春在报备名单中。

（6）事故项目开工、施工情况：2018年11月，施工单位现场负责人李某春、中CH远淮南项目部负责人黄某报"（舜耕西路）GYB村40户燃气管道工程"（启动编号AH-HN-2018XJ-10-0061）《开工报告》，监理单位总监芦某兵、淮南ZR工程部负责人徐某均审查同意开工。审查的内容为施工组织设计和技术方案审批情况、设计交底及图纸会审完成情况、材料劳动力机械设备进场情况、施工管理人员配备情况、安全文明施工措施、开工建设手续办理情况。《开工报告》计划开工日期为2018年11月22日。经查，施工单位未提供施工组织设计安全技术措施，监理单位也未进行审查，《开工报告》的签字确认流于形式。

该项目《技术及安全交底记录》中记载有"进入施工现场后必须佩戴安全帽"等记录，设计负责人陈某悦、GH监理杨某友、中CH远黄某、吉林SC李某春、淮南ZR平某均在记录上签字确认。经查，施工单位未提供安全帽或其他安全防护设施，现场施工人员均未佩戴安全帽。

该项目《设计交底及图纸会审纪要》中记载有"严格按图施工"等记录，陈某悦、杨某友、李某春、平某均签字确认。据重庆市CD燃气工程设计研究院提供的该项目设计图纸标定，该事故点燃气管道埋设位置，应于倒塌围墙平行方向，距离倒塌围墙1.7m。经查，业主单位仅安排设计室人员与施工队伍进行了设计交底，施工单位擅自改变设计施工，监理单位未按设计监理，致使开挖敷设管道沟槽位置与设计位置不符，实际开挖位置为沿围墙开挖。

《开工报告》审查结束后，施工队伍负责人葛某军、中CH远淮南项目部质检员储某、GH监理GYB村项目现场负责人杨某友、淮南ZRGYB村项目现场施工员平某等对"（舜耕西路）GYB村40户燃气管道工程"（工程编号AHHN-2018XJ-10-0061）进行审查，均确认审查合格，并在《开工许可证》上签字，《开工许可证》明确开工日期为2018年11月24日。审查的内容为进场人员满足施工要求情况、进场人员入场前培训教育及考试情况、施工方案安全技术专项方案审查情况、施工任务书下达情况、安全技术交底落实情况、安全保护防护用具配备情况、开工报告审批情况等。

经查，12月13日进场施工人员为临时招募，施工单位未进行入场前培训，安全教育培训缺失；施工单位未编制施工方案安全技术专项方案，监理单位未进行该方案审查，《开工许可证》签字流于形式；12月11日监理日志曾记载该项目情况，日常监理已经正常开展。事故发生当日，现场开挖沟槽过程中，业主单位、施工单位、专业分包单位、监理单位均没有管理人员对施工现场进行巡查。

（7）淮南市城镇燃气行业监管情况

根据《关于印发市城乡建设委员会主要职责内设机构和人员编制的通知》（淮府办〔2010〕40号）和《淮南市政府工作部门安全生产职责》的通知（淮编〔2018〕6号）规定，市城乡建设委"负责全市城镇燃气管道（由城市门站输出的所有燃气管道）、市政、供水、污水、热力输送管道和地面开挖、地下穿管和地下暗挖施工安全监管"，具体工作由市城乡建设委公用事业管理科承担。

淮南市公用事业管理中心是市城乡建设委下属副县级事业单位，主要从事全市城市燃气、供水节水和污水处理的管理工作。

（8）属地及物业管理情况

事发地位于田家庵区洞山街道 GYB 村围墙附近，该围墙始建于 20 世纪 90 年代，由 ZJ 四局六公司建设，主要用于将家属区和外部区域进行分隔。ZJ 四局六公司搬迁后，其家属区交由 HH 物业管理，费用来源为原 ZJ 四局六公司办公楼租金。经查，洞山街道和 HH 物业均未排查到该小区围墙存在的安全隐患。

3. 事故现场勘察情况

事故现场位于田家庵区洞山街道 GYB 村 43 号楼东侧围墙附近。该段围墙总长约 27.4m，坍塌部分约 15.7m，围墙呈南北走向，围墙地面东高西低。坍塌区域围墙西侧为小区内混凝土室外地坪，东侧堆放有建筑、生活垃圾堆以及菜地；坍塌区域围墙东西两侧地面高差较大，实测围墙高度 2400～2680mm（西侧小区内室外地坪到围墙顶面的高度），东侧建筑垃圾顶面距围墙顶面高度 380～600mm，围墙高差在 1800～2300mm 之间。

坍塌围墙东侧有烧结黏土砖砌筑的矮墙，坍塌围墙与矮墙间空隙宽度 170～800mm，空隙内为建筑、生活垃圾；实测北段矮墙基础底面距坍塌围墙西侧小区室外地坪上部约 1250mm，南段矮墙基础底面距坍塌围墙西侧小区地坪上部约 150mm。

经现场勘察，事故围墙向西侧开挖沟渠方向（小区内）坍塌，与坍塌墙段相邻的北端围墙断裂未坍塌（该段围墙部位有燃气管道），与坍塌墙段相邻的南端围墙未见明显断裂、倾斜等破坏现象。

坍塌段围墙根部沟渠的开挖深度及宽度大于南段现存基本完好围墙段根部沟渠。开挖沟渠位于围墙西侧（小区内）根部原为排水沟槽；南端未坍塌围墙根部沟槽内存在向下及向围墙底部开挖的痕迹，实测排水沟原有深度约为 150mm，此次燃气管道施工继续向下开挖深度约为 170mm，开挖深度已超出围墙根部埋深；坍塌围墙部位开挖沟渠已被墙体及建筑垃圾掩盖、破坏，沟渠开挖情况未能量测。

现场对坍塌墙体两端进行开挖，墙下未见设砖、石、混凝土扩展基础。南北两端未坍塌部分围墙底部墙体采用烧结黏土砖砌筑，墙厚约为 240mm，上部墙体采用普通混凝土小型空心砌块砌筑，墙厚约为 180mm。

围墙设置有壁柱，壁柱间距约为 3800mm，壁柱采用烧结黏土砖及免烧空心砌块砌筑，布置与墙体间未设置拉结钢筋。

4.1.2　事故情况

1. 事故发生经过

2018 年 11 月 24 日，GYB 村小区燃气管道安装项目开工。12 月 12 日，施工队伍负责人李某春电话告知宫某基，要其联系施工人员到 GYB 村小区帮助开挖敷设燃气管道的沟槽。宫某基联系了吕某军、顾某启、胡某利、洪某浩、张某路、江某中、宫某宽 7 人。12 月 13 日 7 时 30 分，宫某基带领 7 人到达 GYB 村小区。李某春安排该 8 名人员沿小区 43 号楼旁小区道路东侧围墙边开挖沟槽，要求沟深 50cm、宽 30cm，未提供安全帽等防护装备。在开挖过程中，对围墙地基造成扰动，促使围墙向西倒塌，砸中正在施工的江某中、张某路、胡某利和宫某宽 4 人，导致事故发生。

2. 救援情况

事故发生后，在场施工人员立即组织施救，拨打 120、110，并电话报告淮南 ZR。120 到达现场后，发现江某中已无生命体征，其余受伤人员分别送往 DF 医院集团和淮南市第一人民医院抢救。11 时 30 分左右，张某路、胡某利经抢救无效死亡。宫某宽在 DF 医院接受治疗。

市委常委、常务副市长杨某坡第一时间率市安监局、市建委、田家庵区政府等部门赶赴现场，指导应急救援工作。

4.1.3 伤亡情况

事故造成 3 人死亡，1 人重伤。死者：江某中，男，64 岁；张某路，男，67 岁；胡某利，男，62 岁。伤者宫某宽，男，66 岁，在 DF 医院接受治疗，无生命危险。4 人均为大通区洛河镇人。事故造成直接经济损失约 400 万元。

4.1.4 事故原因及性质

1. 事故原因分析

（1）直接原因

李某春违章指挥，擅自改变设计施工，安排施工人员冒险作业，对围墙地基造成扰动，促使围墙倒塌是事故发生的直接原因。

（2）间接原因

1）GYB 村小区围墙为自承重墙，因长期堆放杂物成为挡土墙，改变了受力模式及使用功能，导致围墙结构承载能力不足；

2）GH 监理没有按规定履行监理职责，工作流于形式，人员配备不足，旁站不到位，巡查巡检不到位；

3）中 CH 远以包代管，未对现场施工队伍实施管理；未对施工现场开展经常性的巡视巡检；

4）吉林 SC 施工管理缺失，对下属施工团队擅自调换施工报备人员、擅自改变设计施工失察；

5）淮南 ZR 对该工程项目未认真履行安全生产统一协调、管理职责，未定期开展安全检查并督促隐患整改，施工现场无人管理；

6）市建设主管部门未全面落实"管行业必须管安全、管业务必须管安全、管生产经营必须管安全"要求，未进一步细化和安排燃气管道地面开挖施工安全监管工作，未对该工程项目实施有效的安全监管；

7）洞山街道和 HH 物业未能排查出围墙存在的安全隐患。

2. 事故性质

调查组认定，这是一起生产安全责任事故。

4.1.5 处理意见

1. 建议依法追究刑事责任的人员

李某春，吉林市 SC 劳务有限责任公司淮南 ZRGYB 村 40 户燃气管道工程施工现场负责人，违章指挥，擅自改变设计施工，安排施工人员冒险作业，对围墙地基造成扰动，促使围墙倒塌，导致事故发生。依据《最高人民法院、最高人民检察院关于办理危害生产安全刑事案件适用法律若干问题的解释》第六条规定，建议由司法机关进一步侦查处理。

《最高人民法院、最高人民检察院关于办理危害生产安全刑事案件适用法律若干问题的解释》第六条实施刑法第一百三十二条、第一百三十四条第一款、第一百三十五条、第一百三十五条之一、第一百三十六条、第一百三十九条规定的行为，因而发生安全事故，具有下列情形之一的，应当认定为"造成严重后果"或者"发生重大伤亡事故或者造成其他严重后果"，对相关责任人员，处三年以下有期徒刑或者拘役：（一）造成死亡一人以上，或者重伤三人以上的。

2. 建议给予行政处罚人员

（1）葛某军，吉林 SC 该工程项目内部施工承包负责人，对劳务施工团队人员管理缺失，施工管理松散混乱，对事故负有管理责任，依据《安全生产违法行为行政处罚办法》（国家安监总局令 第 77 号）第四十五条规定，建议给予其行政处罚人民币 9000 元。

《安全生产违法行为行政处罚办法》（国家安监总局令 第 77 号）第四十五条生产经营单位及其主要负责人或者其他人员有下列行为之一的，给予警告，并可以对生产经营单位处 1 万元以上 3 万元以下罚款，对其主要负责人、其他有关人员处 1 千元以上 1 万元以下的罚款：（一）违反操作规程或者安全管理规定作业的；（二）违章指挥从业人员或者强令从业人员违章、冒险作业的；（三）发现从业人员违章作业不加制止的。

（2）牛某东，吉林 SC 总经理，对劳务团队人员核查不仔细，劳务团队安全管理工作不到位，对事故负有管理责任，依据《中华人民共和国安全生产法》第九十二条第（一）款规定，建议给予其 2017 年年收入 40% 的罚款。

《中华人民共和国安全生产法》第九十二条生产经营单位的主要负责人未履行本法规定的安全生产管理职责，导致发生生产安全事故的，由安全生产监督管理部门依照下列规定处以罚款：（二）发生较大事故的，处上一年年收入百分之四十的罚款。

（3）黄某，中 CH 远淮南项目部负责人，对劳务分包的施工队伍管理缺失，未发现施工队伍擅自改变设计施工现象，施工现场安全管理缺失，对事故负有管理责任，依据《安全生产违法行为行政处罚办法》（国家安监总局令 第 77 号）第四十五条规定，建议给予其行政处罚人民币 9000 元。

（4）王某纯，中 CH 远南京分公司经理，开展施工项目检查流于形式，对淮南项目部管理不到位，对劳务分包单位监管缺失，对事故负有管理责任，依据《安全生产违法行为行政处罚办法》（国家安监总局令 第 77 号）第四十五条规定，建议给予其行政处罚人民币 8000 元。

（5）郭某亮，中 CH 远总经理，对公司安全管理工作不到位，对劳务分包单位安全施工监督不到位，对事故负有管理责任，依据《中华人民共和国安全生产法》第九十二条第（一）款规定，建议给予其 2017 年年收入 40% 的罚款。

（6）杨某友，GH 监理监理工程师，未审查施工方案，未按规定进行巡查巡检开展日常监理；未发现施工队伍擅自改变设计方案施工、未发现施工人员安全防护设施佩戴不到位等现象，施工现场监理不到位，对事故负有管理责任，依据《安全生产违法行为行政处罚办法》（国家安监总局令 第 77 号）第四十五条规定，建议给予其行政处罚人民币

3000 元。

（7）程某林，GH 监理监理工程师，淮南 ZR 天然气利用工程项目监理负责人，未审查施工方案，未按规定进行巡查巡检开展日常监理；未发现施工队伍擅自改变设计方案施工、未发现施工人员安全防护设施佩戴不到位等现象，施工现场监理不到位，对事故负有管理责任，依据《安全生产违法行为行政处罚办法》（国家安监总局令 第 77 号）第四十五条规定，建议给予其行政处罚人民币 4000 元。

（8）平某，淮南 ZR 工程部现场施工员，未发现施工队伍擅自改变设计方案施工、未发现施工人员安全防护设施佩戴不到位等现象，施工现场安全监督不到位，对事故负有管理责任，依据《安全生产违法行为行政处罚办法》（国家安监总局令 第 77 号）第四十五条规定，建议给予其行政处罚人民币 4000 元。

（9）盛某斌，淮南 ZR 工程部设计室设计主管，将未经审核的设计图纸交付施工队伍施工，对项目开工设计交底不足，对事故负有责任，依据《安全生产违法行为行政处罚办法》（国家安监总局令 第 77 号）第四十五条规定，建议给予其行政处罚人民币 3000 元。

（10）徐某，淮南 ZR 工程部副经理，负责燃气管道施工管理，未发现施工队伍擅自改变设计方案施工、未发现施工人员安全防护设施佩戴不到位等现象，施工管理不到位，对事故负有管理责任，依据《安全生产违法行为行政处罚办法》（国家安监总局令 第 77 号）第四十五条规定，建议给予其行政处罚人民币 4000 元。

（11）杨某虎，淮南 ZR 工程部经理，施工现场安全监管缺失，对事故负有管理责任，依据《安全生产违法行为行政处罚办法》（国家安监总局令 第 77 号）第四十五条规定，建议给予其行政处罚人民币 3000 元。

（12）刘某，淮南 ZR 工程总监，对公司工程施工把关不严，对施工队伍未按设计施工失察，对事故负有管理责任，依据《安全生产违法行为行政处罚办法》（国家安监总局令 第 77 号）第四十五条规定，建议给予其行政处罚人民币 6000 元。

（13）任某，HH 物业经理，未及时排查出小区围墙存在的安全隐患，对事故负有管理责任，依据《安全生产违法行为行政处罚办法》（国家安监总局令 第 77 号）第四十五条规定，建议给予其行政处罚人民币 2000 元。

3. 建议给予政务处分的人员

刘传谊，淮南市公用事业监管中心副主任，负责燃气行业安全监管工作，对淮南 ZR 公司燃气行业安全生产宣传监管不到位，对事故负管理责任，依据《安全生产领域违法违纪行为政纪处分暂行规定》，建议给予其警告处分。

《安全生产领域违法违纪行为政纪处分暂行规定》第八条：国家行政机关及其公务员有下列行为之一的，对有关责任人员，给予警告、记过或者记大过处分；情节较重的，给予降级或者撤职处分；情节严重的，给予开除处分：（五）对生产安全事故的防范、报告、应急救援有其他失职、渎职行为的。

4. 建议给予组织处理人员

（1）祖某娟，洞山街道办事处主任，安全隐患排查不到位，未发现事故点围墙存在的安全隐患，对事故负有管理责任，建议给予诫勉谈话。

（2）程某，淮南市城乡建设委公用事业管理科科长，对燃气项目施工安全监管不到位，对老旧小区燃气管道新建和改造工程管理不到位，未认真履行"管行业必须管安全"

的安全生产监管职责，对该起事故负管理责任。根据《安全生产领域违法违纪行为政纪处分暂行规定》第八条规定，建议给予诫勉谈话。

（3）陈某林，淮南市城乡建设委副主任，分管安全工作，对事故负领导责任，建议给予诫勉谈话。

5. 建议给予行政处罚单位

（1）中CH远违反了《中华人民共和国安全生产法》第十九条、第二十二条、第二十五条、第四十一条、第四十二条、第四十三条等条款，是事故责任单位，依照《中华人民共和国安全生产法》第一百零九条规定，建议给予其55万元人民币行政罚款。同时依据《淮南市安全生产"黑名单"管理暂行办法》第四条规定，建议将该公司纳入淮南市安全生产"黑名单"。

（2）吉林SC违反了《中华人民共和国安全生产法》第十九条、第二十二条、第二十五条、第四十一条、第四十二条、第四十三条、第四十六条等条款，是事故责任单位，依照《中华人民共和国安全生产法》第一百零九条规定，建议给予其55万元人民币行政罚款。同时依据《淮南市安全生产"黑名单"管理暂行办法》第四条规定，建议将该公司纳入淮南市安全生产"黑名单"。

（3）GH监理违反了《建设工程安全管理条例》第十四条规定，对事故负有监理责任，依照《建设工程安全管理条例》第五十七条规定，建议给予其停业整顿，暂停其在我市承接政府投资工程监理任务3个月，并处10万元人民币行政处罚。

（4）淮南ZR违反了《中华人民共和国安全生产法》第四十六条规定，对事故负有管理责任，依照《中华人民共和国安全生产法》第一百条规定，建议给予其4.9万元人民币行政处罚。

《中华人民共和国安全生产法》第一百条 生产经营单位将生产经营项目、场所、设备发包或者出租给不具备安全生产条件或者相应资质的单位或者个人的，责令限期改正，没收违法所得；违法所得十万元以上的，并处违法所得二倍以上五倍以下的罚款；没有违法所得或者违法所得不足十万元的，单处或者并处十万元以上二十万元以下的罚款；对其直接负责的主管人员和其他直接责任人员处一万元以上二万元以下的罚款；导致发生生产安全事故给他人造成损害的，与承包方、承租方承担连带赔偿责任。

生产经营单位未与承包单位、承租单位签订专门的安全生产管理协议或者未在承包合同、租赁合同中明确各自的安全生产管理职责，或者未对承包单位、承租单位的安全生产统一协调、管理的，责令限期改正，可以处五万元以下的罚款，对其直接负责的主管人员和其他直接责任人员可以处一万元以下的罚款；逾期未改正的，责令停产停业整顿。

（5）HH物业违反了《中华人民共和国安全生产法》第三十八条规定，依照《中华人民共和国安全生产法》第九十八条规定，建议给予其4.9万元人民币行政处罚。

《中华人民共和国安全生产法》第三十八条 生产经营单位应当建立健全生产安全事故隐患排查治理制度，采取技术、管理措施，及时发现并消除事故隐患。事故隐患排查治理情况应当如实记录，并向从业人员通报。

《中华人民共和国安全生产法》第九十八条 生产经营单位有下列行为之一的，责令限期改正，可以处十万元以下的罚款；（四）未建立事故隐患排查治理制度的。

6. 建议相关行政问责单位

（1）洞山街道办事处，安全隐患排查工作不细致、不全面，对事故负有属地安全监管责任，建议田家庵区政府责成其作出深刻书面检查，并在全区范围内通报批评。

（2）淮南市城乡建设委员会负有全市城镇燃气管道的地面开挖、地下穿管和地下暗挖施工安全监管职责，对该起事故负有行业安全监管责任，建议淮南市人民政府责成其作出深刻的书面检查。

4.1.6 事故防范和整改措施

（1）中 CH 远建设有限公司要深刻汲取事故教训，加强企业安全生产管理工作。要强化承建工程安全生产工作，加强巡检巡查，安排专人负责；要突出对劳务外包单位的安全生产管理工作，认真做好劳务分包单位施工人员备案审查；督促劳务分包单位认真编制安全技术措施方案或者专项施工方案，要严格按照设计要求规范施工，严禁擅自改变方案施工；要加强施工现场检查，督促施工队伍加强施工现场安全防护，严禁施工人员不佩戴安全帽进入施工现场。

（2）吉林市 SC 劳务有限公司要举一反三，深入查找公司安全管理漏洞。要对劳务派遣项目加强管理，严格施工团队安全生产工作要求，做到报备人员与实际施工人员一致，工程项目开工前，必须编制安全技术措施方案或者专项施工方案，并做到施工安全交底到位、人员安全教育培训到位、安全防护用品配备到位，坚决杜绝擅自改变设计施工。

（3）淮南 ZR 城市发展有限公司要加强对建设项目的安全管理，严禁以包代管，配齐监理人员。要对工程承包单位的安全生产工作统一协调、管理，对在建管道敷设施工工程开展全面安全检查，着重检查施工队伍资质情况、人员情况、是否按设计施工情况、施工现场安全防护设施佩戴情况等，发现安全问题要及时督促整改。

（4）安徽 GH 建设监理咨询有限公司要加强对监理项目的监管，要根据实际监理工作量配齐配足监理人员，做到实时监理到位；要加强对监理人员的教育培训工作，严格要求监理人员按照监理规范开展工作；要对照现行国家标准《建设工程监理规范》GB/T 50319—2013 和地方标准《建设工程监理施工安全监督规程》DG/T J08-2035—2014 要求，做到"总监理工程师最多担任其他项目总监不得超过 3 个项目"要求。要认真审查施工组织设计中的安全技术措施方案或者专项施工方案，加强对施工现场的巡查巡检，及时发现和督促整改安全事故隐患。

（5）安徽省 HH 畅顺物业管理有限公司要全面排查所管理的家属区安全隐患，尤其对原自建围墙要进行全面隐患整治，严防墙体坍塌造成人员伤亡。

（6）市建设主管部门要深刻吸取事故教训，进一步明确和细化公用事业工程的安全监管工作，强化公用事业工程的安全、质量报监和施工许可管理。加大对在建工程检查覆盖率，全面排查在建工程安全隐患，加大行政执法力度。在建设系统内开展事故警示教育活动，达到"一企有事故、万企受教育，一地有隐患，全市受警示"效果，严防类似事故再次发生。

（7）洞山街道要深入开展各类安全生产风险管控工作，着力构建安全风险分级管控和隐患排查治理双重预防机制，构建安全生产风险查找、研判、预警、防范、处置和责任等"六项机制"，增强安全防范治理能力，消除风险隐患，把风险管控挺在隐患前面，把隐患排查治理挺在事故前面，切实解决"认不清、想不到、管不到"等问题，全面提升安全生产工作水平。

4.2 事故案例2：辽宁抚顺 ZR 城市燃气发展有限公司 "9·24" 坍塌事故

2017 年 9 月 24 日 10 时 40 分左右，抚顺 ZR 城市燃气发展有限公司发生一起坍塌事故，造成 2 人死亡，1 人轻伤。直接经济损失 180 万元。

4.2.1 基本情况

抚顺 ZR 城市燃气发展有限公司，公司类型：有限责任公司（港澳台与内地合资）。公司地址：抚顺市新抚区凤翔路某号。法定代表人：马某龙。注册资本（略）。公司经营范围：投资建设和经营燃气管网及相关设施，以管道形式输配、生产和供应管道燃气；设计、生产制造、检测及维修燃气设备、燃气器具、计量仪表；天然气工程设计、安装、监理；天然气、液化气的开发、建设、经营和有关燃料的储存、运输及输配设施的设计、建设及经营；车用燃气的供应和加气站的运营（以上项目凭相关许可证和资质证经营）。

4.2.2 事故情况

2017 年 7 月，抚顺 ZR 城市燃气发展有限公司生产运行部经理富某和主管副经理葛某军向抚顺 ZR 城市燃气发展有限公司总经理朱某峰汇报青台子门站东 50m 附近废旧管线是否回收，朱某峰表示同意，并在之后的会议上正式提出回收此部分废旧管线。2017 年 9 月 22 日 17 点左右，富某到抢修抢险中心向抢修抢险中心副经理杜某（抢修抢险中心负责人）和抢修抢险中心主管武某剑安排青台子废旧管线回收任务。2017 年 9 月 23 日下午四点半左右，武某剑电话通知抢修一班班长安某业，安排抢修一班去青台子回收废旧管线。2017 年 9 月 24 日 8 点 10 分左右，抢修抢险中心司机来某强在主管武某剑的安排下，外雇挖沟机沿着废旧管线开始挖沟。挖沟长度 45m（总长），宽度 3.9m，开挖深度最深处 4.9m（自东向西由浅到深），底宽 2m。土质为砂土，没有采取边坡支护措施。

9 时 15 分左右，该公司抢修抢险中心一班到达现场，开始准备在已经挖好的沟的最深处进行切割作业。做好准备工作后，一班班长安某业和员工郭某、马某自东向西进入到沟里作业，没有按照公司规定使用安全绳，也没有采取其他防护措施。一班员工赵某在沟边监护。10 时 40 分左右，在沟的最深处（郭某切割的地方）发生第一次塌方，郭某下半身及腰处被埋，安某业和马某立即去拉郭某，紧接着发生第二次塌方，郭某全身被埋，安某业也被埋，仅剩右手露在外面，马某被埋到膝盖处，马某赶紧用手刨土来营救安某业，赵某也进入到沟里开始刨土。同时抢修抢险中心司机来某强到旁边工地叫来外单位人员也参与营救安某业和郭某。来某强在 10 时 47 分打 119 报警，抢修抢险中心副经理杜某拨打 120 急救电话（杜某只是路过事故发生地）。11 时左右，安某业被挖出来了，抬到沟边上，赵某和马某开始给安某业做人工呼吸。11 时 10 分左右，120 救护车到达现场，全力抢救安家业，但抢救失败，宣布死亡。11 时 10 分左右，消防部门到达现场，参与营救郭某并封锁现场，12 时左右，郭某被挖出来，但已经被确认死亡。

接到事故报告后，市委、市政府高度重视，相关市领导第一时间赶赴现场组织指挥医疗卫生、消防、公安、安监、住建等部门有关人员进行事故应急救援工作。抚顺 ZR 城市燃气发展有限公司及时开展了事故善后处理工作，10 月 16 日按照有关规定事故善后处理到位。

4.2.3　伤亡情况

事故造成 2 人死亡，本次事故损失工作日 12000 天，直接经济损失 180 万元。

4.2.4　事故原因

1. 直接原因

抚顺 ZR 城市燃气发展有限公司没有按公司相关规定制定施工方案，开挖坡度不够，施工作业人员个人防护不当，没有采取支护和系安全绳等防护措施，导致塌方人员被埋，是事故发生的直接原因。

2. 间接原因

（1）抚顺 ZR 城市燃气发展有限公司对施工过程中护坡支护措施监督不力，没有对施工现场加强监管。

（2）企业安全培训教育工作不到位，员工安全意识淡薄，未按操作规程履行危险作业审批程序。

（3）企业安全生产主体责任不落实，安全管理不到位，对员工习惯性违章检查、纠正不力，隐患排查治理不到位。

3. 事故性质认定

经调查认定，抚顺 ZR 城市燃气发展有限公司"9·24"塌方事故是一起一般生产安全责任事故。

4.2.5　处理意见

（1）安某业，抚顺 ZR 城市燃气发展有限公司抢修抢险中心抢修一班班长，盲目组织本班员工违章作业，是事故发生的直接责任者，鉴于其已在事故中死亡，建议不予追究责任。

（2）郭某，抚顺 ZR 城市燃气发展有限公司抢修抢险中心抢修一班工人，违章作业，鉴于其已在事故中死亡，建议不予追究责任。

（3）武某剑，抚顺 ZR 城市燃气发展有限公司抢修抢险中心主管。对员工安全教育不到位，安全检查不到位，对习惯性违章作业行为检查纠正不力，落实管理措施缺乏跟踪管理，对事故发生负有重要责任，依据《安全生产违法行为行政处罚办法》（国家安监总局令 第 77 号）第四十五条第（一）款，建议处以 4000 元的罚款。

（4）杜某，抚顺 ZR 城市燃气发展有限公司抢修抢险中心副经理，抢修抢险中心安全生产第一责任人。没有按照管理规定对施工现场情况进行安全论证，对隐患排查治理不到位，安全培训教育不到位，安全检查不到位，落实管理措施缺乏跟踪管理，对此起事故负重要责任，依据《安全生产违法行为行政处罚办法》（国家安监总局令 第 77 号）第四十五条第一款，建议处以 5000 元的罚款。

（5）富某，抚顺 ZR 城市燃气发展有限公司生产运行部经理。作为公司生产运行部安全生产第一责任人，没能认真执行安全生产制度，监督检查不到位，安全培训教育不到位，落实管理措施缺乏跟踪管理，对此起事故负有重要责任，依据《安全生产违法行为行政处罚办法》（国家安监总局令 第 77 号）第四十五条第一款，建议处以 6000 元的罚款。

（6）葛某军，抚顺 ZR 城市燃气发展有限公司副总经理，分管生产运营部。没有针对基坑安全作业提出具体要求，也没有要求制定施工方案，安全培训教育不到位，安全检查不到位，对此起事故负有领导责任，依据《安全生产违法行为行政处罚办法》（国家安监总局令 第 77 号）第四十五条第（一）款规定，建议处以 9000 元的罚款。

（7）朱某峰，抚顺 ZR 城市燃气发展有限公司总经理。没有落实安全生产主体责任，未认真履行安全职责，及时督促、检查本单位的安全生产工作并消除生产安全事故隐患。安全管理不到位，安全教育不到位，安全检查不到位，隐患排查不到位，对事故发生负有主要领导责任。依据《中华人民共和国安全生产法》第九十二条第（一）款，建议处上年收入 30% 的罚款。其 2016 年收入为 15 万元整，处以 4.5 万元的罚款。

（8）抚顺 ZR 城市燃气发展有限公司，安全制度落实不到位，安全管理不到位，安全教育不到位，隐患排查治理不到位，对事故发生负有责任。依据《中华人民共和国安全生产法》第一百零九条，建议对该公司处以 36 万元的罚款。

4.2.6　事故防范和整改措施

（1）抚顺 ZR 城市燃气发展有限公司要加强安全管理，落实安全生产主体责任，积极开展隐患排查治理工作。在施工前，施工作业单位要按照相关规定编制严密施工方案，有必要时，要组织专家进行论证，确保施工作业场所符合安全生产条件。要严格执行现场安全监督和安全监护制度，强化作业现场施工技术交底。要认真落实全员岗位责任制，严格各项制度落实，加大安全培训教育，全面提高从业人员的安全意识。

（2）抚顺 ZR 城市燃气发展有限公司要强化培训，提升应急处置能力。要认真开展安全风险辨识，完善应急预案。要牢固树立底线思维和风险意识，坚持科学施救。相关人员进入高风险区域必须严格佩戴个人防护用品，要准确评估和科学防控应急处置过程中的安全风险，当可能出现威胁应急救援人员生命安全的情况时，及时组织撤离，避免发生次生事故。

（3）抚顺市住建委、国资委应加强行业监管，落实"党政同责""一岗双责"和"管行业必须管安全，管业务必须管安全，管生产经营必须管安全"三个必须的要求，切实履行职责，督促相关企业落实事故防范措施，减少一般事故的发生，杜绝较大以上事故的发生。

4.3　事故案例 3：新疆乌鲁木齐甘肃 DY 安装工程有限公司安宁渠镇燃气管道"5·23"坍塌事故

2017 年 5 月 23 日 17 时 40 左右，高新区（新市区）安宁渠镇纬一路与米东区交界处，甘肃 DY 安装工程有限公司纬一路次高压燃气管道架设施工现场发生一起坍塌事故，造成 1 人死亡，直接经济损失约 80 万元。

4.3.1 基本情况

1. 事故单位情况

甘肃 DY 安装工程有限公司（以下简称甘肃 DY）成立于 1990 年 9 月 20 日，统一社会信用代码（略），注册类型为有限责任公司，注册地址为甘肃省兰州市西固西路 37 号，法定代表人：李建军，注册资本（略）。经营范围为：机电，冶炼，SY 化工，市政公用工程；房屋建筑工程施工总承包，环保工程，管道，钢结构，炉窑工程专业承包，锅炉压力管道安装；压力容器制造；起重机械安装，维修；地质灾害治理工程，对外承包工程。（凡涉及行政许可或资质经营项目，凭有效许可证，资质经营）。

甘肃 DY 拥有安全生产许可证，编号（略），主要负责人：李建军。许可范围：建筑施工。有效期：2017 年 1 月 10 日至 2020 年 1 月 9 日。发证机关：甘肃省住房和城乡建设厅。

甘肃 DY 拥有建筑工程施工总承包一级，市政公用工程施工总承包一级，机电工程施工总承包一级，钢结构工程专业承包一级，核工程专业承包一级资质证书，证书编号（略），发证机关为住房和城乡建设部，有效日期至 2020 年 12 月 15 日。

甘肃 DY 拥有特种设备安装改造维修许可证（压力管道）证书编号（略），发证机关：中华人民共和国质量监督检验检疫总局，有效期至：2018 年 5 月 14 日。

甘肃 DY 为新疆维吾尔自治区区外建设工程企业，信息登记册（建筑企业）登记编号（略），登记时间 2017 年 2 月 13 日，有效期 2017 年 12 月 31 日。

2. 事故相关单位及项目建设基本情况

（1）乌鲁木齐市 XT 裕荣燃气有限公司（以下简称 XT 裕荣燃气）成立于 2017 年 2 月 14 日，统一社会信用代码（略），注册类型为有限责任公司（自然人投资或控股的法人独资），注册地址为新疆乌鲁木齐高新技术产业开发区（新市区）净水路某号 3 栋办公楼 101 室，法定代表人：明某渊，注册资本（略）。经营范围为销售：城镇燃气；五金交电、化工产品、建材；管道工程施工与安装。（依法须经批准的项目，经相关部门批准后方可开展经营活动）

（2）城镇燃气管道项目建设基本情况

发生事故的次高压燃气管道是高新区（新市区）"一镇两乡天然气并网管廊施工"项目，位于安宁渠镇东村与米东区小破城交界处南侧人行道。2017 年 5 月 23 日，XT 裕荣燃气将纬一路次高压燃气管道工程建设工作委托给甘肃 DY 安装工程有限公司，双方签订《燃气单项工程建设施工协议》《施工现场安全管理协议》。该工程施工许可及工程质量安全监督手续正在办理中，建设单位 XT 裕荣燃气与监理单位新疆建筑科学研究院工程建设监理合同因内部合同审批流程未终结，尚未正式签订。2017 年 4 月 8 日甘肃 DY 内部进行了《沟槽、基坑开挖安全技术交底》，其中 TY 安全交底要求沟边 1m 内不得堆土。2017 年 5 月 2 日甘肃 DY 编制并由内部审批《土方开挖及回填土专项施工方案》，该方案要求边坡 1.5m 内不得堆放材料物品，深槽挖土的边坡放坡系数根据土质、挖深以及拟采用的支护方式确定为 1：0.5，具体按边坡支护方案操作，该方案未报监理备案和审批。

（3）事故燃气管沟建设基本情况

事故发生时，管沟已开挖近 14m 长，开挖宽度 1.0m，深度 2.0～2.5m，边坡堆土高度 1.0～1.2m。挖出的土方沿管沟边缘堆积，管沟开挖未做放坡和支护处理，事故当日未进行管沟开挖的安全技术交底。

4.3.2　事故情况

1. 事故经过

2017 年 5 月 23 日 15 时 30 分左右，甘肃 DY 施工员梁某兵，指挥挖掘机司机马某军，在高新区（新市区）安宁渠镇纬一路南侧人行道（米东区小破城与安宁渠镇东村交界处），开挖由 XT 裕荣燃气建设的"一镇两乡天然气并网管廊施工"项目次高压燃气管道敷设管沟。17 时 40 分左右，管沟已开挖近 14m，梁某兵发现开挖管沟中部深度 1.0m 处有通信光缆，为保证光缆保护套管不被损坏，梁某兵下至 2.2m 深管沟查看，并拿铁锨将光缆套管上余土清除，此时梁某兵身后管沟侧壁土方突然发生坍塌，土方将梁某兵推倒在坑内，致使其腰部以下被掩埋，紧接着管沟侧壁顶部堆土又发生了二次坍塌，致使其头部也被砂土覆盖。挖掘机马某军见状立即进入基坑底部将被埋人员头部以上砂土挖开，并迅速通知附近施工人员及现场负责人李某洲，众人合力将梁某兵从管沟底部挖出，自梁某兵被埋至从砂土中挖出全程共约 18min。梁某兵被救出后，现场人员迅速将其送往医院救治，医院初步诊断为掩埋伤、院前呼吸心搏骤停、窒息，至当晚 20 时 33 分，医院确认抢救无效死亡。

2. 应急救援情况

事故发生后，现场挖掘机司机马某军立即开始手工挖掘施救，并通知附近项目人员协同施救，约 18min 后梁某兵被救出送往医院救治。闻讯后东村村委会、新大二警务站相关人员及民兵立即赶到现场，参与救援同时上报安宁渠镇安监站。接报后镇主要领导及工作人员迅速到达现场并管控现场施工人员。东村党支部书记护送梁某兵到医院，至当晚 20 时 30 分，医院确认抢救无效死亡。

接到事故报告后，高新区（新市区）安监局、建设局等部门领导和人员先后到达了事故现场了解事故经过，安排事故查处及善后工作，并按要求向上级部门汇报事故情况。

4.3.3　伤亡情况

（1）伤亡人员情况：事故造成 1 人坍塌死亡。

（2）事故造成直接经济损失：约 80 万元。

4.3.4　事故原因

1. 事故发生原因

（1）直接原因

施工员梁某兵（死者）下沟查看 2.2m 深的管沟中部侧壁通信光缆，用铁锨铲除光缆表面余土时，管沟侧壁及顶部堆土因受扰动和荷载变化突然塌方掩埋梁某兵，是导致此次事故的直接原因。

（2）间接原因

1）施工单位甘肃 DY 安装工程有限公司在施工过程中危险性较大的分部分项土方开挖工程未由总监理工程师签字后实施，未由专职安全生产管理人员进行现场监督，已制定的安全生产规章制度中专项方案的安全措施未落实；建设工程施工前，负责项目管理的技术人员未对有关安全施工的技术要求向施工作业人员作出详细说明，并由双方签字确认；

紧沿管沟沟边堆土；未督促从业人员严格执行本单位的安全生产规章制度和安全操作规程；隐患排查治理制度不健全，未建立隐患排查工作档案，是导致此次事故的间接原因。

2）施工单位负责人李某洲未建立健全安全生产责任制度和安全生产教育培训制度；未对所承担的建设工程进行定期和专项安全检查，并做好安全检查记录，是导致此次事故的间接原因。

3）建设单位乌鲁木齐市 XT 裕荣燃气有限公司未对施工现场安全生产工作统一协调、管理，定期进行安全检查，发现安全问题，是导致此次事故的间接原因。

4）建设单位负责人明某渊未建立、健全本单位安全生产责任制，督促、检查本单位的安全生产工作，及时消除生产安全事故隐患，是导致此次事故的间接原因。

2. 事故性质

经事故调查组调查后，认定该起事故是一起一般安全生产责任事故。

4.3.5　处理意见

（1）施工单位甘肃 DY 安装工程有限公司在施工过程中危险性较大的分部分项土方开挖工程未找总监理工程师签字后实施，未由专职安全生产管理人员进行现场监督，已制定的安全生产规章制度中专项方案的安全措施未落实；建设工程施工前，负责项目管理的技术人员，未对有关安全施工的技术要求向施工作业人员作出详细说明，并由双方签字确认；紧沿管沟沟边堆土；未督促从业人员严格执行本单位的安全生产规章制度和安全操作规程；企业隐患排查治理制度不健全，未建立隐患排查工作档案。以上行为违反了《建设工程安全生产管理条例》（国务院令 第 393 号）第二十六条、第二十七条规定，违反《建筑施工土石方工程安全技术规范》JGJ 180—2009 第 6.3.9 条规定，违反《中华人民共和国安全生产法》第四条、第十条第（二）款、第四十条、第四十一条规定，违反《新疆维吾尔自治区安全生产事故隐患排查治理条例》第九条第（一）款，对事故负有责任，建议高新区（新市区）安全生产监督管理局依据《中华人民共和国安全生产法》第一百零九条第（一）款规定，给予甘肃 DY 安装工程有限公司处以人民币 20 万元的行政处罚。

（2）梁某兵作为现场作业人员，安全意识淡薄，指挥施工人员在管沟边缘堆土，不按专项施工方案和安全技术交底作业，违反《中华人民共和国安全生产法》第五十四条规定，违反《建设工程安全生产管理条例》（国务院令 第 393 号）第三十三条规定，违反《建筑施工土石方工程安全技术规范》JGJ 180—2009 中第 6.3.9 条有关规定，对事故发生负有直接责任，鉴于其在事故中死亡，建议不予追究责任。

（3）施工单位甘肃 DY 安装工程有限公司项目负责人李某洲，未建立健全安全生产责任制度和安全生产教育培训制度；未对所承担的建设工程进行定期和专项安全检查，并做好安全检查记录，违反《中华人民共和国安全生产法》第十八条第（一）款、第（三）款、第（五）款，违反《建设工程安全生产管理条例》（国务院令 第 393 号）第二十一条第（一）款，对事故发生负有责任，建议高新区（新市区）安全生产监督管理局依据《中华人民共和国安全生产法》第九十二条第（一）款，对施工单位甘肃 DY 安装工程有限公司主要负责人李明洲处以相应的罚款。

（4）建设单位乌鲁木齐市 XT 裕荣燃气有限公司未对施工现场安全生产工作统一协

调、管理，定期进行安全检查，发现安全问题，违反《中华人民共和国安全生产法》第四十六条第（二）款，对事故发生负有责任，建议高新区（新市区）安全生产监督管理局依据《中华人民共和国安全生产法》第一百条第（二）款规定，责令建设单位乌鲁木齐市XT裕荣燃气有限公司限期整改。

（5）乌鲁木齐市XT裕荣燃气有限公司负责人明某渊未建立、健全本单位安全生产责任制，督促、检查本单位的安全生产工作，及时消除生产安全事故隐患，违反《中华人民共和国安全生产法》第十八条第（一）款、第（五）款，对事故负有责任，建议高新区（新市区）安全生产监督管理局依据《中华人民共和国安全生产法》第九十一条第（一）款规定，责令建设单位乌鲁木齐市XT裕荣燃气有限公司负责人明上渊限期整改。

4.3.6　事故防范和整改措施

（1）甘肃DY安装工程有限公司应加强施工安全管理和过程管控，危险性较大的分部分项工程要报备总监理工程师签字后实施，要派有能力的专职安全生产管理人员进行现场监督，要严格执行经审批的专项技术方案。专项安全技术交底要有针对性，要在施工现场交底，要注重交底的时效性和安全措施的落实。

（2）甘肃DY安装工程有限公司应全面落实施工单位主要负责人依法对本单位的安全生产工作全面负责制，应当建立健全安全生产责任制度和安全生产教育和培训制度，严格执行相应的法律、法规、国家标准和规范。

（3）乌鲁木齐市XT裕荣燃气有限公司应建立、健全本单位的安全生产责任制，督促、检查本单位的安全生产工作，及时消除生产安全事故隐患。应加强企业隐患排查、违章查处和员工的安全教育和培训工作，应进一步健全企业的其他安全规章制度，保证安全体系的稳定运行，从而减少事故的发生。

（4）乌鲁木齐市XT裕荣燃气有限公司应加强相关方及工程项目的安全管理，要对承包单位的安全生产工作统一协调、管理，定期进行安全检查，发现安全问题的，应当及时督促整改。

4.4　事故案例4：湖南衡阳市衡州大道西段管道基坑"8·25"坍塌事故

2016年8月25日7时50分，江苏TL建设集团有限公司衡阳项目部在衡州大道西段道路延伸加宽燃气管道基坑作业时发生一起坍塌事故，造成1人死亡，直接经济损失85万元。

4.4.1　基本情况

1. 相关单位基本情况

（1）江苏TL建设集团有限公司（以下简称TL公司）。公司成立于1981年6月，地址：江苏省常州市溧阳经济开发区腾飞路某号，注册资金（略）；经营范围：房屋建筑工程施工，市政公用工程施工，压力管道安装等，具有国家市政公用工程施工总承包一级资质，化工石油设备管道安装工程专业承包一级资质企业，压力管道特种设备安装维修许可证等，法定代表人：史某生。在衡阳地区设立了管道安装工程项目经理部（以下简称衡阳项目部），公司授权谢某才为项目经理。

（2）衡阳市 TRQ 有限责任公司（以下简称 TRQ 公司）。公司成立于 2002 年 11 月，坐落于衡阳市石鼓区演武坪北壕塘某号，注册资金（略）；经营范围：城市燃气管网的建设与管理；燃气及燃气设备的生产与销售；燃气管网设计、燃气具安装与维修等；根据相关规定由衡阳市人民政府授权原市建设局与其签订了《衡阳市城市管道燃气特许经营协议》，特许经营业务范围：以管道输送形式向用户供应天然气、液化石油气等气体燃料，并提供相关管道燃气设施的维护、运行、抢修抢险业务等；该公司法定代表人：乌某。

2. 工程概况

该工程为衡阳市衡州大道西延燃气主干管改造工程，现衡州大道往西延伸，将原道路扩宽，管道现置于新道路中间，随时受车辆碾压，路基施工时也会挖到燃气管道，存在重大安全隐患，需要重新铺设一条燃气管。发包单位：TRQ 公司；施工单位：TL 公司。此管道途径南华大学新校区门口地段，8 月 24 日下午开挖此段燃气管道基坑（长 4m，宽 1.5m，深 1.6m），并按照管道基坑规范要求将开挖的基坑土方堆放在基坑边坡 0.6m 以外，边坡有斜度，经施工员杨某晖检查，未发现有塌方迹象，下班前设置了警示牌，做好了安全防护。

3. 现场勘查情况

事故现场在新南华大学未建校门处，此处为一大块平地，土坯路基，未完工的燃气管道基坑长 4m，宽 1.5m，深 1.6m，已铺设燃气管道未安装，基坑内有 15cm 深积水。边帮塌方处长 1.2m，宽 0.5m，为原回填土平地（新挖基坑堆土未坍塌）。

4. 签订合同协议情况

2014 年 6 月 24 日，TRQ 公司与 TL 公司签订了《衡州大道（潭衡西高速立交桥至南华新校区）中压主干管安装工程施工合同》，同时签订了工程项目施工安全协议，明确了双方的安全责任和义务。

5. 持证情况

TL 公司于 1981 年 6 月取得常州市溧阳工商局颁发的企业法人营业执照，注册号（略），法定代表人：史某生，2013 年 11 月取得江苏省住建厅颁发的安全生产许可证，编号（略），有效期至 2016 年 11 月；2016 年 1 月换发国家质量监督检验检疫总局特种设备安装改造维修许可证（压力管道），有效期至 2020 年 1 月。

项目经理谢某才于 2010 年 5 月取得了江苏省住建厅颁发的注册建造师证书；施工员杨某晖 2015 年 9 月取得了中国建设教育协会颁发的施工员证书；安全员刘某兵 2013 年 7 月取得了江苏省住建厅颁发的安全管理人员合格证书，该公司证照齐全，均在有效期内。

6. 安全管理情况

TL 公司安全管理制度齐全，明确了各级安全生产责任制，成立了衡阳地区管道安装项目部，委任了项目经理全权负责；项目部安全机构齐全，有安全管理制度、安全管理措施，明确了项目经理、项目技术负责人、专职安全员、班组长安全生产职责，制定了安全责任奖罚、技术交底、安全教育培训、应急救援预案等制度和各工种安全技术操作规程，安全员对各作业点进行日常巡查；燃气公司作为发包单位，安全管理机构和安全管理制度比较健全，对施工单位的工程施工现场的安全、质量进行监督管理，并与施工单位签订了安全管理协议。

4.4.2　事故情况

2016 年 8 月 25 日 7 时 30 分，TL 公司项目部施工班长余某明带领周某青、钟某增到达施工现场做开工前的准备工作，将施工现场围挡起来，在余某明的安排下由周某青在基坑上面监护，余某明和钟某增下到基坑做准备工作，约过 10min 周某青发现基坑边坡有零星碎石滚落，便喊"要塌方了，快跑"。听到周某青喊后余某明和钟某增向两个不同方向撤离。其中余某明顺利撤离，钟某增由于反应迟缓并且撤离方向靠近塌方处所以被塌方的泥土掩盖至腰胸处，余某明和周某青立即用手扒开钟某增身边的堆土，并叫周围群众拨打 120 急救电话，接着挖掘机赶到，扒开钟某增腿边的土，很快将钟某增抢救出来，约 20min 后，救护车赶到将钟某增送往医院进行抢救，经医生全力抢救无效于 1h 后死亡。

事故发生后，TL 公司立即通知死者家属协商处理善后事宜，经过协商，双方签订了事故赔偿协议书，一次性赔偿死者家属 85 万元，现已完全履行到位，家属得到安抚，项目部人员情绪稳定。

4.4.3　事故原因

1. 直接原因

作业人员在燃气管道基坑内作业未进行安全确认，基坑边帮坍塌躲避不及导致事故发生。

2. 间接原因

（1）工程施工技术管理不到位。TL 公司施工人员在发生事故前一天开挖燃气管道基坑后，没有充分考虑基坑周边环境，正值学生返校时间，大量进出南华校区的车辆（包括大型工程车辆）在基坑周边经过，造成基坑边坡受到外力振动而松动，影响基坑边坡稳定而塌方。

（2）现场作业安全管理不到位。项目部安全生产责任执行不严，安全管理人员对管道基坑作业的安全重视不够，因基坑不深，不属于重大危险源，放松了警惕，没有严格要求作业人员在管道基坑作业前必须由安全技术管理人员到现场进行安全确认后才能下基坑作业。

（3）安全教育不到位。TL 公司衡阳项目部安全教育不到位，对施工现场基坑作业的危险因素、防范措施以及塌方应急措施告知不明确，作业人员安全意识不强，对作业环境潜在的危害因素缺乏辨识能力。

3. 事故性质

经调查认定，这是一起生产安全责任事故。

4.4.4　处理意见

1. 建议不予追究责任的人员

钟某增，45 岁，TL 公司衡阳项目部管道工。安全生产意识不强，安全作业的思想基础不牢，紧急避险处置不当。对"8·25"事故发生负有重要责任，鉴于其本人在事故中死亡，建议不予追究责任。

2. 建议给予公司内部处理的人员

（1）余某明，TL公司衡阳项目部施工班长。作业时未对作业场所基坑边坡潜在的安全隐患进行认真排查，未及时发现险情。对"8·25"事故发生负有重要责任，建议TL公司按内部管理制度给予处理。

（2）刘某兵，TL公司衡阳项目部安全员。对作业场所基坑边坡的安全检查不到位，对作业人员的安全督促、教育不到位，对"8·25"事故发生负有重要责任，建议TL公司按内部管理制度给予处理。

（3）杨某辉，TL公司衡阳项目部施工员。未严格督促班组加强作业现场基坑边坡的安全确认和人员管理，安全事项告知不明确，对"8·25"事故发生负有重要责任，建议TL公司按内部管理制度给予处理。

3. 建议给予行政处罚的单位和个人

（1）江苏TL建设集团有限公司。未完全履行安全管理职责，未经常督促检查施工现场的安全管理工作，安全责任制度执行不严，施工现场安全确认不到位，未及时排查安全隐患。对"8·25"事故发生负有重要责任，建议由衡阳市安监局根据相关法律的规定，给予江苏TL建设集团有限公司行政处罚。

（2）谢某才，TL公司衡阳项目部经理。未经常督促检查施工现场的安全管理工作，及时消除安全事故隐患，对安全生产责任制度执行情况督促不力，对"8·25"事故发生负有重要领导责任，建议由衡阳市安监局根据相关法律的规定，给予项目经理谢某才行政处罚。

4. 其他意见

经事故调查组讨论决定，衡阳市衡州大道西段管道基坑"8·25"坍塌事故无追究刑事责任人员。

4.4.5　事故防范和整改措施

深刻吸取事故教训

（1）TL公司要举一反三，按照"四不放过"原则，严守安全红线，认真分析事故原因，吸取事故教训，制定整改措施，严格按照《中华人民共和国安全生产法》《建设工程安全生产管理条例》（国务院令393号）等有关规定，加强安全生产工作领导，强化施工现场安全管理，确保工程施工安全。

（2）TL公司衡阳项目部要严格落实安全生产责任制，各级安全管理人员要切实履行安全管理职责，加强施工现场安全管理；项目部主要从事燃气管道安装、维修以及排险工作，责任重大，不能疏忽大意。做到开工前和收工后严格落实安全确认制度，安全技术交底制度，认真排查作业场所存在的安全隐患，如实告知作业人员作业场所存在的危害因素以及安全防范措施。同时要对现场作业人员进行身体检查，确保身体状况能适应所从事的岗位。

（3）加强安全教育培训。TL公司要按照相关规定对作业人员进行安全培训，经培训考核不合格的，不得上岗作业，每一位作业人员都要具备必要的安全生产知识；并教育督促作业人员自觉遵守作业现场的安全管理规定，有效辨识作业场所存在的危险因素，增强安全意识，消除麻痹心里。

江苏TL建设集团有限公司应当自接到事故调查报告及其批复的3个月内，将有关责任人员、事故防范和整改措施的落实情况书面报送衡阳市安全生产监督管理局。

4.5 事故案例 5：山东青岛市城阳区青岛 ZYD 实业有限公司 "8·27" 管沟坍塌事故

2015 年 8 月 27 日 17 时许，青岛 ZYD 实业有限公司在组织对其承包的位于城阳区夏庄街道云头崮社区的金秋泰和郡一期燃气管道安装施工过程中，一段管沟的土方突然塌方，将正在沟内实施清理作业的工人张某自颈部以下埋压，后经抢救无效死亡。

4.5.1 基本情况

1. 事故单位基本情况

青岛 ZYD 实业有限公司（以下简称 ZYD 公司），法定代表人：周某某，注册地址青岛市市北区昌乐路某号，公司成立于 1998 年 6 月，主要从事市政工程施工、房屋租赁、房屋建筑施工、土石方工程施工等业务。公司具备"市政公用工程施工总承包贰级"资质。

2. 燃气配套工程项目情况

2014 年 7 月，青岛 ZYD 实业有限公司与 TN 天然气有限公司（以下简称 TN 公司）签订《燃气工程施工合同》，承包 TN 公司 2014 年度在市内六区的燃气工程，包括中低压工程、灰口铸铁管庭院改造工程、新建民用户工程、公服户工程、零散户工程、隐患改造工程等，双方约定单项工程具体工程量以施工任务单为准，合同工期按 TN 公司的计划任务书所确定的工期或要求执行。2014 年 10 月，TN 公司将金秋泰和郡一期室外燃气管道施工计划下达给 ZYD 公司，工程内容为金秋泰和郡住宅小区一期（1～28 号楼）室外庭院燃气管道安装施工，该工程于 2014 年 10 月 28 日开工。2015 年 7 月 10 日，因配合土建施工，管道安装不具备继续施工条件，经建设单位 TN 公司及监理单位同意并签字盖章，该管道工程停工。8 月 23 日，施工承包单位青岛 ZYD 实业有限公司在未告知并征得建设单位、监理单位同意的情况下，自行组织复工，直至事发之日，该工程正处于管沟开挖、管道铺设过程中。

3. 燃气管道安装工程管理情况

该工程由 TN 公司委托 QDS 工程建设监理有限责任公司实施监理（工程监理综合资质），工程监理资料齐全。施工单位 ZYD 有限公司建立了安全生产责任制、各项安全生产规章制度、安全操作规程，提供了对施工人员的安全教育培训、技术交底资料；制定了施工组织设计方案，该设计方案的编制符合现行有关燃气工程、工业管道工程标准规范的要求，其中管道基槽施工技术措施中的放坡要求符合现行行业标准《城镇燃气输配工程施工及验收规范》CJJ 33—2005 的规定。ZYD 有限公司安排施工队队长车某具体负责施工现场的组织与管理工作，事发时车某因事未在施工现场。

4. 事故现场勘验情况

事故发生地点位于金秋泰和郡住宅小区一期 15～17 号楼西侧室外庭院燃气管道施工现场，该处管沟呈南北走向，至事故发生时已由南向北开挖 40 余米，沟宽 0.8m，管沟所处地势南高北低，管沟深度总体呈南深北浅状，沟底自南向北敷设一根直径 160mm 的燃气管线，管沟北端还有约 10m 段尚未敷设管线。产生塌方的部位位于该段管沟中部，塌方长度约 3m，深约 2.2m。塌方中心点附近裸露一废弃的砖砌古力井，井口距地面约 0.4m，井壁近坑侧已被挖掘机救人时挖损，塌方处沟壁距顶部 0.6m 处可见一明显的灰色地表浮土带，其上为回填土，其下为黄黏土。

4.5.2 事故情况

1. 事故经过

综合事故询问及现场勘验情况，查明以下事故经过：8 月 23 日，青岛 ZYD 实业有限公司组织施工队对金秋泰和郡一期燃气配套工程实施开工作业（该燃气配套工程自 7 月 10 日已停工）。27 日，施工队对金秋泰和郡一期 15 ~17 号楼西侧一南高北低地面进行管沟开挖、管道铺设施工。在施工过程中，ZYD 施工队使用小型挖掘机自南向北进行管沟开挖，挖出的土方堆在沟沿东侧 1.5m 外，施工队班组长黄某带领 3 名管道工对挖好的管沟进行管道安装。15 时许，金秋泰和郡土建工程方的大型挖掘机驾驶员周某操作大型挖掘机开始作业，将管沟东侧挖出的土方装车，清理出现场并进行场地平整。16 时许，小型挖掘机将该处管沟挖掘至 40 余米处时自身油管破裂，遂停止作业，驶离工地进行维修，大型挖掘机则继续进行土方清理和场地平整。16 时 30 许，大挖掘机将管沟北部、中部东侧的场地清理、平整完成后，来到管沟南端东侧一处地面继续平整场地，17 时许，大挖掘机停止作业开到坡上进行加油。为保证管道敷设质量，班组长黄某在挖掘机驶离后，组织张某等 3 名工人对大型挖掘机回转斗臂作业时掉落于管沟内的落土及杂物进行清理。在用铁锹清理过程中，张某作业位置的东侧管沟壁突然塌方，并露出里面的古力井砖壁，张某自颈部以下被塌落土方埋压。

2. 事故现场处置及救援情况

发生塌方后，分散在管沟内实施清理作业的黄某等人立刻赶过去进行营救，因土质湿重，挖掘机驾驶员周某开来挖掘机协助挖掘，期间工人拨打了 120 急救电话。约 10min 后，张某被救出，数分钟后 120 急救车赶到，医务人员现场进行了紧急处理后，将张某送往医院，后经抢救无效死亡。

接事故信息后，区政府分管领导及时带领区安全监管局、城阳公安分局、区城市管理局、夏庄街道办事处等部门和单位负责同志赶赴现场了解情况，并敦促事故单位积极做好事故善后处置工作。当日，城阳公安分局对大型挖掘机驾驶员周某等 4 名现场人员采取了控制措施。

4.5.3 伤亡情况

该事故致 1 人死亡（张某，62 岁，山东莒县人），直接经济损失 62.02 万元。

4.5.4 事故原因

1. 直接原因

施工单位实施管沟开挖未采取放坡或支护措施。事故位置管沟深度为 2.2m，宽度为 0.8m，青岛 ZYD 实业有限公司未按照现行行业标准《城镇燃气输配工程施工及验收规范》CJJ 33—2005 要求在管沟开挖过程中实施放坡处理或采取支护措施，受管沟壁上部及古力井侧的回填土质因素影响，形成土方塌方，此为引发事故的直接原因。

2. 间接原因

施工现场安全、技术管理缺失。7 月 10 日，该燃气配套安装工程已停止施工；8 月 23 日，施工承包单位青岛 ZYD 实业有限公司在未告知并征得建设单位、监理单位同意的情况下，擅自组织开工，由于现场缺乏有效监督管理，施工队伍违反管道施工技术规范进行管沟开挖，最终导致事故发生。

3. 事故性质

综合事故现场勘验、资料查阅、技术分析、调查询问等情况，认定该事故是一起因安全管理缺失、违反施工技术规范而导致的一般生产安全责任事故。

4.5.5　处理意见

（1）青岛 ZYD 实业有限公司未经建设单位、监理单位允许擅自开工，未根据施工现场实际开挖情况对管沟进行放坡或采取支护措施，对本事故发生承担主要责任。建议由城阳区安全生产监督管理局对青岛 ZYD 实业有限公司依据《中华人民共和国安全生产法》第一百零九条的规定处以 20 万元以上 50 万元以下罚款的行政处罚。

（2）祁某，青岛 ZYD 实业有限公司副总经理，自 2014 年 6 月起负责公司全面工作，其作为事故单位主要负责人，未依法履行安全生产管理职责，未认真督促、检查本单位安全生产工作，在未告知并征得建设单位、监理单位允许情况下擅自组织开工，对本事故发生承担领导责任，建议由城阳区安全生产监督管理局对其依据《中华人民共和国安全生产法》第九十二条第（一）款规定处上一年年收入 30％罚款的行政处罚。

（3）车某，青岛 ZYD 实业有限公司施工队队长，未认真履行现场施工的组织与管理职责，未按管道基槽施工技术要求组织对管沟开挖实施放坡或支护措施，对本事故发生承担直接管理责任。建议由青岛 ZYD 实业有限公司按照本公司有关管理规定给予其处理，处理结果应书面报城阳区安全监管局备案。

4.5.6　事故防范和整改措施

（1）青岛 ZYD 实业有限公司要深刻吸取事故教训，加强工程管理，依规依程序进行施工，及时排查消除各类事故隐患，并强化对从业人员的安全教育培训，坚决杜绝违规施工、冒险作业等问题，严防类似事故的再发生。

（2）QDS 工程建设监理有限责任公司要以此事故为警，认真履行工程监理职责，加强对停工工地的调度管控，严防擅自开工建设行为的发生。

（3）区城市管理局、夏庄街道办事处及区城建规划、行政执法等部门要认真吸取本次事故教训，加强对全区在建工程范围内市政、燃气等配套工程施工的安全监管，建立完善相关审核审批、备案监管等工作机制，对未经审核审批或备案的工程项目，要依法予以严厉打击，全面落实各项监管防控措施，严防漏查、失管、失控等现象和问题。

4.6　事故案例 6：山东东营市东营区中石化 SL 油建工程有限公司"4·28"坍塌事故

2014 年 4 月 28 日 7 时 05 分，中石化 SL 油建工程有限公司（以下简称 SL 油建公司）

在地处东营市东营区的山东 WT 集团东营海欣仓储有限公司（以下简称 WT 海欣仓储公司）球形罐区施工工地，对 $5000m^3$ 液化气球罐（编号 V0105）进行现场制造（组焊）作业时，发生球罐内操作平台坍塌事故，共造成 5 人死亡，6 人受伤，直接经济损失 540 万元。

4.6.1　基本情况

1. 事故发生单位概况

（1）SL 油建公司，地处东营市东营区，国有一级特大型综合性施工企业，隶属于中国 SY 化工集团，注册资本（略），具有《企业法人营业执照》。中石化 SL 油建工程有限公司金属结构厂（以下简称 YJ 金属结构厂），是 SL 油建公司直属的具有工商营业执照的非法人单位，具备质监部门颁发的《特种设备设计许可证（压力容器）》，A1 级高压容器、A2 级第三类低、中压容器、A3 级球形罐设计资质；《特种设备制造许可证（压力容器）》，A1 级高压容器、A2 级第三类低、中压容器、A3 级球形储罐组焊资质（含球壳板制造），依照有关规定该公司具备事故球罐制作、安装工程所需的特种设备制造许可证资质。该厂于 2013 年 12 月 6 日以金结厂发〔2013〕18 号、19 号成立 WT 海欣仓储公司球罐现场组焊项目部（以下简称现场项目部），任命 WT 海欣仓储公司 2 台 $3000m^3$、4 台 $5000m^3$ 球罐现场组焊质量保证体系责任人员，任命赵胜友为现场项目经理（因油建金属机构厂安排其他工作未到现场工作，由韩某强主持工作），韩某强为现场项目执行经理，现场安全员为徐某（因油建金属机构厂安排其他工作未到现场工作），项目安全人员为卢中华（任命文件表述有误，实为卢某华）。

（2）SL 油田 LX 石油工程服务有限责任公司（以下简称 LX 公司），地处东营市经济开发区 SL 工业园，注册资本（略），自然人投资有限责任公司，主要从事普通货运、海洋工程施工及第一类压力容器、第二类低中压容器的制作和销售等；股东共 11 人，其中卞某君占 10.15%。该公司具有《企业法人营业执照》，具备质监部门颁发的《特种设备设计许可证（压力容器）》，A2 级第三类低、中压容器。依照有关规定该公司不具备事故球罐制作、安装工程所需特种设备制造许可证（A3 级球形储罐组焊）资质。

（3）东营市 SQ 石油机械技术有限公司（以下简称 SQ 公司），地处东营市东营区，注册资本（略），自然人投资有限责任公司，主要从事汽车维修、石油机械技术开发服务等，不具备事故球罐制作、安装工程所需特种设备制造许可证（A3 级球形储罐组焊）资质；股东共 2 人，为吴某、潘某叶，出资额分别占注册资本的 50%。

（4）李某军施工队。李某军，出生于 1968 年 1 月，汉族，初中文化程度，辽宁省建昌县药王庙镇药王庙村人。承揽到 WT 海欣仓储公司 6 个球罐组焊施工作业后，召集 12 名具备 A3 级球形储罐组焊所需资质的焊工组成施工队进行施工；事故球罐内操作平台是其出资给郑某亮（日照莒县人），由郑某亮在劳务市场召集 8 名无架子工搭设特种作业资质人员搭设的。

（5）山东 WTSY 化工集团有限公司（以下简称 WT 集团），地处东营市东营区史口镇，注册资本（略），自然人投资有限责任公司，主要从事 SY 化工、精细化工；股东共 3 人，其中董事长王某出资占注册资本的 85%。WT 海欣仓储公司（董事长、总经理为王某）为 WT 集团的全资子公司，主要经营燃料油保税仓储。

（6）山东 TG 石化设备工程监理有限公司（以下简称 TG 监理公司），主要从事石油工业工程和 HX 工业工程的设备监理，地处淄博市临淄区孙娄镇闫家村，注册资本（略），法定代表人：张某秀。该公司具备事故球罐监理的资质。

2. 设计单位、监检单位概况

设计单位为合肥 TY 机械研究院，设计资质证书编号（略），地处合肥市 CJ 西路某号，是以压力容器与化工装备、制冷空调与环境控制技术、流体机械、包装食品机械以及石油装备等组成的多专业、综合性的中国机械工业集团公司直属的科研院所。具备事故球罐的设计资质。

监检单位为山东省特种设备检验研究院，山东省质量技术监督局直属的从事锅炉、压力容器、压力管道、电梯、起重机械、游乐设施、客运索道和厂内机动车辆等特种设备法定检验的科研事业单位，具备事故球罐的监检资质。

3. 事故球罐制造、安装工程基本情况

发生事故的球罐编号为 V0105，是在 WT 集团厂区内实施的 2 台 $3000m^3$ 丙烯球罐、4 台 $5000m^3$ 液化气球罐制造、安装工程中的 1 台 $5000m^3$ 液化气球罐。包括事故球罐在内的 6 台球罐为 WT 集团 10 万 t/年气分和 1.5 万 t MTBE 联合装置项目的配套设施。该项目在东营区发展改革委登记备案，已取得东营区建设局颁发的《建设用地规划用地规划许可证》和《建设工程项目规划许可证》，于 2008 年 2 月 21 日通过东营市安监局的设立审查，取得《危险化学 HX 品建设项目安全许可意见书》，2008 年 5 月 8 日取得《危险化学品试生产（使用）方案备案告知书》和竣工验收审查。其中，竣工验收审查不包括在建的 6 台球罐，待建成后安监部门再组织进行竣工验收。

包括事故球罐在内的 6 台球罐的承发包合同签订单位是 WT 集团的子公司 WT 海欣仓储公司，实际的订购、建设单位是母公司 WT 集团，建设地点位于东营市东营区史口镇的 WT 集团厂区内，合同的签订、履行及其施工现场安全的统一协调、管理由 WT 集团具体实施

4. 球罐制造、安装工程发包、分包、转包情况

2012 年 10 月，WT 海欣仓储公司与 SL 油建公司签订 $3000m^3$、$5000m^3$ 球罐工程安装承发包合同，将 6 台 $3000m^3$ 液化气球罐、4 台 $3000m^3$ 丙烯球罐及 4 台 $5000m^3$ 液化气球罐的制作安装工程承包给 SL 油建公司。其中 2 台 $3000m^3$ 丙烯球罐、4 台 $5000m^3$ 液化气球罐施工现场位于 WT 集团厂区。根据合同约定，WT 海欣仓储公司负责施工现场"三通一平"及合格的球罐基础；SL 油建公司确保交付铭牌完整的球罐，并提供竣工图纸、技术资料和 WT 集团所在地压力容器安监部门的检验报告，是一项交钥匙工程。

2013 年 12 月，SL 油建公司作为工程承发包单位，以邀请招标方式对外招标。SQ 公司法定代表人吴某利用与 YJ 金属结构厂厂长侯某虎的私人关系，以 LX 公司名义中标，LX 公司收取工程管理费。SL 油建公司在明知 LX 公司不具备相应资质且实际中标单位是 SQ 公司的情况下，违反《中华人民共和国特种设备安全法》第十八条、《特种设备安全监察条例》（国务院令 第 549 号）第十条、第十四条和《球形储罐施工规范》GB 50094—2010 第 3.0.3 条、《固定式压力容器安全技术监察规程》TSG 21—2016）及《锅炉压力容器制造许可条件》等相关规定，将 4 台 $5000m^3$ 液化气球罐（含事故球罐）和 2 台

3000m³ 丙烯球罐组焊安装、球罐水压试验、梯子平台的预制安装、喷淋系统安装等，于
2013 年 12 月 3 日确定发包给 LX 公司。

2014 年 2 月，LX 公司违反相应规定将该工程转包给了 SQ 公司。SQ 公司职工高某
董代表 SQ 公司与 LX 公司签订了承接球罐组焊安装劳务作业的合同。2013 年 12 月 22
日，SQ 公司又与李某军个人签订合同，由李某军组建施工队伍具体组织施工。

4.6.2 事故情况

1. 事故发生经过

完成 V0105 球罐现场制造的支腿预制、定位块焊接、组队工序施工后，于 2014 年 3
月 15 至 17 日搭设 V0105 球罐内外操作平台，搭设人员系现场施工队长李某军联系郑某
亮（山东省日照市莒县城阳镇郑家庄人），郑某亮从劳务市场找来 8 名无相应特种作业操
作资质的人员搭设的，经勘验该球罐内操作平台不符合现行行业标准《建筑施工扣件式钢
管脚手架安全技术规范》JGJ 130—2011 要求。

3 月 23 日，球罐现场制造的调口工序施工完成，球罐外部焊接施工开始，4 月 25 日
完成外部焊接施工作业。

因天气原因，球罐内部焊接施工作业推迟到 2014 年 4 月 28 日。28 日 6 时 45 分，现
场施工队长李某军组织 12 名组焊人员，进入 WT 集团球形罐区施工工地 5000m³ 液化气
球罐（编号为 V0105）内部，登上罐内约 20m 高的操作平台进行球罐上极板焊接作业。

7 时 05 分，操作平台突然坍塌，作业面上 11 人瞬间坠落（当班共 12 人，其中 1 人
因作业位置处于固定在球罐内壁上的临时工作平台，未受到伤害）。事故共造成 5 人死亡，
6 人受伤。

2. 事故现场救援情况

事故发生后，李某军立即拨打 120 急救电话，组织现场人员进行施救；并电话报告
YJ 金属结构厂项目执行经理韩某强。上午 8 时许，5 辆救护车先后到达现场，随即将 11
名伤者分别送往东营区人民医院、东营区鸿港医院、SL 油田中心医院进行救治。其中，
东营区鸿港医院收治高某、刘某、胡某强 3 人，胡某强于 4 月 28 日 8 时 20 分经抢救无效
死亡；东营区人民医院收治张某（当场死亡）、赵某鹏（当场死亡）、司某成、全某 4 人，
全某于 4 月 29 日上午 11 时 10 分抢救无效死亡；SL 油田中心医院收治王某、杨某雷、张
某忠、陈某 4 人，王某于 4 月 28 日 20 时 15 分经抢救无效死亡。

3. 事故报告情况

韩某强于 2014 年 4 月 28 日 7 时 40 分向 YJ 金属结构厂厂长侯某虎、安全总监薛某喜
电话汇报了事故情况，SL 油建公司安全总监张某接到侯某虎报告后，于 8 时 30 分左右向
SL 油建公司执行董事、总经理刘某亮做了汇报。刘某亮和 SL 油建公司党委书记叶某东、
分管安全生产的副经理孙某芬、张某 4 人研究后，分头赶往事故现场和医院。13 时左右，
刘某亮、叶某东、孙某芬、张某、侯某虎在刘某亮办公室再次召开会议，研究事故上报及
救援情况，决定启动应急预案，并由侯某虎联系分包商落实伤亡人数。侯某虎将落实的情
况报告给刘某亮、叶某东、孙某芬后，3 人决定由孙某芬、张某、侯某虎和 SQ 公司的吴
某、高某董去东营区安监局报告事故情况，称事故造成人员 2 死 2 伤。28 日 17 时 30 分，
刘某亮、叶某东、孙某芬了解到胡某强也于当日 8 时 20 分死亡后，商议当日不再续报。

东营区安监局于 28 日 14 时 30 分左右接到报告后，立即组织有关人员赶赴事故现场调查核实，并于 28 日 17 时左右将事故初步情况分别报东营区政府和东营市安监局。东营市安监局于 28 日 18 时将事故基本情况分别上报省局值班室和市政府分管领导。

4 月 29 日上午 9 时，接到省局要求进一步核实事故死亡人数的电话通知后，东营市安监局立即派员到东营区进行调查核实，并于 29 日 18 时 30 分向省安监局上报事故续报：该事故共造成 5 人死亡，6 人受伤。

4. 当地政府救援情况

东营区接到报告后，区委书记贾某、区长丁某于 4 月 28 日 17 时 30 分作出批示，要求进一步了解事故原因，抢救伤员并做好事故善后工作。东营区启动全区应急预案，成立主要领导任组长的应急救援指挥部，下设综合组、事故调查组、救护组、安抚稳控组等 4 个工作组，开展人员搜救、抢险救援、医疗救治及善后处理等工作。公安部门控制现场，公安、安监等部门调集设备、组织人员，展开人员搜救等工作，进一步细致清查现场，核实伤亡人数，防止伤亡人员遗漏；卫生、安监部门组织力量对伤员进行救治；信访、安监部门等部门慰问伤员、家属，做好善后工作。

东营市委书记刘某，市委副书记、市长申某接到报告后，对事故救援、伤员救治和事故调查、防止次生灾害及防止类似事故多次作出批示、指示，要求启动应急预案，安监、卫生、公安等相关部门负责指导东营区进行现场救援、伤员救治等工作；市委常委、副市长田某接到报告后，立即对相关工作作出安排部署，要求东营区政府和相关部门全力救治受伤人员，做好死者家属的抚恤工作，尽快查明原因，举一反三，防止类似事故再次发生，并先后两次到事故现场和医院了解情况，协调全市力量做好伤员救治工作。东营市安监、公安、卫生等部门采取一系列应急响应措施，防止事故扩大和类似事故发生。

目前，4 名伤员治愈出院；2 名伤员病情稳定，正在康复中；死者善后处理工作完成。

4.6.3 伤亡情况

该事故共造成 5 人死亡，6 人受伤，直接经济损失 540 万元。

4.6.4 事故原因

1. 直接原因

违规搭设 V0105 球罐内操作平台，搭设技术不符合现行行业标准《建筑施工扣件式钢管脚手架安全技术规范》JGJ 130—2011（以下简称技术规范）要求，内操作平台稳定性不能满足球罐内焊接作业的安全生产条件，导致操作平台整体失稳坍塌。

原因分析：

经现场勘查、调查取证、查阅资料、询问有关人员，并经综合分析认定：V0105 球罐内操作平台结构、搭设质量等方面存在严重问题，不能满足作业面焊接作业的安全条件。具体表现为：

一是内操作平台步距过大，经抽查约为 2.2～2.4m（技术规范规定脚手架底层步距不应大于 2m，其他不应大于 1.8m），纵横距为 1.9m（技术规范规定最大不应大于 1.3m）；二是球罐内操作平台底部立杆无固定支撑点，局部未见扫地杆，部分扫地杆搭设不符合技术规范要求；三是现场跳板固定形式为 14 号铁丝单股固定（参照技术规范规定，应使用 12 号铁丝双股固定）；四是球罐内操作平台为多排井字架，缺少水平支撑系统，无一字撑或剪刀撑。

2. 间接原因

（1）SL 油建公司及 YJ 金属结构厂、项目部安全生产主体责任不落实，违规分包，现场安全措施落实不严格。SL 油建公司违反《中华人民共和国特种设备安全法》《特种设备安全监察条例》（国务院令 第 549 号）及《球形储罐施工规范》GB 50094—2010、《固定式压力容器安全技术监察规程》TSG 21—2016、《锅炉压力容器制造许可条件》等相关规定，将球罐组焊发包给不具备相应资质的 LX 公司，并于事后补办公司内部审批手续；对 YJ 金属结构厂隐患排查治理工作，特别是对省市政府组织开展的安全生产资质检查专项行动落实不力，未发现无资质组焊单位施工，使用无资质安全生产管理、脚手架搭设人员等安全生产管理漏洞失察。YJ 金属结构厂作为事故球罐制作、安装合同及施工的具体实施者，违规发包；允许无任何资质的李某军施工队进行组焊施工；对隐患排查治理工作，特别是省市政府组织开展的安全生产资质检查专项行动落实不力；任命、使用无安全生产管理资质和能力的人员作为安全员，导致项目部安全管理存在大量漏洞；对现场项目部隐患排查治理落实不力，特别是无资质人员搭设组焊接用操作平台、施工现场安全管理混乱、操作平台施工专项方案存在重大隐患、操作平台验收不严格、不具备安全生产条件投入使用等失察。

现场项目部允许无任何资质的李某军施工队进行组焊作业；允许无相应资质的施工人员进行操作平台搭设；提名、使用无相应资质安全生产管理人员；对操作平台搭设不使用专项方案、搭设不符合技术规范隐患排查治理不力；对操作平台验收不严格，在操作平台严重不符合技术规范、不能保证组焊施工人员安全的情况下，允许投入使用。

（2）LX 公司资质达不到相应要求承揽组焊施工工程，出借资质，违规转包。该公司在不具备相应资质的情况下，违反相关规定，承揽球罐组焊施工；在收取管理费后转包给无任何相应资质的 SQ 公司；对承揽工程安全生产未做任何管理。

（3）SQ 公司无任何相应资质承揽工程，违规转包。该公司在不具备任何相应资质的情况下，违反相关规定，承揽球罐组焊施工；赚取差价后转包给无任何资质的李某军施工队；对承揽工程安全生产未做任何管理。

（4）李某军施工队违规施工，雇用无资质架子工搭设操作平台，违规将不具备安全生产条件的操作平台投入使用。该施工队无任何资质承揽事故球罐组焊施工工程；雇用无资质、无相应专业技术知识的架子工搭设操作平台；对操作平台施工无专项方案、不按照技术规范施工；李某军不具备相应专业技术知识、对搭设的操作平台验收不严格、允许不符合技术规范要求的操作平台投入使用、违章指挥组焊施工人员进行施工。

（5）WT 集团未将发包的球罐制作、安装工程安全管理工作纳入统一管理，未与承包单位签订安全协议，对外来施工队伍安全生产管理混乱监督、管理不力，对 SL 油建公司等单位违规分包转包、不具备相应资质的外来施工队伍违规施工失察。

（6）TG 监理公司未认真履行项目监理职责，监理工作存在不到位、不严格的现象。该公司对工程多次转包监理不到位、不严格，没有及时发现和处理；对球罐项目施工组织设计方案审查、审核不严格、不细致，在操作平台施工方案内容简单、不能满足规范搭设要求、存在重大安全隐患的情况下，通过球罐项目施工组织设计方案审查、审核；对不符合规范搭设的球罐内操作平台搭设工程不检查、不制止、不报告、不处理。

（7）市、县质监部门行业监管责任落实不力，安全生产打非治违、生产经营单位资质专项检查工作存有死角。

1）东营区质量技术监督局，未认真按照有关法律法规履行辖区内特种设备安全监察职责，落实安全生产资质检查专项行动不到位，对辖区内无资质承揽工程、无资质施工监督不力，打非治违工作存有"死角"。

2）东营市质量技术监督局，作为 SL 油建公司的安全生产监管部门，安排部署全市特种设备生产企业资质专项检查不到位，对特种设备行业安全生产管理监督检查、督导不到位，对无资质特种设备制造施工队伍打击不力，对特检院监检工作不到位监督检查不力，致使无资质施工队伍承揽特种设备制造施工工程。

（8）市、县安监部门职能发挥不全面，督导有关部门落实行业监管不得力。

1）东营区安监局，督促企业落实安全生产主体责任不到位，对 WT 集团与油建公司未签订安全生产协议检查不细致；督促落实全区安全生产资质检查专项行动不到位，安全生产综合监管工作不到位。

2）东营市安全生产监督管理局。作为履行全市安全生产综合监督管理部门，协调指导行业主管部门抓安全工作措施不力。

（9）地方人民政府属地管理责任落实不到位，指导督促安全生产工作不力，"打非治违"工作不彻底。东营区人民政府贯彻落实安全生产法律法规政策规定和上级部署要求不到位，未完全履行属地安全生产领导责任，组织辖区内开展安全生产大检查和资质检查专项行动不到位，未能督促有关部门依法履行安全生产监督管理职责。

3. 事故性质

经调查认定，中石化 SL 油建工程有限公司液化气球罐内操作平台"4·28"较大坍塌事故是一起生产安全责任事故。

4.6.5　处理意见

1. 建议司法机关追究刑事责任人员

（1）侯某虎，YJ 金属结构厂党委书记、厂长，违规把事故球罐制作、安装工程发包给不具备相应资质的单位；在明知层层转包的情况下允许无任何资质的李某军施工队进行组焊施工；对该厂及项目部隐患排查治理工作不力，特别是省、市政府组织开展的安全生产资质检查专项行动落实不力；任命无安全生产管理资质的人员作为安全员，导致项目部安全管理存在大量漏洞；对现场项目部使用无资质人员搭设组焊用内操作平台、施工现场安全管理混乱、内操作平台施工专项方案存在重大隐患、内操作平台验收不严格且不具备安全生产条件投入使用等失察，对事故发生负有直接责任，建议移交司法机关追究刑事责任。

（2）吴某，SQ 公司法定代表人。利用私人关系、借用资质、违规承揽球形储罐组焊施工工程，违规转包给无任何资质的李某军施工队进行施工，对承揽工程安全生产未做任何管理，对事故发生负有直接责任，建议移交司法机关追究刑事责任。

（3）李某军，施工队长。施工队未取得任何资质组织人员承揽球形储罐组焊施工，使用无资质人员、不按照技术规范搭设内操作平台，内操作平台未经严格验收、不能保证组焊施工人员安全的情况下，违章指挥施工人员进入事故球罐内操作平台施工，对事故发生负有直接责任，建议移交司法机关追究刑事责任。

（4）郑某亮，事故球罐内操作平台搭设施工组织者。组织无脚手架搭设相应资质人员、不按照技术规范搭设内操作平台，致使搭设的内操作平台严重不符合技术规范，在事故球形储罐组焊中倒塌，对事故发生负有直接责任，建议移交司法机关追究刑事责任。

（5）韩某强，YJ金属结构厂现场项目部执行经理。提名、使用无安全生产管理资质的人员担任项目部安全员；允许无任何资质的李某军施工队进行组焊作业；允许无相应资质的内操作平台搭设人员进行脚手架平台搭设；对内操作平台搭设不使用专项方案、搭设不符合技术规范排查治理不力；对内操作平台验收不严格，在内操作平台严重不符合技术规范、不能保证组焊人员安全的情况下，允许投入使用，对事故发生负有直接责任，建议移交司法机关追究刑事责任。

（6）卢某华，YJ金属结构厂WT项目部安全员，无安全生产管理人员资质担任安全员，对无相应资质架子工违规搭设内操作平台未采取有效措施加以制止，对事故内操作平台搭设质量严重不符合技术规范未采取有效措施进行整改，对内操作平台验收不严格，违规允许事故内操作平台投入使用，对事故发生负有直接责任，建议移交司法机关追究刑事责任。

2. 事故相关单位其他人员的处理建议

（1）SL油建公司

1）刘某亮，中共党员，SL油建公司党委副书记、执行董事、总经理。作为公司安全生产第一责任人，未认真履行职责，对本单位安全生产管理工作失察，安全生产主体责任落实不力，对分包商无相应资质、层层转包、无相应资质施工失察；对发生的生产安全事故存有迟报、谎报行为，对事故发生负有重要领导责任。按照《中国共产党纪律处分条例》第一百三十三条，《安全生产领域违法违纪行为政纪处分暂行规定》第十二条、第十三条规定，建议给予党内严重警告、行政降级处分；根据《生产安全事故报告和调查处理条例》（国务院令 第493号）第三十六条规定处以上一年年收入100%的罚款，根据第三十八条规定处以上一年年收入40%的罚款，合并后由东营市安监局处以上一年年收入100%的罚款。

2）叶某东，中共党员，SL油建公司党委书记。对事故发生后的情况了解不够，到医院核实人员伤亡情况不扎实，对发生的生产安全事故存有迟报、谎报行为。按照《中国共产党纪律处分条例》第一百三十三条规定，建议给予党内严重警告处分；根据《生产安全事故报告和调查处理条例》（国务院令 第493号）第三十六条规定，由东营市安监局处以上一年年收入100%的罚款。

3）孙某芬，中共党员，SL油建公司副总经理，分管公司安全生产工作。作为分管安全生产工作副总经理，对公司安全生产管理工作督导、检查不力，问责不及时；事故发生后存在迟报、谎报行为，对事故发生负有主要领导责任。按照《安全生产领域违法违纪行为政纪处分暂行规定》第十三条规定，建议给予行政撤职处分；根据《生产安全事故报告和调查处理条例》（国务院令 第493号）第三十六条规定，由东营市安监局处以上一年年收入100%的罚款。

4）陈某龙，中共党员，SL油建公司副总经理，分管国内项目部、法律事务部。对

YJ 金属结构厂违规分包监督不到位，问责不及时，对事故发生负有重要领导责任。按照《安全生产领域违法违纪行为政纪处分暂行规定》第十二条规定，建议给予行政警告处分。

5) 张某，中共党员，SL 油建公司安全总监兼安全生态环境部主任。对公司安全生态环境部工作监督指导不力；组织、协调公司安全生产管理工作不到位，对事故发生负有重要责任。按照《安全生产领域违法违纪行为政纪处分暂行规定》第十二条规定，建议给予行政记过处分。

6) 李某，中共党员，油建公司法律事务部主任（合同部主任），负责对工程招标、合同签订情况进行审核。对 YJ 金属结构厂违规招标、分包、合同倒签监管不到位，资质审查不认真，对事故发生负有重要责任。按照《安全生产领域违法违纪行为政纪处分暂行规定》第十二条规定，建议给予行政记大过处分。

7) 刘某波，中共党员，油建公司国内项目部主任，负责国内油田外部市场项目的生产管理。对金属结构厂违规将工程分包监督不到位，审核资质不认真，对金属结构厂生产项目未组织检查，监督指导不到位，对事故发生负有重要责任。按照《安全生产领域违法违纪行为政纪处分暂行规定》第十二条规定，建议给予行政记过处分。

8) 罗某强，中共党员，SL 油建公司安全环保部副主任，负责分包商管理、工业安全管理、安全检查工作。对油建公司承包商安全管理不细致，组织检查不到位，监督指导不力，对事故发生负有重要责任。按照《安全生产领域违法违纪行为政纪处分暂行规定》第十二条规定，建议给予行政警告处分。

9) 张某春，中共党员，油建公司质量技术部副主任，主持工作。发现事故项目施工组织设计未按公司规定审批，未及时纠正，对项目施工组织设计审批把关不严，对事故发生负有重要责任。按照《安全生产领域违法违纪行为政纪处分暂行规定》第十二条规定，建议给予行政警告处分。

(2) YJ 金属结构厂

1) 刘某生，中共党员，YJ 金属结构厂党委委员、副厂长兼化建部主任。作为项目部分管领导、项目部主管单位化建部的主要负责人，未按照公司规定组织分包工程招标；制定、审查招标文件、合同不认真，对资质等分包条件要求不明确；对 SQ 公司吴某、高某董借用 LX 公司资质审查把关不严，使 SQ 公司借用 LX 公司资质承接事故球罐组焊作业；允许无任何资质的李某军施工队进行组焊施工；同意使用无安全生产管理资质的人员作为安全员，导致项目部安全管理存在大量漏洞；对项目部隐患排查治理落实不力特别是对省、市政府组织开展的安全生产资质检查专项行动落实不力，无资质人员搭设组焊用内操作平台，施工现场安全管理混乱，内操作平台施工专项方案存在重大隐患，内操作平台验收不严格且不具备安全生产条件投入使用失察，对事故发生负有主要领导责任。按照《安全生产领域违法违纪行为政纪处分暂行规定》第十二条，建议给予行政撤职处分。

2) 迟某国，中共党员，YJ 金属结构厂党委委员、副厂长，分管安全生产。对本单位隐患排查治理工作落实不力，特别是省市政府组织开展的安全生产资质检查专项行动落实不力；发现项目部安全员无相应资质未采取有效措施制止；对无资质人员搭设组焊用内操作平台、施工现场安全管理混乱、内操作平台施工专项方案存在重大隐患、内操作平台验收不严格、不具备安全生产条件投入使用失察，对事故发生负有主要责任。按照《安全生产领域违法违纪行为政纪处分暂行规定》第十二条，建议给予行政降级处分。

3) 薛某喜，中共党员，YJ 金属结构厂主任安全监督，机关党支部委员，负责全厂安全生产工作。对本单位隐患排查治理工作落实不力，特别是省市政府组织开展的安全生产资质检查专项行动落实不力；3 次对 WT 项目部的安全检查，均检查不细、未发现施工现场存在的无资质人员搭设组焊用内操作平台、安全管理混乱，内操作平台施工专项方案存在重大隐患、内操作平台验收不严格、不具备安全生产条件投入使用等安全隐患；发现项目部安全员无相应资质未采取有效措施制止；对现场项目部隐患排查治理落实不力失察，对事故发生负有主要责任。按照《安全生产领域违法违纪行为政纪处分暂行规定》第十二条，建议给予行政撤职处分。

（3）LX 公司

1）卞某君，中共党员，SL 油田 LX 石油工程服务有限责任公司党委委员、董事长兼总经理，负责公司全面工作。违规向 SQ 公司出借资质投标、收取管理费，对承揽工程安全生产未做任何管理，对事故发生负有重要责任。建议由东营市安监局按照《中华人民共和国安全生产法》第八十一条规定，给予其 10 万元罚款。

2）孝某，SL 油田 LX 石油工程服务有限责任公司钢结构公司经理。违规办理公司向 SQ 公司出借资质投标、收取管理费，对事故发生负有重要责任。建议 LX 公司按照内部规定进行处理。

（4）SQ 公司

高某董，SQ 公司雇员。该公司利用私人关系、借用资质、违规承揽球形储罐组焊施工工程的具体实施者，受公司法定代表人吴某委托与 LX 公司签订承包合同，按照吴某的安排违规转包给无任何资质的李某军施工队进行施工，对事故发生负有主要责任。建议 SQ 公司依据内部规定，依法给予其解除劳动关系处理。

（5）WT 集团

1）王某，山东 WTSY 化工集团有限公司党委书记、董事长，山东 WT 集团东营海欣仓储有限公司董事长、总经理。作为 WT 集团和 WT 海欣仓储公司安全生产第一责任人，未将发包的球罐制作、安装工程安全管理工作纳入统一管理，未与承包单位签订安全协议，对外来施工队伍安全生产管理混乱监督、管理不力失察，对 SL 油建公司等单位违规分包转包、不具备相应资质的外来施工队伍违规施工失察，对事故发生负有重要责任。建议由东营市安监局按照《中华人民共和国安全生产法》第八十一条规定，给予其 10 万元罚款。

2）王某锋，山东 WTSY 化工集团有限公司党委副书记、安全部部长。在项目建设安全生产的组织、协调、管理方面工作不到位，对施工现场监督检查不到位，未督促施工方严格执行工程建设程序和国家强制性标准，对事故发生负有重要责任。建议 WT 集团按照内部规定进行处理。

（6）TG 监理公司

1）张某秀，山东 TG 石化设备工程监理有限公司董事长兼总经理，负责公司全面工作。作为企业安全生产第一责任人，未全面履行安全生产管理职责，对公司监理工作督促检查不到位，对事故发生负有重要领导责任。建议由东营市安监局按照《中华人民共和国安全生产法》第八十一条规定，给予其 10 万元罚款。

2）曹某远，山东天工石化设备监理有限公司项目专业监理工程师。未认真履行监理员责任，对球罐项目施工组织设计方案审查不严格、不细致，在脚手架施工方案部分存在重大问题不能够保证安全生产的情况下，未向项目总监理工程师提出处理意见，对事故发生负有重要责任。建议住房和城乡建设部门按照《建设工程安全生产管理条例》(国务院令 第 393 号) 第五十八条规定，给予其责令停止执业 10 个月的处理。

3）王某让，山东 TG 石化设备监理有限公司项目总监理工程师。未认真履行项目监理总监责任，对工程出现的层层转包、多次转包现象监理不到位、不严格，没有及时发现和处理；对球罐项目施工组织设计方案审核不严格、不细致，在内操作平台施工方案部分存在重大问题不能够保证安全生产的情况下，通过球罐项目施工组织设计方案审核，对事故发生负有重要责任。建议住房和城乡建设部门按照《建设工程安全生产管理条例》(国务院令 第 393 号) 第五十八条规定，给予其责令停止执业 10 个月的处理。

（7）监检单位

1）左某杰，中共党员，山东省特种设备检验研究院压力容器检验中心主任。监督指导 WT 集团球罐制造、安装工程监检工作及生产安全工作不到位，对事故发生负有主要领导责任。建议按照干部管理权限，由省特检院按规定给予处理。

2）孙某彬，山东省特种设备检验研究院监检员，负责事故球罐的具体监检。未发现内操作平台搭设等施工人员资质不符合规定要求，对工程非法转包监督不到位；审查施工组织设计方案不认真，致使该工程施工存在重大安全事故隐患。对事故发生负有直接责任。建议按照干部管理权限，由省特检院按规定给予处理。

3. 对监管部门和政府及其有关人员的处理建议

（1）赵某苓，中共党员，东营市质监局党组成员、副局长。安排部署全市特种设备生产企业资质专项检查不到位，对特种设备行业安全生产管理督导不到位，对事故发生负有重要责任。按照《关于对党员领导干部进行诫勉谈话和函询的暂行办法》第三条规定，建议对其进行诫勉谈话。

（2）王某升，中共党员，东营市质监局特种设备科科长。未认真按照有关法律法规履行辖区内特种设备安全监察职责，组织协调全市特种设备生产企业资质专项检查不到位，监督指导不力；对特检院未及时发现施工人员资质不符合规定要求，工程非法进行转包监督不到位；对特种设备行业安全生产管理监督指导不到位，对事故发生负有主要责任。依据《安全生产领域违法违纪行为政纪处分暂行规定》第八条规定，建议给予行政警告处分。

（3）周某东，中共党员，东营区质量技术监督局党组书记、局长。未认真按照有关法律法规履行辖区内特种设备安全监察职责，落实安全生产资质检查专项行动不到位，对辖区内无资质承揽工程、无资质施工监督不力，对事故发生负有主要领导责任。依据《安全生产领域违法违纪行为政纪处分暂行规定》第八条规定，建议给予行政警告处分。

（4）王某田，中共党员，东营区质量技术监督局特检科科长。未认真按照有关法律法规履行辖区内特种设备安全监察职责，落实安全生产资质检查专项行动不到位，对辖区内无资质承揽工程、无资质施工监督不力，对事故发生负有主要责任。依据《安全生产领域违法违纪行为政纪处分暂行规定》第八条规定，建议给予行政记过处分。

（5）赵某才，中共党员，东营区安监局党组书记、局长。督促企业落实安全生产主体责任不到位，对 WT 集团与油建公司未签订安全生产协议监督检查不细致，督促落实区安全生产资质检查专项行动不到位，安全生产综合监管工作不到位。对事故发生负有主要领导责任。依据《安全生产领域违法违纪行为政纪处分暂行规定》第四条规定，建议给予行政警告处分。

（6）生某霄，中共党员，东营区安监局监察大队大队长。督促企业落实安全生产主体责任不到位，对 WT 集团与油建公司未签订安全生产协议审查不细致，督促落实全区安全生产资质检查专项行动不到位，对事故发生负有责任。依据《安全生产领域违法违纪行为政纪处分暂行规定》第四条规定，建议给予行政警告处分。

（7）张某山，中共党员，东营区委常委、区政府副区长，分管安全生产和质量监督的工作。贯彻落实安全生产法律法规政策规定和上级部署要求不到位，对事故发生负有重要领导责任。按照《关于对党员领导干部进行诫勉谈话和函询的暂行办法》第三条规定，建议对其进行诫勉谈话。

（8）东营区人民政府。未完全履行属地安全生产领导责任，组织辖区内开展安全生产大检查和资质检查专项行动不到位，未能督促有关部门依法履行安全生产监督管理职责，建议责成其向东营市人民政府作出深刻检查。

（9）东营市质量技术监督局。安排部署全市特种设备生产企业资质专项检查不到位；对特种设备行业安全生产管理督导不到位，建议责成其向东营市人民政府作出深刻检查。

（10）东营市安全生产监督管理局。作为履行全市安全生产综合监督管理部门，协调指导行业主管部门抓安全工作措施不力，建议责成其向东营市人民政府作出深刻检查。

4. 对相关生产经营单位的处理

（1）根据《生产安全事故报告和调查处理条例》（国务院令 第 493 号）第三十七条的规定，责成东营市安监局对 LX 公司、SQ 公司、TG 监理公司、WT 集团分别处以 30 万元的罚款。

（2）根据《生产安全事故报告和调查处理条例》（国务院令 第 493 号）第三十六条的规定对 SL 油建公司处以 200 万元罚款，根据第二十七条规定对 SL 油建公司处以 50 万元罚款，合并后责成东营市安监局对 SL 油建公司处以 250 万元的罚款。

4.6.6 事故防范和整改措施

1. 生产经营单位要依法经营，切实落实主体责任

SL 油建公司、LX 公司、SQ 公司、WT 集团等生产经营单位要深刻吸取中石化 SL 油建工程有限公司山东 WTSY 化工集团有限公司液化气球罐组焊内操作平台"4·28"较大坍塌事故的沉痛教训，依法生产经营，严格按照许可范围从事生产经营活动，不得出借资质，违规发包、承包和施工。要严格执行压力容器制造、安装的有关法规、标准规范，使用有相应资质的单位和施工人员依法依规施工。要建立健全隐患排查治理制度，落实企业主要负责人的隐患排查治理第一责任，实行谁检查、谁签字、谁负责，做到不打折扣、不留死角、不走过场。要深入开展安全生产资质检查专项行动，防止将工程、施工发包或雇用无相应资质单位、队伍、人员施工；将外来施工队伍纳入本单位安全生产的统一管理，督促施工队伍落实安全生产主体责任。中央企业不管在什么地方，必须依法接受地方的属地监管、行业监管。

2. 主管部门管行业必须管安全，切实落实行业监管责任

市、县两级质监等有关部门，坚持管行业必须管安全、管业务必须管安全、管生产经营必须管安全和"谁发证谁负责"的原则，把安全责任落实到领导、部门和岗位。要严格落实行业监管责任，依法依规，严管严抓。要继续深化省政府组织开展的安全生产资质检查专项行动，并建立长效机制，杜绝不具备相应资质生产经营单位特别是无资质单位的违规生产、施工。县区安监局要切实履行综合监管职能，积极协调、督促有关部门履行职责，为党委、政府当好"防火墙"，为全市经济社会建设营造良好的安全生产环境。

3. 县区政府要严格履行职责，切实落实属地管理责任

东营区等各级政府及其有关市属开发区管委会，要牢固树立科学发展、安全发展理念，把安全生产纳入经济社会发展总体规划，建立健全"党政同责、一岗双责、齐抓共管"的安全生产责任体系。在发展区域经济、加快城乡建设的过程中，要始终坚持安全生产的高标准、严要求，在招商引资、上项目中不能降低安全标准，不能不按相关审批程序搞特事特办，不能违规"一路绿灯"。政府经济建设、企业生产经营与安全生产发生矛盾时，必须服从安全生产需要；所有项目、工程、设备设计、制造、建设、使用必须满足安全规定和条件。各级人民政府要加强本行政区域特种设备安全生产工作的领导，督促有关部门依法履行职责，对本行业连续发生较大事故的实行"一票否决"，防止类似事故发生。

4. 进一步明确职责，切实加强设备安装工程、特种设备制造安装工程领域的安全生产监管

各级政府、安委会及住建、质监等有关部门，要认真按照《中华人民共和国安全生产法》《中华人民共和国建筑法》《中华人民共和国特种设备安全法》及有关法律法规的要求，进一步明确各自对设备安装工程和特种设备制造安装工程领域的安全生产监管职责、责任主体，依法加强监管；要切实加强工程承发包的管理，防止不具备相关资质的单位违法承包；切实加强外来施工队伍的监管，防止类似事故发生。

4.7 事故案例7：河北石家庄HL市政工程有限公司天然气工程"10·18"坍塌事故

2013年10月18日15时30分许，石家庄HL市政工程有限公司在石家庄XA燃气有限公司大安舍路（景源街至汇君城）街区中压天然气工程施工过程中，发生土方坍塌事故，造成两人死亡，直接经济损失约150万元。

4.7.1 基本情况

（1）石家庄HL市政工程有限公司（以下简称HL市政公司）。成立于2005年，营业执照注册号（略），经济类型：私营，公司地址位于石家庄经济技术开发区创业路，法定代表人：李某杰。该公司主要从事机电设备安装、防腐保温工程、建筑材料销售、民用建筑、水电暖安装作业工程、公路路面工程、非开挖铺设地下管线工程。

（2）石家庄XA燃气有限公司（以下简称XA燃气公司）。成立于2002年，营业执照注册号（略），安全生产许可证编号（略），经济类型：中外合资经营，经营地址位于石家庄市高新技术产业开发区黄河大道，法定代表人：杨宇。该公司为石家庄百强企业，注册资金（略），下设 5 个分公司、11 个部（室），员工 1100 人，由河北省天然气、KL 燃气等公司提供天然气气源，进行分销，年销售收入 3 亿元。

（3）工程概况。2013 年 8 月 28 日，XA 燃气公司与 HL 市政公司签订"石家庄大安舍路（景源街至汇君城）街区中压天然气工程，项目定义：XA-52A13Q410G01"，工程内容包括长约 640m、管径 D219 土方开挖、回填、阀门井砌筑及余土外运等全部工程，工程工期 30 天。工程开工后先用钩机作业，当剩余 10 余米时因涉及国防光缆被迫停工，经与有关单位协调于 10 月 18 日复工。

4.7.2　事故情况

1. 事故发生经过

2013 年 10 月 18 日 7 时许，HL 市政公司大安舍路（景源街至汇君城）街区中压天然气工程现场负责人李某浩，安排 6 名工人对剩余 10 余米管道沟进行人工开挖作业，至 15 时 30 分左右，管道沟开挖长度约 10m，宽约 0.7m，深约 1.4m，地面上堆有垃圾土高约 1.0m，总计垂直高度约 2.4m，新开挖的管道沟南侧土方突然坍塌，将正在作业的刘某荣、冯某设两人掩埋。

2. 事故救援过程

事故发生后，现场人员立即组织救援，同时拨打了 120 和 119 急救电话。消防人员赶到后，将刘某荣、冯某设救至地面，120 急救车将两人送往省人民医院，经抢救无效死亡。

4.7.3　事故原因

1. 直接原因

施工现场作业人员违反现行行业标准《建筑基坑支护技术规程》JGJ 120—2012 的有关规定，未进行放坡或支护，在沟两侧近边沿堆土，造成边坡坍塌，是导致该起事故发生的直接原因。

2. 间接原因

（1）HL 市政公司不具备施工的资质和资格。该公司未按照《建设工程安全生产管理条例》（国务院令 第 393 号）第 20 条规定，依法取得相应等级的资质证书，承揽市政基础设施工程建设项目，不具备市政基础设施工程建设施工资质。

（2）HL 市政公司对作业人员安全培训不到位。该公司在天然气管道沟挖掘过程中，当机械作业无法进行，剩余十几米需人工作业时，临时从劳务市场招用人员，未经安全教育和培训便安排人员上岗作业，因工人安全意识淡薄，不具备土方作业安全常识，在施工作业过程中没有认识到现场存在的事故隐患，造成事故发生。

（3）HL 市政公司安全管理制度不落实。该工程在机械作业无法进行后处于停工状态，复工时未经监理方许可擅自组织复工，造成作业过程中缺乏有效的安全监管；作业前现场负责人未认真进行安全技术交底，致使作业人员违反安全管理规定，开挖过程中不进行放坡或支护，在沟两侧近边沿堆放大量土方，致使土体结构受力失衡，南侧大面积坍塌。

（4）HL 市政公司安全管理存在漏洞。在管道沟挖掘作业过程中，李某浩作为现场负责人，未认真履行安全管理职责，早晨开工安排完工作便离开现场，直到 14 时多才返回工地，造成施工现场无人监管、工人违规作业，返回后对现场存在的事故隐患未组织人员及时排除、视而不见，造成事故发生。

（5）XA 燃气公司工程项目管理不严格。在组织大安舍路（景源街至汇君城）街区中压天然气工程施工过程中，认为此项目只是一个 5 万元左右的小工程，工程施工简单，HL 市政公司又是一家多年合作单位，在施工单位资质审核、施工现场管理等各方面都未严格把关，以致把工程项目承包给了不具备施工资质的单位及人员，导致事故发生。

3. 事故性质

这是一起因施工单位违规施工、违章操作、安全生产管理不到位而引发的生产安全责任事故。

4.7.4　处理意见

1. 免于追究责任人员

（1）刘某荣，HL 市政公司职工。未按现行行业标准《建筑基坑支护技术规程》JGJ 120—2012 有关要求对开挖作业进行放坡或支护，导致边坡坍塌，对事故发生负有直接责任。鉴于其在事故中死亡，不再追究责任。

（2）冯某设，HL 市政公司职工。未按现行行业标准《建筑基坑支护技术规程》JGJ 120—2012 有关要求对开挖作业进行放坡或支护，导致边坡坍塌，对事故发生负有直接责任。鉴于其在事故中死亡，不再追究责任。

2. 建议公司内部处理人员

（1）李某浩，大安舍路（景源街至汇君城）街区中压天然气工程施工现场负责人。未认真履行现场安全管理职责，未严格落实安全技术交底制度，对工人违反现行行业标准《建筑基坑支护技术规程》JGJ 120—2012 要求开挖作业，未及时发现和制止，对事故发生负有主要责任。责成 HL 市政公司依照内部规定给予开除，并报石家庄市安全监管局备案。

（2）白某军，大安舍路（景源街至汇君城）街区中压天然气工程项目负责人。未认真履行安全生产管理职责，对现场作业人员违章操作行为未及时发现和制止，对事故发生负有主要责任。责成 HL 市政公司依照内部规定给予开除，并报石家庄市安全监管局备案。

（3）张某伟，XA 燃气公司大安舍路（景源街至汇君城）街区中压天然气工程甲方代表，负责对施工现场工作协调和安全巡查。未认真履行甲方现场代表安全管理职责，协调督导不到位，对事故发生负有管理责任，责成 XA 燃气公司依照内部规定扣除其 2013 年安全风险抵押金 4000 元，留厂察看 6 个月，要求其作出深刻检查并通报批评，报石家庄市安全监管局备案。

（4）李某丽，XA 燃气公司工程管理部副主任，负责审查施工单位的证照资质。在大安舍路（景源街至汇君城）街区中压天然气工程管理工作中，未认真审查 HL 市政公司市政基础设施工程建设施工资质，对事故发生负有主要责任，责成 XA 燃气公司依照内部规定扣除其 2013 年安全风险抵押金 4000 元，留职察看 6 个月，要求其作出深刻检查并通报批评，报石家庄市安全监管局备案。

（5）李某，XA 燃气公司工程管理部主任，负责工程项目管理工作。在大安舍路（景源街至汇君城）街区中压天然气工程管理工作中履职不到位，对事故发生负有管理责任。责成 XA 燃气公司依照内部规定扣除其 2013 年安全风险抵押金 5000 元，留职察看 6 个月，要求其作出深刻检查并通报批评，报石家庄市安全监管局备案。

（6）闫某英，XA 燃气公司总工程师，负责生产、技术及工程，分管公司工程管理部。在大安舍路（景源街至汇君城）街区中压天然气工程管理工作中履职不到位，对事故发生负有领导责任。责成 XA 燃气公司依照内部规定扣除其 2013 年安全风险抵押金 6000 元，留职察看 6 个月，要求其作出深刻检查并通报批评，报石家庄市安全监管局备案。

3. 建议给予行政处罚人员

李某杰，HL 市政公司法定代表人，主持公司全面工作。作为该公司安全生产工作第一责任人，未认真履行安全生产管理职责，对事故发生负有领导责任。其行为已经违反了《中华人民共和国安全生产法》第十七条第（四）款的规定。建议由石家庄市安全生产监督管理局依据《生产安全事故报告和调查处理条例》第三十八条第（一）款的规定，对李某杰处上一年年收入 30％的罚款，计人民币 1.2 万元。

4. 对事故责任单位的行政处罚建议

HL 市政公司。未依法履行安全生产主体责任，对职工安全培训及现场安全管理不到位，致使工人安全意识淡薄违章作业，对事故发生负有责任。依据《生产安全事故报告和调查处理条例》第三十七条第（一）款规定，建议由石家庄市安全监管局处 15 万元的罚款。

4.7.5　事故防范和整改措施

（1）责令 XA 燃气公司将 HL 市政公司清出石家庄 XA 燃气有限公司大安舍路（景源街至汇君城）街区中压天然气工程。严格按照工程招标程序，重新选择具备资质的施工单位完成该工程剩余施工项目。

（2）XA 燃气公司要严格工程项目招标投标管理，严格审查工程项目施工单位资质条件和人员资格，加强对各施工现场的安全管控，防止事故发生。

第 5 章

机械伤害典型事故

5.1 事故案例 1：BBR 机电有限公司 "7·4" 天然气管道工程机械伤害事故

2018 年 7 月 4 日 16 时 30 分左右，赵某民班组在 BBR 机电有限公司天然气管道施工过程中，违反磨光机安全操作规程，发生安全事故造成焊工刘某永背部割裂伤，后送就近医院住院治疗，现已出院在家休养。

5.1.1 事故经过

赵某民在磨光机电源开关处于开启状态时，未经检查，直接接通电源，磨光机运转，造成自己措手不及，磨光机从手中掉落在近处刘某永背部上，造成刘某永背部 10 余厘米长的割裂伤，采取压迫止血法后用汽车送伤者至医院住院治疗。

5.1.2 事故原因

（1）员工安全意识的松懈。
（2）违反手持式电动工具的安全操作规程。

5.1.3 伤亡情况

（1）刘某永受伤损失工作日 27d，属轻伤。
（2）直接经济损失：21160 元。

5.1.4 事故防范和整改措施

（1）所有设备和电动工具在使用前，必须认真检查，确保完好无误后，才能使用。
（2）严格遵守设备机具的安全操作规程。
（3）发生事故后，及时向公司汇报并正确抢救受伤人员。
（4）对设备机具进行一次全面检查，不完好的设备一律停止使用并送交物资供应部处理，对存在瑕疵的设备待修理好后再使用。

5.1.5　处理意见

（1）赵某民违反操作规程，造成他人伤害，是发生事故的主要责任人，依据《员工手册》施工现场安全生产奖惩制度相关规定，酌情处罚人民币 500 元，当月员工考核 C，罚款在当月奖金中扣除。

（2）杨某在停用磨光机后，不关闭开关，违反操作规程，是发生事故的次要责任人，依据《员工手册》施工现场安全生产奖励制度相关规定，当月员工考核 C。

（3）所有员工务必深刻吸取事故教训，举一反三，认真落实安全管理要求，绷紧安全警钟这根弦。

5.2　事故案例 2：新疆乌鲁木齐 SH 分公司"11·30"机械伤害事故

2017 年 11 月 30 日 12 时 20 分，中国 SY 天然气股份有限公司乌鲁木齐 SH 分公司（以下简称"乌鲁木齐 SH 公司"）炼油厂二车间重油催化裂化装置（以下简称"重催装置"）在进行 E2208/2 油浆蒸汽发生器检修时发生管束突出导致的机械伤害事故，造成 5 人死亡、2 人重伤、14 人轻伤，直接经济损失 644.52 万元。

5.2.1　基本情况

1. 事故发生单位情况

（1）乌鲁木齐 SH 公司。前身为乌鲁木齐 SY 化工总厂，于 1975 年建厂，当时隶属于原石油化学工业部。1999 年 6 月，乌鲁木齐 SY 化工总厂作为中国 SY 天然气集团公司首批改制试点企业之一，重组成立了乌鲁木齐 SH 公司和乌鲁木齐 SY 化工总厂，分别从事石油炼化主业和后勤服务。2007 年 1 月，两个企业合并为乌鲁木齐 SH 公司。该公司是中国 SY 天然气股份有限公司全资了公司，负责人：王红晨，类型：股份有限公司分公司，统一社会信用代码（略），公司地址：新疆乌鲁木齐市米东区大庆路某号。安全生产许可证编号（略），有效期至 2019 年 12 月 20 日，发证机关：新疆维吾尔自治区安全监管局，许可范围：汽油 127 万 t/年、柴油 376 万 t/年、液化石油气 21 万 t/年、煤油（喷气燃料、航空煤油）20 万 t/年、对二甲苯 80 万 t/年等。现有 13 个职能部门，8 个机关附属机构，工程管理部等 7 个直属机构，炼油厂、化肥厂、化纤厂、热电厂等 21 个二级单位及矿区服务事业部。

炼油厂是乌鲁木齐 SH 公司二级单位，有常减压、催化裂化、催化重整、加氢裂化、延迟焦化、对二甲苯等生产装置 34 套，具备 1000 万 t/年的原油一次加工能力，100 万 t/年的对二甲苯生产能力。

（2）乌鲁木齐 SH 设备安装有限责任公司（以下简称"设备安装公司"）。成立于 2002 年 7 月，是乌鲁木齐 SH 公司的二级单位，统一社会信用代码：（略），法定代表人：邓某章，公司地址：新疆乌鲁木齐市米东区大庆路某号，注册资本（略），经济类型：全民所有制，独立法人模式运行，经营范围：石油化工设备的安装及维修等。2015 年 7 月 8 日取得国家质量监督检验检疫总局核发的压力管道特种设备安装改造维修许可证，编号

（略），有效期至 2019 年 6 月 22 日。2016 年 8 月 4 日取得自治区住房和城乡建设厅核发的建筑业企业资质证书，证书编号（略），资质类别及等级：石油化工工程施工总承包贰级。2017 年 3 月 22 日取得自治区住房和城乡建设厅核发的安全生产许可证，证号（略），有效期至 2020 年 4 月 14 日。

（3）昌吉州 XZ 工业设备安装有限公司（以下简称"昌吉 XZ 公司"）。成立于 2000 年 8 月，法定代表人：周某江，类型：有限公司，统一社会信用代码（略），公司地址：新疆昌吉州昌吉市乌伊东路某号，注册资本（略），经营范围：压力管道的安装 GB 类（GB1 级、GB2 级）、GC 类（GC2、GC3 级）；锅炉的安装、改造（2 级）；机电设备安装工程专业承包叁级；热力生产和供应、工业设备清洗及防腐保温；通用设备修理、专用设备修理。2014 年 7 月取得自治区质量技术监督局核发的锅炉安装、改造维修许可证，证号（略），有效期至 2018 年 7 月 23 日。2016 年 1 月 26 日取得昌吉回族自治州住房和城乡建设局核发的建筑业企业资质证书，证书编号（略），资质类别及等级：建筑机电安装工程专业承包叁级，有效期至 2021 年 1 月 26 日。2017 年 4 月 15 日取得自治区住房和城乡建设厅核发的安全生产许可证，证号（略），有效期至 2020 年 4 月 14 日。2016 年 11 月 25 日取得自治区质量技术监督局核发的压力管道安装改造维修许可证，证号（略），有效期至 2020 年 8 月 14 日。

2017 年 1 月 1 日，昌吉 XZ 公司出具《法人授权委托书》，委托严某宇以昌吉 XZ 公司的名义参加设备安装公司的入网、投标、开标、签订合同（含劳务合同）、生产施工、预结算等活动。4 月 30 日，严某宇代表昌吉 XZ 公司与设备安装公司签订《设备安装公司检维修项目框架协议》（以下简称《框架协议》），项目名称：2017～2018 年检维修项目安装部分（框架）项目，有效期至 2018 年 4 月 30 日前。《框架协议》规定设备安装公司在框架协议范围及时间内，向昌吉 XZ 公司确定检维修项目内容及具体数量，并由双方在每一批次检维修结算合同中进行约定。双方签订《框架协议》后，设备安装公司将昌吉 XZ 公司作为其一个施工班组，称为"严某宇班"，承担检维修作业。

2. 重催装置及 E2208/2 油浆蒸汽发生器相关情况

重催装置于 1996 年 4 月 30 日投料试车，原设计加工能力为 120 万 t/年。2016 年 10 月，乌鲁木齐 SH 公司对该装置的反应再生部分、油浆系统等进行了改造，加工能力提升至 150 万 t/年。

E2208/2 油浆蒸汽发生器是重催装置蒸汽发生装置之一，为管壳式油浆蒸汽发生器，管程操作介质为油浆，最高工作压力 1.44MPa，进出口温度分别为 350℃ 和 265℃；壳程介质为饱和水蒸气和水，最高工作压力 4.58MPa，工作温度 259.8℃，换热面积 $666m^2$，全容积 $48.6m^3$，管束直径 1.5m，设备总长度 12.72m。该设备的主要作用是利用油浆温度加热除氧水，产生 3.5MPa 蒸汽。

5.2.2　事故情况

1. 事故发生经过

2017 年 10 月 26 日至 11 月 22 日，乌鲁木齐 SH 公司重催装置进行窗口检修。恢复生产后，重催装置油浆系统出现固体含量偏高的情况。经对工艺和设备进行分析，重催装置沉降器分离存在故障，造成油浆系统固体含量偏高。

11月27日18时，为解决油浆系统固体含量偏高的问题，乌鲁木齐SH公司生产调度处在炼油厂召开重催装置停工紧急会议。会上，总经理王某晨决定11月28日11时起对重催装置进行停车检修，检修时间为11月28日至12月5日。21时，机动设备处检维修管理科科长孔某军组织炼油厂相关人员对二车间编制的《乌鲁木齐SH公司炼油厂2017年重催装置抢修计划》（以下简称《抢修计划》）进行审查，并于11月28日21时40分经机动设备处副处长黄某东批准通过，检修项目共27项，包括对E2208/2油浆蒸汽发生器管束进行清洗。23时，生产技术处副处长蔡某军组织相关部门对二车间编制的《乌鲁木齐SH公司炼油厂重催装置停工方案》（以下简称《停工方案》）和《乌鲁木齐SH公司重催装置停工防冻方案》（以下简称《防冻方案》）进行评审并通过。

11月28日10时，炼油厂向设备安装公司下达《抢修计划》。12时30分，设备安装公司生产科调度员孟某峰组织施工班组召开抢修计划评审会，启动重催装置抢修计划并对检修任务进行分解，其中E2208/2油浆蒸汽发生器检修施工由严某宇班承接。14时18分，孟某峰向严某宇班下达E2208/2油浆蒸汽发生器检修任务，并就任务量、工时、设备材料等情况进行交底。严某宇班根据检修任务制作《设备安装公司（E2208/2换热器检修-现场试压）施工作业卡》（以下简称《施工作业卡》）。《施工作业卡》经设备安装公司技术质量科技术员陈某国和炼油厂二车间设备技术员魏某审核签字。21时40分，依据乌鲁木齐SH公司《检维修服务承包协议》中优先安排设备安装公司条款，机动设备处向设备安装公司下达《零星维修（抢修）项目外委审批单》，委托设备安装公司承接重催装置检修工作。

11月28日11时起，为了满足重催装置检修条件，炼油厂进行物料平衡。12时40分，生产系统物料达到平衡后，重催装置切断进料，油浆系统开始退油。18时，二车间生产副主任高某鹏安排关闭油浆蒸汽发生器进水阀及壳程顶部蒸汽与3.9MPa系统蒸汽并网线连接阀门，关小蒸汽并网阀旁通阀由蒸汽对油浆蒸汽发生器做防冻处理，并打开油浆蒸汽发生器顶部蒸汽放空阀、底部凝液泄放阀，进行油浆蒸汽发生器壳体放水及泄压。DCS显示11月28日20时5分E2208/2油浆蒸汽发生器液位从55%下降至0，壳程压力由3.7MPa（18时）降低至0.32MPa（22时），并持续至11月29日7时。

19时，乌鲁木齐SH公司炼油厂召开重催装置抢修协调会，对需要关注和协调解决的问题提出解决方案和落实单位，会上提议用油浆蒸汽发生器通入的蒸汽热量对封头螺栓进行加热拆卸。20时6分，炼油厂机动科副科长张某渤安排余某刚落实利用油浆蒸汽发生器通入的蒸汽热量进行拆卸封头螺栓事宜。余某刚回复张某渤目前油浆线已退油但未吹扫，蒸汽系统正在泄压。张某渤回复余某刚可按"隔一根螺栓拆一根螺栓"的方式进行油浆蒸汽发生器封头螺栓拆卸。余某刚就拆卸方式向魏某进行交代。

22时32分，魏某要求严某宇班技术员罗某安排施工人员进行试拆。11月29日0时，严某宇班施工人员何某强对E2208/2油浆蒸汽发生器封头螺栓进行试拆，无法拆卸。

11月29日7时，二车间生产副主任高某鹏在巡检时，发现E2208/2油浆蒸汽发生器底部放空线进常压水箱换热器振动声比较大，安排班组操作工马某龙关小底部放空阀，E2208/2油浆蒸汽发生器壳程压力增高。DCS显示11月29日E2208/2油浆蒸汽发生器壳程压力从7时起开始升高，由0.32MPa上升至1.3MPa，并持续至11月30日0时。

9时，罗某通知马某客等施工人员对E2208/2油浆蒸汽发生器封头螺栓进行拆卸。9

时 40 分，马某客向魏某申请办理《乌鲁木齐 SH 公司工作作业许可证》《高处作业许可证》《临时用电许可证》和《工作前安全分析确认表》，魏某填写上述表格后，由马某客在申请人处签字，作业内容为 E2208/2 检修、拆打盲板、拆装管箱、抽装管束，作业时间为 2017 年 11 月 29 日 10 时至 18 时，安全确认内容包括切断工艺流程。二车间交接班会和晨会后，魏某分别找二车间工艺技术员铁某龙、安全员刘某江在上述票证上签字，因铁某龙请假，由二车间抽调人员、铁某龙的助手邹某靖代铁某龙签字。10 时，余某刚在上述票证上签字批准，二车间白班班长郭某及监护人卡某也在上述票证上签字。魏某、邹某靖、刘某江、余某刚、郭某均未按照炼油厂《作业许可证管理标准》到现场进行安全确认即签字。

因重催装置油浆系统堵塞，无法在油浆线安装盲板，魏某告诉马某客不能施工。严某宇班施工人员返回住所。

15 时 40 分，马某客打电话询问魏某能否进行 E2208/2 油浆蒸汽发生器封头螺栓拆卸。魏某答复可以进行作业，并要求隔一个螺栓拆一个螺栓。拆卸螺栓前，严某宇班施工人员马某客、李某奎、王某胜、董某勇、严某浩、何某强、盛某明、刘某明、何某国、刘某全和魏某在《工作前安全分析确认表》上签字确认，签字确认内容包括切断工艺流程。

17 时，马某客等人开始使用乙炔火焰烤螺栓方式拆卸 E2208/2 油浆蒸汽发生器封头螺栓。在拆卸过程中，罗某向魏某反映隔一个螺栓拆一个螺栓太慢了，能否隔一个螺栓拆两个螺栓，魏某未同意。

18 时，马某客申请办理《乌鲁木齐 SH 公司工作作业许可证》延期，延期时间为 2017 年 11 月 29 日 18 时至 2017 年 11 月 30 日 18 时，高某鹏未组织现场安全确认即批准。

21 时 45 分许，魏某到 E2208/2 油浆蒸汽发生器检修施工现场发现严某宇班没有按照隔一个螺栓拆一个螺栓的方式进行封头螺栓拆卸，立即询问罗某，罗某回答已经没有压力了，魏某现场没有检查 E2208/2 油浆蒸汽发生器壳程压力表，而是检查管程压力表，读数为零。10 时 30 分，二车间夜班班长王某鑫及监护人李某在《乌鲁木齐 SH 公司工作作业许可证》等票证上签字确认。23 时 20 分，马某客等人停止拆卸，共拆卸 48 根螺栓，剩余 8 根螺栓。

11 月 30 日 0 时 30 分，高某鹏巡检时，听到 E2208/2 油浆蒸汽发生器底部放空线进常压水箱换热器振动声比较大，安排班组操作工李华关小底部放空阀，E2208/2 油浆蒸汽发生器壳程压力进一步增高。DCS 显示 E2208/2 油浆蒸汽发生器壳程压力从 0 时 30 分开始上升，最高上升至 2.2MPa，并持续至事故发生。

10 时 30 分，魏某在二车间外操室找当班班长杨某江在《乌鲁木齐 SH 公司工作作业许可证》和《工作前安全分析确认表》上签字，杨某江签字后安排当班操作工秦某瀚在"监护人"一栏中签字。杨某江、秦某瀚均未到现场进行安全确认即签字。之后，杨某江安排当班操作工黄某为监护人，负责 E2208/2 油浆蒸汽发生器检修作业现场监护。

10 时 40 分，严某宇在现场布置当日作业任务，罗某按照《施工作业卡》对施工人员进行了工作交底，未进行安全确认即安排开始作业，在现场的魏某未表示反对。

11 时 10 分，严某宇班施工人员开始油浆线盲板安装作业，在 E2208/2 油浆蒸汽发生器管程油浆线进口、出口阀门各安装一块盲板，退油线、冲洗油线各安装一块盲板。

10 时至 12 时期间，设备安装公司经理邓某章、副经理周某强、生产科科长周某敏、生产科副科长蒋某峰、技术质量科科长薛某、安全环保科副科长姜某明等人陆续赶到 E2208/2 油浆蒸汽发生器检修现场,均未提出安全要求。

12 时 10 分,严某宇班施工人员继续拆卸 E2208/2 油浆蒸汽发生器封头螺栓。12 时 20 分,拆到剩余 5 根螺栓时,E2208/2 油浆蒸汽发生器管束与封头共同飞出,将现场人员冲击倒地,造成 5 人死亡、2 人重伤、14 人轻伤。

2. 事故应急救援情况

接到事故报告后,自治区党委常委、乌鲁木齐市委书记徐某、自治区副主席赵某第一时间赶赴事故现场,指挥事故应急救援,到医院看望受伤人员,要求乌鲁木齐 SH 公司妥善做好事故善后处置工作。自治区安全监管局局长盛某带领有关处室人员赶赴事故现场,督促乌鲁木齐 SH 公司做好现场处置,防止发生衍生事故。乌鲁木齐市及米东区主要领导赶赴事故现场协调救援,做好伤员救治,将 2 名重伤人员分别送往自治区人民医院和新疆医科大学第一附属医院救治,14 名轻伤人员送往乌鲁木齐石化医院救治。

5.2.3 伤亡情况

(1)伤亡人员情况:事故共造成 5 人死亡、2 人重伤、14 人轻伤。

(2)直接经济损失:共计 644.52 万元(医疗费用 36.44 万元;丧葬及抚恤费用 211.92 万元;工伤赔付、陪护费用、补助及救济费用 336.16 万元;固定资产损失 60 万元)。

5.2.4 事故原因

1. 直接原因

设备安装公司施工人员带压拆卸 E2208/2 油浆蒸汽发生器壳体与管箱的连接螺栓,螺栓断裂失效,管箱与管束突出。

2. 间接原因

(1)乌鲁木齐 SH 公司炼油厂二车间相关技术人员和当班班长未按炼油厂企业标准《作业许可证管理标准》Q/SY WH L 4236—2017 的要求进行现场安全确认;设备安装公司施工人员在作业前没有最后确认 E2208/2 油浆蒸汽发生器壳程压力。

(2)乌鲁木齐 SH 公司炼油厂二车间编制的《停工方案》和《防冻方案》对 E2208/2 油浆蒸汽发生器进行防冻处理后蒸汽压力的处理没有明确要求;炼油厂组织的评审没有发现方案的缺陷,未预见油浆蒸汽发生器防冻处理如果留有压力给检修作业带来的风险。

(3)炼油厂和设备安装公司监督检查不力,未督促员工严格落实作业许可等管理标准和工作制度,未及时纠正技术人员和现场操作人员的习惯性违章操作。

(4)乌鲁木齐 SH 公司对重催装置停工检修仓促,没有按照先制定抢修后制定停工方案的原则组织停工检修,工艺、设备部门衔接不到位,为 E2208/2 油浆蒸汽发生器检修埋下安全隐患。

(5)乌鲁木齐 SH 公司监督检查不到位,未发现二级单位和车间执行公司管理标准和工作制度中存在的问题,在组织的评审中未及时发现《停工方案》和《防冻方案》中存在的问题。

(6)乌鲁木齐 SH 公司对检维修承包商监督管理不到位,未对检维修作业过程实施有效监督；对设备安装公司在昌吉 XZ 公司的日常管理中规避乌鲁木齐 SH 公司的管理规定，以包代管的行为缺乏有效监督。

3. 事故性质

经调查认定，乌鲁木齐 SH 公司"11·30"管束突出机械伤害事故是一起较大安全生产责任事故。

5.2.5　处理意见

经征得自治区纪委、监委同意，对事故处理提出如下建议：

1. 免予追究责任人员

李某奎、何某强、董某勇、王某胜、刘某全，设备安装公司严某宇班施工人员，没有进行安全确认即在《工作前安全分析确认表》上签字，没有对 E2208/2 油浆蒸汽发生器壳程压力进行最后确认，带压拆卸 E2208/2 油浆蒸汽发生器壳体与管箱的连接螺栓，导致事故发生，对事故的发生负有直接责任，鉴于已在事故中死亡，免予追究责任。

2. 建议移送司法机关追究刑事责任人员

（1）严某宇，昌吉 XZ 公司授权负责人、设备安装公司严某宇班负责人，作为班组负责人未严格执行检维修作业规程和督促施工人员严格执行施工作业规定，导致事故发生，涉嫌犯罪，建议司法机关依法追究其刑事责任。

（2）罗某，昌吉 XZ 公司员工、设备安装公司严某宇班技术员，作为班组技术员未严格执行检维修作业规程和督促施工人员严格执行施工作业规定，导致事故发生，涉嫌犯罪，建议司法机关依法追究其刑事责任。

（3）魏某，乌鲁木齐 SH 公司炼油厂二车间设备技术员，作为二车间设备技术员未严格执行作业许可管理规定，不进行现场确认，导致事故发生，涉嫌犯罪，建议司法机关依法追究其刑事责任。

（4）高某鹏，乌鲁木齐 SH 公司炼油厂二车间生产副主任，作为生产副主任不履行职责，安排工艺操作致使装置压力增高，未落实安全交底，导致事故发生，涉嫌犯罪，建议司法机关依法追究其刑事责任。

（5）杨某江，乌鲁木齐 SH 公司炼油厂二车间班长，作为二车间班长未严格执行作业许可管理规定，不进行现场确认，导致事故发生，涉嫌犯罪，建议司法机关依法追究其刑事责任。

3. 建议给予党纪、政纪处分人员

依据《中国共产党纪律处分条例》《中国共产党问责条例》《安全生产领域违法违纪行为政纪处分暂行规定》等规定，建议给予以下 27 名责任人员相应的党纪政纪处分：

（1）王某晨，中共党员，乌鲁木齐 SH 公司总经理、党委副书记，建议给予其党内警告处分、行政记过处分。

（2）张某，中共党员，乌鲁木齐 SH 公司党委书记、副总经理，建议给予其党内警告处分、行政记过处分。

（3）钟某华，中共党员，乌鲁木齐 SH 公司副总经理，建议给予其党内严重警告处分、行政记大过处分。

（4）李某，中共党员，乌鲁木齐 SH 公司炼油厂厂长，事故发生时为乌鲁木齐 SH 公司安全副总监,建议给予其党内警告处分、行政记过处分。

(5)宁某道,中共党员,乌鲁木齐SH公司质量安全环保处处长,建议给予其党内警告处分、行政记过处分。

(6)蔡某军,中共党员,乌鲁木齐SH公司生产技术处副处长,建议给予其党内警告处分、行政记过处分。

(7)黄某东,中共党员,乌鲁木齐SH公司机动设备处副处长,建议给予其党内警告处分、行政记过处分。

(8)孔某军,中共党员,乌鲁木齐SH公司机动设备处检维修管理科科长,建议给予其党内警告处分、行政记过处分。

(9)杜某强,中共党员,乌鲁木齐SH公司炼油厂原厂长(2017年12月免职),建议给予其党内严重警告处分、行政记大过处分。

(10)许某铭,中共党员,乌鲁木齐SH公司炼油厂生产副厂长,建议给予其党内警告处分、行政记过处分。

(11)李某国,中共党员,乌鲁木齐SH公司炼油厂安全副总监,建议给予其党内严重警告处分、行政记大过处分。

(12)殷某国,中共党员,乌鲁木齐SH公司炼油厂工艺副总工程师,建议给予其党内警告处分、行政记过处分。

(13)马某君,中共党员,乌鲁木齐SH公司炼油厂设备副总工程师,建议给予其党内警告处分、行政记过处分。

(14)陈某,中共党员,乌鲁木齐SH公司炼油厂安全环保科科长,建议给予其党内严重警告处分、行政记大过处分。

(15)吴某山,中共党员,乌鲁木齐SH公司炼油厂机动科科长,建议给予其党内严重警告处分、行政记大过处分。

(16)魏某强,中共党员,乌鲁木齐SH公司炼油厂技术科科长兼乌鲁木齐SH公司生产技术处生产运行科科长,建议给予其党内警告处分、行政记过处分。

(17)张某渤,中共党员,乌鲁木齐SH公司炼油厂机动科副科长,建议给予其党内严重警告处分、行政记大过处分。

(18)战某强,中共党员,乌鲁木齐SH公司炼油厂二车间主任,建议给予其撤销党内职务处分、行政撤职处分。

(19)余某刚,群众,乌鲁木齐SH公司炼油厂二车间设备副主任,建议给予其行政撤职处分。

(20)邓某章,中共党员,设备安装公司经理,建议给予其党内严重警告处分、行政记大过处分。

(21)周某强,中共党员,设备安装公司副经理、安全总监,建议给予其撤销党内职务处分、行政撤职处分。

(22)周某敏,中共党员,设备安装公司生产科科长,建议给予其党内警告处分、行政记过处分。

(23)薛某,中共党员,设备安装公司技术质量科科长,建议给予其党内警告处分、行政记过处分。

（24）蒋某峰，中共党员，设备安装公司生产调度科副科长，建议给予其党内严重警告处分、行政记大过处分。

（25）姜某明，中共党员，乌鲁木齐 SH 公司工程管理部副经理同时借调到设备安装公司任安全环保科副科长，建议给予其党内严重警告处分、行政记大过处分。

（26）范某，中共党员，乌鲁木齐市米东区委常委、副区长，建议由乌鲁木齐市委要求其作出深刻检查。

（27）白某，中共党员，乌鲁木齐市米东区安全监管局党组书记、副局长，建议由米东区委对其进行诫勉谈话。

4. 对事故责任单位的处理建议

（1）责成乌鲁木齐 SH 公司向自治区党委、自治区人民政府作出深刻检查。

（2）责成乌鲁木齐市米东区安全监管局向米东区委、区政府作出深刻检查。

5. 对事故单位及其相关责任人员的处罚建议

（1）依据《中华人民共和国安全生产法》第一百零九条第（二）款规定，建议对乌鲁木齐 SH 公司、设备安装公司、昌吉 XZ 公司各处以 100 万元的罚款。

（2）依据《中华人民共和国安全生产法》第九十二条第（三）款规定，建议对乌鲁木齐 SH 公司总经理王某晨、设备安装公司总经理邓某章，昌吉 XZ 公司法定代表人、总经理周某江分别处以 2016 年度年收入 40% 的罚款。

（3）依据《国家安全监管总局关于印发〈对安全生产领域失信行为开展联合惩戒的实施办法〉的通知》（安监总办〔2017〕49 号）和《自治区安全监管系统安全生产执法行为信息记录、公开和安全生产违法行为公示管理办法》（新安监政法〔2016〕118 号）规定，建议将乌鲁木齐 SH 公司、设备安装公司、昌吉 XZ 公司纳入安全生产不良记录"黑名单"管理，及时将相关信息推送至社会信用信息共享交换平台，实施多部门联合惩戒。

（4）建议乌鲁木齐 SH 公司将昌吉 XZ 公司清理出乌鲁木齐 SH 公司检维修队伍。

5.2.6　事故防范和整改措施

针对这起事故中乌鲁木齐 SH 公司暴露出来的突出问题，为深刻吸取事故教训，有效防范类似事故重复发生，提出以下措施建议：

（1）乌鲁木齐市人民政府及其有关部门要认真深刻吸取中石油乌鲁木齐 SH 公司"11·30"事故教训，深入贯彻落实习近平总书记关于安全生产工作的重要批示指示精神，牢固树立安全发展理念，认真依法履行安全监管职责，督促化工企业要严格安全管理，按照国家有关法规标准的规定，开展危险有害因素识别和风险评估，严格执行安全技术规程，确保各项安全防范措施落实到位，强化安全生产执法检查工作，严厉打击安全生产违法违规行为，强化事故防控体系建设，加大风险分级管控和隐患排查治理工作力度，确保生产经营单位各项活动安全、规范和有序。

（2）乌鲁木齐 SH 公司要深刻反思近年来连续发生的事故教训，认真分析公司安全生产薄弱环节，严格落实"党政同责、一岗双责、齐抓共管、失职追责"的安全生产责任体系，切实落实安全生产主体责任，把安全生产与生产经营实际结合起来，强化安全生产防控体系建设，加强隐患排查治理，提升安全生产保障能力，加强从业人员培训教育，提高从业人员安全技能，保证公司安全生产管理水平不退步。

（3）乌鲁木齐 SH 公司要坚持问题导向，进一步评估工艺运行与检维修作业的操作规程和标准规范执行情况，做好问题整改，优化作业流程，做到标准化作业，安全确认无遗漏；强化现行国家标准《化学品生产单位特殊作业安全规范》GB 30871—2014 的执行，规范特殊作业安全许可程序，严格作业票的会签、审批和管理，明确特殊作业许可证签发人、监护人员、许可证签发人的职责、范围和要求，禁止出现个人违章指挥、违规操作的行为；加强操作人员安全管理，增强履职尽责的自觉性，打通安全管理的"最后一公里"，严禁违规简化和减少操作；进一步优化技术方案审查方式，明确不同层级审查内容和重点，将技术方案与检维修作业等相关工作紧密结合，充分考虑安全风险，做到衔接无缝隙和安全作业。

（4）乌鲁木齐 SH 公司要切实加强承包商管理，建立合格的危险化学品特殊作业施工队伍名录和档案，严格承包商准入制度，选择具备相应资质、安全业绩好的施工队伍承担检维修、特殊作业等任务，严禁以包代管。

第 6 章

触电典型事故

6.1 事故案例 1：浙江慈溪市江苏 BR 设备安装工程有限公司 "8·29" 触电事故

2017 年 8 月 29 日 15 时 50 分左右，江苏 BR 设备安装工程有限公司位于附海镇宁波 SST 电器有限公司一管道安装现场发生一起触电事故，造成 1 人死亡，直接经济损失约 80 万元。

6.1.1 基本情况

1. 江苏 BR 设备安装工程有限公司

江苏 BR 设备安装工程有限公司（以下简称 BR 公司）系有限责任公司。统一社会信用代码（略）。法定代表人：封某志。员工：约 20 人。住所：徐州市鼓楼区殷庄社区红星大道北侧琵琶街坊中心综合楼 4 号（琵琶街坊中心农贸市场）。注册资本（略）。经营范围：机电设备安装工程、管道安装工程、房屋建筑工程、防腐保温工程、土石方工程、钢结构工程、环保设备工程、室内外装饰工程施工；锅炉安装、维修；工程机械设备租赁。（依法须经批准的项目，经相关部门批准后方可开展经营活动）。营业期限：2015 年 05 月 12 日至 2035 年 05 月 11 日。

2. 慈溪 HC 天然气管网建设管理有限公司

慈溪 HC 天然气管网建设管理有限公司（以下简称 HC 公司）系有限责任公司。统一社会信用代码（略）。法定代表人：章某祥。住所：浙江省慈溪市慈东滨海区东发路某号。注册资本（略）。经营范围：城镇管道天然气供应；天然气管网建设的管理；燃气设施的安装、维护；燃气器具的安装、维修、销售；燃气管道工程的设计、安装、施工、维修。营业期限：2009 年 12 月 16 日至 2029 年 12 月 15 日。

3. 宁波 SST 电器有限公司

宁波 SST 电器有限公司（以下简称 SST 公司）系有限责任公司。统一社会信用代码（略）。法定代表人：霍某恩。住所：慈溪市附海镇工业开发区。注册资本（略）。经营范围：家用电器、电器配件、电子元件、塑料制品、五金配件制造、加工；自营和代理货物和技术的进出口，但国家限定经营或禁止进出口的货物和技术除外。营业期限：2003 年 1

月 13 日至 2033 年 1 月 12 日。

4. DH 工程管理（集团）有限公司

DH 工程管理（集团）有限公司（以下简称 DH 公司）系其他有限责任公司。统一社会信用代码（略）。法定代表人：杜某林。住所：北京市海淀区学院路志新路某号。注册资本（略）。经营范围：工程咨询；工程监理；工程项目管理；工程招标投标代理。（依法须经批准的项目，经相关部门批准后依批准的内容开展经营活动）。营业期限：2000 年 1 月 21 日至 2020 年 1 月 20 日。

5. 合同情况

（1）供用燃气合同

2017 年 6 月 27 日，SST 公司（用气人）与 HC 公司（供气人）签订供用燃气合同，明确了用气地址、种类、性质、用气量、燃气表流量、供应时间、用气价格等内容。

（2）施工合同

2017 年 6 月 27 日，SST 公司（建设单位）与 HC 公司（施工单位）签订施工协议，明确了双方权利义务。工程名称：宁波 SST 电器有限公司天然气利用工程。其中，第四条"双方的责任和义务"明确了安全责任。

（3）燃气管道安装施工承包合同

2017 年 3 月 1 日，HC 公司（发包方）与 BR 公司（承包方）签订了燃气管道安装施工承包合同（年度合同）。承包范围：HC 公司 2017 年 3 月 1 日至 2018 年 2 月 28 日发包人所指定的燃气利用工程。工程价：以每次洽谈为准，一次性包干。其中，《工程安全施工协议》明确了安全责任。

（4）劳动合同

2017 年 6 月 1 日，BR 公司与腾某牙［云南省德宏傣族景颇族自治州芒市风平镇遮晏村民委员会芒老村民小组人，身份证号（略）］签订了劳动合同，明确了双方权利义务等基本内容。期限：2017 年 6 月 1 日至 2017 年 12 月 31 日。

（5）监理合同

2017 年 3 月 20 日左右，HC 公司（委托人）与 DH 公司（监理人）签订了工程施工监理合同（年度合同）。监理期限：2017 年 3 月 20 日至 2018 年 3 月 19 日；金额：4.2 万元；并明确了双方权利义务。

6.1.2 事故情况

1. 事故经过

2017 年 8 月 29 日上午 7 时左右，BR 公司项目负责人张某朋带领公司员工李某峰、腾某牙等到达 SST 公司按照和 HC 公司的合同约定进行管道安装作业。15 时 55 分左右，李某峰和腾某牙站在高约 3m 的脚手架上进行墙壁打孔作业，李某峰手持电钻负责打孔，腾某牙在其后负责管理电钻用小水泵抽水（钻孔时，小水泵将水送到电钻头上，进而完成钻孔工作）。打孔打到一半，因水桶水基本用完，水泵不上水了，李某峰刚把电钻从墙上拿出来，听到"啊"的一声，转头发现腾某牙右手拿着水泵的插头，左手拿着接线板，人靠在脚手架的护栏上，李某峰感觉腾某牙触电了，马上把腾某牙手持的接线板扯掉，并呼救。腾某牙因伤势过重，经送医院抢救无效当日死亡。

2. 技术分析

经现场勘查，综合证据资料分析，腾某牙在拔手提钻机用微型抽水泵插头时，由于插头插脚固定强度不够，导致插脚脱落在插座中，腾某牙不慎触碰该脱落插脚触电受伤经送医院抢救无效死亡。

3. 管理分析

（1）BR公司提供设备存在安全隐患；未按规定向腾某牙提供劳动防护用品；对腾某牙安全生产教育和培训不到位；督促、检查本单位的安全生产工作不到位。

（2）BR公司项目负责人未有效督促、检查本单位安全生产工作，及时消除生产安全事故隐患。

（3）HC公司未及时发现事故隐患，现场安全管理不到位。

（4）DH公司监理不到位。

6.1.3　事故报告情况分析

1. 基本事实

2017年8月29日15时55分，腾某牙触电受伤；16时24分左右，腾某牙被送至CL医院抢救；19时45分左右，腾某牙抢救无效死亡。

2. BR公司事故报告情况

2017年8月29日16时左右，张某朋得知腾某牙触电受伤；17时左右，张某朋向BR公司法定代表人封某志（生病，住院治疗，待手术）报告腾某牙受伤情况，封某志委托张某朋全权处理此事。同时，张某朋将腾某牙受伤情况向HC公司员工余某鹏进行了报告。8月30日13时30分左右，张某朋将腾某牙死亡情况告知HC公司安全副总孙某伟。

3. HC公司事故报告情况

8月29日17时左右，HC公司余某鹏和接到余某鹏电话报告的HC公司工程部经理罗某达到达CL医院，叮嘱张某朋抢救伤员。8月30日13时30分左右，HC公司安全副总孙某伟向张某朋电话询问腾某牙治疗情况，被告知腾某牙于29日19时左右死亡。之后，孙某伟马上向公司总经理助理章某报告事故情况，章某马上向HC公司总经理朱某珍报告事故情况。8月30日14时左右，朱某珍向有关政府部门报告事故情况。

综合分析，张某朋在腾某牙受伤后向HC公司报告了受伤情况，但腾某牙死亡后未及时向HC公司续报死亡情况，构成迟报。

6.1.4　事故原因

1. 直接原因

手提钻机用微型抽水泵插头插脚固定强度不够，当腾某牙拔插头时，导致插脚脱落在插座中，腾某牙不慎触碰脱落插脚触电受伤经送医院抢救无效死亡。

2. 间接原因

（1）BR公司未按规定向腾某牙提供劳动防护用品；对腾某牙安全生产教育和培训不到位；督促、检查本单位的安全生产工作不到位。

（2）BR公司事故项目负责人张某朋未有效督促、检查本单位安全生产工作，及时消除生产安全事故隐患。

（3）HC 公司未及时发现事故隐患，现场安全管理不到位。

（4）DH 公司监理不到位。

6.1.5 事故性质

综上分析，本起事故是一起生产安全责任事故，存在迟报。

6.1.6 处理意见

（1）腾某牙安全意识淡薄，使用存在安全隐患的事故设备作业，不慎触电受伤经送医院抢救无效死亡，对本起事故负有责任。鉴于其已在本起事故中死亡，故不予追究。

（2）BR 公司提供设备存在安全隐患；未按规定向腾某牙提供劳动防护用品；对腾某牙安全生产教育和培训不到位；督促、检查本单位的安全生产工作不到位，对本起事故负有责任。建议慈溪市安监局对该公司做出行政处罚。

（3）BR 公司事故项目负责人张某朋迟报事故；未有效督促、检查项目安全生产工作，及时消除生产安全事故隐患，对本起事故负有责任。建议慈溪市安监局对张某朋做出行政处罚。

（4）HC 公司未及时发现事故隐患，现场安全管理不到位，对本起事故负有责任。建议慈溪市安监局对该公司进行警示教育。

（5）DH 公司监理不到位，对本起事故负有责任。建议慈溪市安监局对该公司进行警示教育。

6.1.7 事故防范和整改措施

（1）BR 公司要切实加强安全管理工作，做好安全生产教育培训工作，努力提高从业人员安全意识、安全操作技能和自我保护能力；认真组织开展生产安全事故隐患排查治理工作，防范各类事故发生。

（2）BR 公司事故项目负责人要严格按照法律、法规上报事故；进一步提高安全生产法治意识，严格按照安全生产法律、法规规定，督促、检查负责项目安全生产工作，及时消除生产安全事故隐患，防止类似事故再次发生。

（3）HC 公司要加强安全生产管理工作，增强安全意识，及时排查整治安全隐患，防止类似事故再次发生。

（4）DH 公司要增强安全意识，加强安全监理，防止类似事故再次发生。

（5）镇政府要加强安全生产管理工作，规范事故管理。

6.2 事故案例 2：内蒙古 BT 铁路建筑公司包头工程指挥部 "6·27" 触电事故

6.2.1 基本情况

该项目名称为"中石油 BJ 天然气管道有限公司天然气管道下穿大马铁路 K38＋7701－4m 套涵工程"，建设场地位于达拉特旗白泥井镇 BT 物流有限公司仓库东 1.9km、大马铁路 K38＋770m 处。建设单位为大庆 YT 建设集团有限责任公司，代建单位为内蒙古 MT 工程项目管理有限公司，中标施工单位为内蒙古 BT 铁路建筑工程股份有限公司（2017 年 5 月 31 日中标）。内蒙古 BT 铁路建筑股份有限公司授权内蒙古 BT 铁路建筑公司包头工程指挥部全权负责办理"中石油 BJ 天然气管道有限公司天然气管道下穿大马铁路 K38＋7701－4m 套涵工程"有关的计价、结算、验收等相关事宜，由此产生的一切经济责任和法律后果由内蒙古 BT 铁路建筑股份有限公司承担。

6.2.2　事故情况

1. 事故发生经过

2017 年 6 月 27 日 8 时许，达旗 KH 商品混凝土有限责任公司泵车司机李某平、李某驾驶泵车向工程指挥部铁路下方套涵输送混凝土，当时泵车车头朝北，车尾朝南停放，另一辆给泵车输送混凝土的商品混凝土车车头朝南，车尾朝北对准泵车车尾停放。商品混凝土车两侧各站有 1 名工人，分别为李某有、盛某东，两人用铁锹将输送混凝土过程中洒落到地上的混凝土铲到泵车内。按照分工，李某平站在铁路北侧操作泵车遥控器，李某站在旁边辅助，施工队人员孔某在铁路套涵内指挥，套涵内哪里需要混凝土，李某平就用遥控器操作泵车臂架将混凝土输送到指定位置。9 时许，当套涵底层打了七、八车混凝土后，随着泵车臂架越来越后退，臂架的高度同时增加，臂架离铁路上方高压线越来越近，这种情况下距离泵车近的地方无法输送混凝土，李某平当时对孔某说臂架距离高压线太近，臂架无法升起，无法输送混凝土。孔某要求李某平和李某想办法将混凝土输送到套涵下，后李某平将臂架移出，让臂架从铁路上方铁路接触网线（10kV）与高压贯通线（10kV）之间穿过，在操作过程中泵车臂架触碰到铁路上方北侧高压贯通线，触碰时李某平看到有火花溅出，其立刻开始收回臂架，这时李某平听到后方有人喊有人被打倒了，其回头发现商品混凝土车旁边的盛某东躺在地上，周围人将盛某东抬到附近空地上抢救，李某有对盛某东进行人工呼吸，盛某东当时无法说话且呼吸急促。9 时 24 分，装载车司机周某峰拨打 120，指挥部现场管理人员曹某柱电话通知指挥部项目总工程师刘某俊，刘某俊要求立即展开救援工作，同时电话通知指挥长王某。10 时 10 分等 120 救护人员赶到后立即开展抢救工作，11 时 20 分 120 救护人员宣告盛某东抢救无效死亡。

2. 事故报告经过

6 月 27 日 9 时 24 分，项目部现场管理人员曹某柱电话报告项目部总工程师刘某俊，接到报告后，刘某俊立即电话报告项目总指挥王某，但电话未接通（对方通话中），10 时 35 分王某向刘某俊回电话，刘某俊在电话中汇报了事故详细经过。10 时 34 分泵车司机李某平电话报告商品混凝土站站长贺某事故情况，10 时 35 分贺某向 110 指挥中心报警。

6 月 27 日 14 时 24 分，刘某俊将事故情况电话报告铁路办公室，15 时许，铁路办公室将事故情况说明报至旗安监局。旗安监局于 18 时 46 分上报国家安监总局安全生产综合统计信息直报系统。

3. 抢险救援及现场处置情况

事故发生后，泵车司机李某与其他施工人员将盛某东抬到现场一块空地上，施工人员李某有及其他施工人员轮流对盛某东进行人工呼吸。9 时 24 分，项目部现场管理人员曹某柱电话报告项目部总工程师刘某俊，刘某俊在电话中指示拨打 120，同时采取现场急救。9时24分项目部人员周某峰拨打120电话，约10时10分120急救车到达现场，立即对盛某东进行人工呼吸和心肺复苏。10时15分，刘某俊赶到现场，约11时20分，现场救护人员告诉刘某俊伤者盛某东已无生命体征。

4. 善后处理情况

事故发生后，内蒙古 BT 铁路建筑工程股份有限公司与遇难者家属协商后，按照国家政策妥善处置死者善后事宜，截至目前，死亡人员盛某东善后和赔偿工作已结束。

6.2.3 事故发生原因

1. 直接原因

KH 商品混凝土有限责任公司泵车司机李某平在施工现场违规操作，跨线作业。作业过程中泵车臂架触碰到铁路上方北侧高压贯通线（10kV），致使在泵车旁工作的工人盛某东触电身亡。

2. 间接原因

（1）内蒙古 BT 铁路建筑公司包头工程指挥部安全生产主体责任落实不到位（施工现场管理混乱，无安全管理人员，对项目从业人员疏于管理，培训流于形式，缺少安全技术交底，未按规定为从业人员配发劳动防护用品，对项目施工过程中各种违章没有进行纠正和制止）。

（2）内蒙古 ZYH 实业有限公司施工现场未安排安全管理人员监护，未与劳务人员签订合同，未对劳务人员进行安全教育培训。

3. 事故性质认定

经调查认定，内蒙古 BT 铁路建筑公司包头工程指挥部"6·27"触电死亡事故是一起一般生产安全责任事故。

6.2.4 处理意见

建议对事故责任单位和事故责任人进行行政处罚。

4.2.5 事故防范和整改措施

（1）内蒙古 BT 铁路建筑股份有限公司要认真吸取事故教训，严格落实企业主体责任，全面完善各项安全生产规章制度和操作规程，进一步明确安全生产管理机构职责，责任到人、到岗。同时要真正落实企业主体责任和主要负责人的安全职责，坚决贯彻执行《中华人民共和国安全生产法》等相关法律法规，坚决杜绝违章指挥、违章作业、违反劳动纪律的现象，全面提高企业的安全保障能力。

（2）内蒙古 BT 铁路建筑股份有限公司要加强对劳务施工单位的资质审查及安全管理，深入开展反"三违"活动，及时消除各类安全隐患。

（3）内蒙古 BT 铁路建筑股份有限公司要加强员工的安全培训教育，特别是员工的岗位职责、安全规定、操作规程、应急处置、劳动防护用品使用等知识的培训，全面提升企业全体领导及员工安全生产应知应会能力。

（4）内蒙古 ZYH 实业有限公司要全面完善各项安全生产规章制度和操作规程，进一步明确安全生产管理机构职责，加强从业人员安全培训教育。

6.3　事故案例3：河北廊坊市恒康街穿越 GX 村燃气中压工程 "11·30" 触电事故

2015 年 11 月 30 日 9 时 36 分左右，XD 能源工程技术有限公司在廊坊市恒康街 GX 村村口进行转场吊运物资过程中，发生一起触电事故，造成 1 名员工死亡，直接经济损失98 万元。

6.3.1　基本情况

1. XD 能源工程技术有限公司

XD 能源工程技术有限公司，施工单位，营业执照注册号（略），组织机构代码（略），税务登记证（略），公司类型为有限责任公司，位于廊坊开发区华祥路某号 XA 科技园某楼，注册资本（略），公司成立于 1999 年 4 月 7 日。经营范围：能源工程技术研究、开发、集成与转化；对外承包工程；工程咨询；市政公用行业〔热力、燃气（含加气站）〕设计；市政公用工程总承包，化工石油工程总承包，消防设施工程专业承包，天然气加气子站的建设及相关设备的租赁，锅炉安装，压力管道设计及安装，压力容器设计及制造，压力管道元件制造，工程设备及所需物资的采购与销售等。

2. 吊车情况

吊车号牌号码（略），车辆类型：重型专项作业车，使用性质：非营运，品牌型号（略），车辆识别代码（略），注册日期：2010 年 2 月 1 日，发证日期：2010 年 2 月 1 日。

杨某刚，吊车司机，男，汉族，1970 年 10 月 5 日出生，住址：河北省廊坊市广阳区北旺乡许各庄村幸福路某条某号，居民身份证号码（略），驾驶证初次领证日期：1997 年9 月 22 日，准驾车型：A2，有效期限：2015 年 9 月 22 日至 2025 年 9 月 22 日，2014 年 1月 29 日取得廊坊市质量技术监督局颁发的特种设备操作证，有效期至 2018 年 1 月 28 日，作业项目代号：Q8（流动式起重机司机），证件编号（略），档案编号（略）。

6.3.2　事故情况

1. 事故发生经过

2015 年 11 月 30 口上午 9 时 36 分左右，XD 能源工程技术有限公司刘某磊、张某、李某奎等人在廊坊市恒康街 GX 村村口进行转场吊运物资。辅助工李某奎用手斜向拉动吊钩吊挂施工物资时，吊车吊绳发生摇晃倾斜，触碰到高压线，致使李某奎触电。

2. 事故救援情况

事故发生后，机组机长刘某磊立刻拨打 120 救援电话，救护车到达后立刻将李某奎送往爱德堡医院进行抢救，因伤势过重抢救无效死亡。

6.3.3　事故原因

1. 直接原因

李某奎违规斜拉吊车吊绳不慎触电是事故发生的直接原因。

2. 间接原因

（1）辅助工李某奎在吊装作业中未采取任何防护措施，不听劝阻，违规操作，斜拉吊绳。

（2）吊车在吊装作业时未配备现场指挥人员和监护人员。

（3）XD能源工程技术有限公司现场安全监管不到位，在吊装作业时现场指挥人员不在现场，未能按规定有效指挥作业。

（4）XD能源工程技术有限公司安全管理人员对安全培训教育不到位，致使职工安全意识淡薄，未能严格按照公司安全管理制度和操作规程实施作业。

（5）XD能源工程技术有限公司未严格按照国家相关法律法规的有关规定，督促、检查、落实吊装作业管理制度，未及时发现并消除安全生产事故隐患，安全生产责任制没有得到有效落实。

3. 事故性质

这是一起因违章作业引起的一般生产安全责任事故。

6.3.4 处理意见

1. 建议免于追究责任的人员

死者李某奎。违章操作，不听劝阻，导致触电。在本次事故中负主要责任。鉴于李某奎在本次事故中死亡，故不予追究。

2. 建议对企业内部处理人员

（1）刘某磊，XD能源工程技术有限公司穿越机组负责人。履行安全管理职责不到位，未对安全措施落实情况和现场作业情况有效确认，未到现场指挥作业，对事故的发生负有责任。建议XD能源工程技术有限公司依据企业内部规定对其进行处罚，并报市安监局备案。

（2）张某沙，XD能源工程技术有限公司安全管理员，廊坊恒康街穿越GX村燃气中压工程安全负责人。职工安全培训教育不到位，作业现场检查不到位，对事故的发生负有重要责任。建议XD能源工程技术有限公司依据企业内部规定对其进行处罚，并报市安监局备案。

（3）杨某刚，吊车司机。在没有现场指挥人员和监护人员的情况下进行吊装作业，对本次事故负有责任。建议XD能源工程技术有限公司依据企业内部规定对其进行处罚，并报市安监局备案。

3. 建议给予行政处罚的人员

陈某，XD能源工程技术有限公司经理，廊坊恒康街穿越GX村燃气中压工程负责人。依法履行安全生产管理职责不到位，对事故的发生负有责任，依据《生产安全事故罚款处罚规定（试行）》第十八条第（一）款规定，对其处上一年年收入30%的罚款，计人民币1.5万元。

4. 对事故责任单位的行政处罚建议

XD能源工程技术有限公司，对公司员工安全教育培训不到位；安全管理制度不落实。对事故的发生负有管理责任，依据《生产安全事故罚款处罚规定（试行）》第十四条，给予XD能源工程技术有限公司罚款20万元的行政处罚。

6.3.5　事故防范和整改措施

（1）XD能源工程技术有限公司要认真查找事故发生的原因，深刻吸取事故教训，举一反三，堵塞安全生产漏洞，切实加强企业的安全管理工作。

（2）XD能源工程技术有限公司要严格执行安全操作规程，落实本公司的规章制度及各级安全生产责任制。

（3）XD能源工程技术有限公司要加强作业现场安全管理，作业现场必须配备安全管理人员，及时发现并消除安全事故隐患。

（4）XD能源工程技术有限公司要加大对从业人员的培训教育力度，大力推进全员培训，全面提高从业人员的专业能力和知识水平，切实增强作业人员安全素质和安全防范意识。

（5）吊车在吊装作业时应设置现场指挥人员和监护人员。

第 7 章

火灾典型事故

7.1 事故案例1：中石化 SL 油建公司分包商 NT 天然气管道迁改工程 "10·31" 火灾爆炸事故

2014 年 10 月 31 日 10 时 05 分，中石化 SL 油建工程有限公司（以下简称 SL 油建）承包的 ZSY 唐山冀东石油建设工程有限公司 NT 天然气管道迁改项目施工现场，分包商（江西新余 LH 管道技术设备有限责任公司，以下简称新余 LH）在天然气管道带压封堵作业（下塞饼作业）过程中，发生一起火灾爆炸事故，共造成 2 人死亡，5 人受伤（其中 1 人重伤）。有关情况如下：

7.1.1 基本情况

NT 天然气管道全长 51km，管径为 $D660mm$，输送介质为净化天然气，输送温度 0～35℃，设计压力为 4.0MPa，运行压力 0.7MPa，材质 L320M，螺旋缝埋弧焊钢管。管道设计输量为 $300 \times 104m^3/d$。NT 天然气管道 2008 年投产运行。2013 年当地政府规划在原天然气管道上方新建一所学校，要求 ZSY 冀东油田对原管道进行改线。

此次迁改工程位于唐山市丰南区，新建管道起于 2 号阀室，止于沙窝新村养鸡场附近，线路总长 5.35km。钢管采用 $D660 \times 7.1$ L320M 螺旋缝埋弧焊钢管，设计压力为 4.0MPa，介质运行方向为 2 号阀室向沙窝新村方向。

7.1.2 事故经过

10 月 8 日，新余 LH 施工人员和郑某巍的施工人员与设备进场后，完成了人员、设备、机具入场监理报验。

10 月 9 日，进行前期准备工作。

10 月 10 日，现场进行安全教育和技术交底后，开始施工，并于当日晚间完成一个封堵管件的焊接。

10 月 11～12 日为周末，JD 油田不允许动火施工作业。

10 月 13 日，完成另一个管件的焊接，并做好开孔前准备。

10 月 14～17 日完成开孔作业。

10 月 18～27 日，由于 JD 油建的封堵设备出现故障，导致停工 9d。

10 月 28 日，开始断管连头作业。

10 月 29 日，凌晨 2 时完成连头工作，20 时 40 分完成新建管道氮气置换。

10 月 30 日，9 时完成天然气置换氮气工作，打开 2 号阀室阀门开始升压，10 时起封堵，新建管道正式投产。下午开始老管道的泄压工作以及沙窝新庄村处临时旁通管道拆除工作。

10 月 31 日，7 时 30 分左右，郑某巍所雇耿某全等 6 人到达沙窝新庄村封堵现场。将 30 日拆除的旁通管道吊离距事故点约 30m 位置进行切割。

8 时左右，新余 LH 公司方某等 4 人进入施工现场。准备吊车、拆除封堵器，在操作坑外组装塞饼，并吊装至夹板阀上，安装 8 条螺栓，整个过程约 2h。

10 时左右，方某、张某勇、张某根在管沟内做下塞堵作业。方某指挥作业并负责气相平衡，张某根准备开夹板阀，张某勇在管道上准备操作下塞堵作业。

10 时 05 分，方某指挥张某根开启夹板阀，在开启 4 圈左右时，下塞堵器结合箱发生爆炸，随后引发火灾。

事故造成张某勇、张某根 2 人当场死亡（其中 1 人烧死，1 人被崩出的筒体打击致死），另有 5 人受伤（其中 1 人为重伤）。

7.1.3　应急救援处置

事故发生后，现场施工负责人耿某全（郑某巍所雇人员）立即电话报告项目副经理王某喜，拨打 120 急救电话、119 消防电话，并安排现场值班车将方某、任某恩、周某等 3 人送往丰南区医院（后来转入唐山工人医院）。甄某杰自行打车去丰南区医院，耿某全由公安部门送至丰南区医院。

10 时 10 分左右王某喜到达现场，了解人员伤亡情况。10 时 24 分王某喜向华北分公司经理进行汇报，并逐级上报各级领导。

接到事故报告后，ZSH 集团公司副总经理焦某正做出批示，要求做好善后处理和事故调查工作。集团公司安全监管局副局长彭某生、ZSH 石油工程技术服务公司总经理薛某东、ZSH 石油工程建设公司总经理左某久也分别对事故善后处理和应急做了要求。

当日下午，ZSH 安监局、ZSH 石油工程公司、工程建设公司和 SL 油建公司领导与相关人员赶到事故现场，对事故的处理和善后工作进行指导。现场成立了由 ZSH 石油工程建设公司副总经理王某任组长的事故应急救援指挥部，下设综合组、善后工作组、事故调查组。并安排 ZSH 青岛安工院、SL 设计院和 ZY 油建有关专家赶到现场，为开展事故调查进行技术支持。

事故发生后，ZSY 天然气集团公司立即抽调管道局专业队伍开展抢建工作。国家安监总局、河北省安监局、唐山市、丰南区等相关领导高度重视，先后赶赴现场，指导协调事故处置工作，对事故调查处理等工作提出明确要求。11 月 1 日，唐山市丰南区政府成立应急组织机构，制定了《唐山市丰南区生产安全事故灾难应急预案》，成立综合协调、医疗救护、事故调查等六个专业处置组，开展事故善后处理工作。

事故共造成 2 人死亡（新余 LH 人员），5 人受伤（其中新余 LH 人员 1 人，郑某巍所雇人员 4 人）。截至目前，善后处理，抚恤工作已经完成。2 名死者已经火化，5 名伤者得到妥善救治，其中：3人已经出院，1人近期出院，1人正在康复中。

7.1.4　事故经济损失

直接经济损失约260万元。

7.1.5　事故原因

1. 直接原因

（1）江西新余LH公司封堵施工人员在下塞饼前违章操作，未按施工方案对下塞堵器结合箱内进行氮气置换，也没有采用内平衡对结合箱（常压）与天然气管道（0.7MPa）进行气相压力平衡，而是采用瓶装氧气进行压力平衡。随后，开启夹板阀，导致管道内天然气在压差作用下高速喷入下塞堵器结合箱，并与结合箱内氧气混合，形成混合气体，达到爆炸极限，遇点火源在结合箱内发生剧烈爆炸。瞬间的爆炸冲击将下塞堵器结合箱破坏、下塞堵器结合箱与夹板阀的8条紧固螺栓拔断，管道内天然气喷出，引发火灾。这是造成此次事故的主要原因。

可能的点火源：一是管道内开孔作业产生的大量铁屑堆积在四通管件底部，在高速气流作用下卷入结合箱，摩擦撞击发生火花；二是高速气流产生静电。

（2）下塞堵器结合箱出厂未试压，筒体上部焊缝、筒体与下法兰焊缝、筒体纵向焊缝质量均存在缺陷，是造成此次事故的直接原因之一。

（3）下塞堵器结合箱与夹板阀24条螺栓仅安装8条，导致紧固力不足，也是造成此次事故的直接原因之一。

2. 间接原因

（1）SL油建华北分公司对建设项目进行违规分包。

（2）SL油建队伍管理混乱及项目、分包商管理失控。

（3）重大风险作业监督管理不到位。

7.1.6　事故防范和整改措施

（1）立即组织开展分包商专项治理。11月1日，公司紧急下发《关于深刻吸取事故教训，切实加强安全管理的紧急通知》，监督各单位严格落实对分包商管理责任，分包商发生事故实行"双问责"，从严追究相关单位责任。

（2）开展分包项目清理工作。要求公司所属各单位对所有在建项目进行自查清理，公司将进行抽查，对于不符合分包管理规定和安全要求的，立刻予以停工、清退；对违规分包、私自选择施工队伍、不签订合同先施工、明知故犯等违章违纪等行为，对相关责任人、项目经理直至所属单位主要领导行政问责直至撤职处理。对于符合分包规定要求的项目，对现场进行全面安全整治，对现场文明施工不规范、培训不到位、制度不落实等问题，将按公司制度进行行政问责。

（3）结合公司开展的分包商专项等三项整治工作，研究制定分包工程补充规定，明确可以分包和禁止分包的业务范围；各单位严禁授权下属单位领导签订分包合同。同时，各单位成立分包专项审核工作机构，对所有分包工作的各管理环节进行把关，对各环节发生的问题，所属单位领导承担相应管理责任。

（4）全面强化用火、进入受限空间、高处作业、临时用电、起重、动土等 12 项作业许可制度执行，做好现场勘查、风险评估、方案和措施制定，严格票证审批，明确各方职责，落实参与施工人员的责任，加强现场监护，特别是各单位机关职能部门要严格落实对一级工业用火、带压封堵等高风险作业的施工方案审批和现场作业旁站监督。

（5）加大问责力度，强化制度落地。公司将继续加大违章处罚力度，对重点问题和重大隐患的进行通报，形成打非治违高压态势，对重大风险作业加大监控力度，对检查出的重大隐患、重复出现严重违章，按照"谁主管、谁负责"的原则，对其二级单位主要负责人、主管业务负责人、相关职能部门负责人和项目经理以及作业带班人等有关责任人按制度追究行政责任，变事后问责为事前问责，不断强化领导干部履责的自觉性，强力推进制度的落地，有效防止事故发生。

7.2 事故案例 2：北京昌平区郝庄家园"1·9"燃气泄漏火灾事故

7.2.1 事故情况

2013 年 12 月 4 日，昌平区郝庄家园开发商北京 ZCCW 房地产开发有限公司（以下简称"开发商"）与北京燃气 CP 有限公司（以下简称"CP 燃气公司"）签订协议，对 2004 年竣工的郝庄家园北区 6 栋楼、492 户使用压缩天然气供气的居民小区实施天然气置换改造。

2013 年 12 月 4 日，CP 燃气公司确定该工程由北京 TH 燃气有限公司（以下简称"TH 燃气公司"）为施工承包单位，北京市 GY 工程设计监理有限公司（以下简称"监理单位"）为监理单位。

TH 燃气公司承接工程后，将其中的沟槽开挖、铺管、回填作业等工程交由现场负责人王某波承担。王某波找了张某华个人组织具体施工，并由王某波个人与张某华进行工程款结算。

1 月 8 日上午，现场施工人员张某华带领作业人员和挖掘机进行开挖施工。张某华让挖掘机将水泥路面挖开后，继续使用挖掘机沿南北方向开挖了长 3m、宽 0.6m 左右的沟槽。在作业人员的配合下，挖到 DN300 中压天然气管线管顶后，停止当天施工，并通知 TH 燃气公司现场施工负责人王某波次日安排人员对 PE 塑料进行管焊接。

9 日 15 时 30 分至 16 时，王某波找来的焊工完成 PE 塑料管焊接。张某华让孙某和王某旭用汽油喷灯给钢塑转换管做防腐处理。17 时左右，孙某和王某旭在沟槽内手持喷灯进行管道防腐作业中，发生天然气泄漏燃烧，2 人迅速跑出着火区域。在整个施工作业过程中，现场没有监理人员和现场施工负责人实施监督。

在接到天然气泄漏燃烧报警后，当地的有关部门主要领导立即疏散周边居民 120 户、360 人。抢险过程中共出动公安、消防、交通等保障人员约 80 人、车辆 15 辆。

7.2.2 事故相关单位违法违规情况

调查发现，施工单位、监理单位和上级管理单位都不同程度存在违法违规行为，其中 TH 燃气公司作为本工程的施工单位，施工现场安全管理工作缺失：一是使用不具有劳务资质的张某华等个人进行工程施工，造成了严重的事故隐患。同时，监理单位安全监理不到位，没有检查制止施工单位的违规行为。CP 燃气公司没有履行安全协议中的建设单位管理职责，监督检查责任严重缺失。此外，北京市燃气集团有限公司对下属公司安全管理也存在着重大的问题。具体如下：

1. TH 燃气公司作为本工程的施工单位，施工现场安全管理工作缺失

（1）使用不具有劳务资质的张某华等个人进行工程施工。

（2）施工组织设计和沟槽开挖等专项方案未经监理单位审批，擅自组织进场作业。

（3）对施工现场作业人员安全管理缺失，没有向监理单位报送特种作业人员、专业操作人员证件，对现场施工作业人员没有进行安全培训教育，对施工作业人员没有施工前安全技术交底。

（4）动火作业管理工作缺失，在管道防腐动火作业前，没有到施工单位安全管理部门开具动火证。

（5）对建设单位和监理单位的检查中发现的隐患没有进行整改，没有回复监理的工作联系单。

2. 监理单位安全监理不到位

（1）在 TH 公司未报审施工组织设计的情况下，监理单位未检查制止施工单位违规组织的施工，也没有上报建设单位。

（2）在工程建设中旁站监理工作不到位，没有审核施工单位特种作业人员证件，未制止沟槽开挖的违规施工行为。

（3）对施工单位违规动火作业和未进行安全培训教育及技术交底等违规现象未及时发现并制止。

（4）在监理周报中没有记录施工单位在施工现场存在的安全隐患。

3. CP 燃气公司未履行安全协议中的建设单位管理职责

（1）落实集团公司安全生产管理制度不到位，未按照《北京市 RQ 集团有限责任公司基本建设管理制度（试行）》规定对监理单位实行比价确定；未将本公司管理制度及时报集团公司备案审查。

（2）未按照本公司《工程项目安全管理办法》对监理单位进行有效的监督、检查，致使监理单位未有效履行监理职责，未及时消除施工现场的非法用工、特种作业资质审核缺失、动火作业未经审批等安全隐患问题，未对重点部位和重点作业实施旁站式监理。

4. 北京市 RQ 集团有限责任公司对下属公司安全管理存在下列问题

（1）集团公司安全管理制度不完善，有关危险作业安全规定中缺少户外燃气管线动火作业审批手续的要求。

（2）未按照《北京市 RQ 集团有限责任公司基本建设管理制度（试行）》督促 CP 燃气公司报备相关管理制度，对下级公司制度管理松散。

（3）缺少工程监督检查制度，对小区内小型燃气改建工程施工监督管理不到位。

（4）针对全市普遍存在的小区小型燃气改、扩建工程的项目立项、施工队伍管理、设计和监理单位的确定制度的监督检查等问题，重视程度不够。

（5）在落实《北京市 RQ 集团有限责任公司相关方安全管理办法》中人员安全培训教育、各类人员证件管理等工作不到位。

7.2.3　事故原因

1. 直接原因

TH 燃气公司在郝庄家园北区压缩天然气置换管道天然气工程施工中，发生中压燃气管线泄漏；施工作业人员违规实施动火作业，致使泄漏燃气起火燃烧。

2. 间接原因

TH 燃气公司作为本工程的施工单位，现场安全管理缺失；监理单位的安全监理不到位。

3. 事故性质

事故调查组认定，该起事故是一起生产安全责任事故。

7.2.4　处理意见

1. 建议追究刑事责任人员

施工现场负责人王某波、工程施工组织人张某华、动火作业操作人孙某、王某旭 4 人，对事故发生负有直接责任，其行为涉嫌违法犯罪，由公安机关立案侦查，依法追究其刑事责任。

2. 建议给予行政处罚的相关人员和单位

（1）TH 燃气公司总经理杜某浩对事故发生负有领导责任。给予其上一年年收入 30% 罚款的行政处罚。

（2）TH 燃气有限公司安装分公司副经理马某方对事故发生负有管理责任，同时，在事故调查中作伪证，出具了虚假的劳务分包协议。给予其上一年年收入 60% 的罚款。同时，责成相关单位给予撤职处分。

（3）监理单位项目总监李某政未履行监理总监职责，给予停止执业资格 3 个月的行政处罚。

（4）TH 燃气公司对此次事故的发生负有直接责任，给予公司 10 万元罚款的行政处罚。同时，依法暂扣其安全生产许可证 30 日。

（5）监理单位对此次事故发生负有监理责任，给予其 10 万元罚款的行政处罚。

3. 建议追究行政责任的相关人员

（1）给予 TH 燃气有限公司副总经理张某，CP 燃气公司副总经理贺某峰等两人记过处分。

（2）给予 TH 燃气公司工程部经理田某，安装分公司经理杨某华，监理单位项目经理朱某信，CP 燃气公司工程建设部部长罗某记大过处分。

（3）给予 TH 燃气公司总经理孙某，RQ 集团工程建设部经理曾某军等两人警告处分。

（4）对 RQ 集团的副总经理马某责成 RQ 集团给予通报批评。

此外，责成 RQ 集团向市国资委作出书面检查，市安监局，市国资委，市监察局代表市政府就安全生产管理工作约谈市 RQ 集团主要负责人。

第8章

爆炸典型事故

8.1 事故案例1：山东德州市德城区 JC 小羔羊火锅城湖滨北路店"7·30"爆燃事故

2019 年 7 月 30 日，德州市德城区 JC 小羔羊火锅城湖滨北路店发生一起燃气爆燃事故，造成 3 人受伤。

8.1.1 基本情况

1. 事故涉及单位情况

（1）德州 JY 燃气工程安装有限公司。该公司位于德州市德城区二屯镇北厂村西南街德州 ZR 城市燃气发展有限公司德城区北厂加气站，为德州 ZR 城市燃气发展有限公司下属子公司，成立于 2014 年 9 月 24 日，注册资本（略），法定代表人：孙某，主要负责人：李某山。该单位承担了德州市德城区 JC 小羔羊火锅城湖滨北路店燃气改造工程。

（2）德州市德城区 JC 小羔羊火锅城湖滨北路店。该单位位于德州市德城区湖滨北路银座商场北 50m 路西，单位性质为个体工商户，经营者为魏某增。目前该单位正在装修施工。JC 小羔羊火锅城湖滨北路店装修工程由刘某兴负责实施，刘某兴联系王某芹组织施工队伍。王某芹施工队伍无相关资质。

2. 事故发生地情况

该事故发生地点为德州市德城区 JC 小羔羊火锅城湖滨北路店二楼。事故发生前该楼层已经完成吊顶，吊顶内空调管线及电器线路敷设完毕，线路敷设数量较多，各线路之间连接情况较为普遍。后期查看二层配电箱总断路器处于跳闸状态，说明爆燃发生前屋顶内线束可能存在过电流、短路或接触不良等故障。同时二层配电箱内的分项空气开关有开启的情况，还有空气开关下端线路被拆开，裸露出接线端子，存在因二层室内用电开启开关并在该端子处外接其他线路供电的可能。在火锅店装修期间的 7 月 15 日，施工队经理刘某兴安排临时工董某军将二层原厨房内的燃气表拆下，并将燃气管道从墙体根部切割，董某军在切割时将室外燃气管道阀门关闭。切割后该燃气管道断口并未封堵，直接被砌在墙内。

8.1.2　事故情况

1. 事故发生经过

2019 年 7 月 30 日下午，德州 JY 燃气工程安装有限公司施工人员宋某营、钟某军、张某心 3 人，在 JC 小羔羊火锅城湖滨北路店楼后施工改造燃气管道，德州 ZR 城市发展有限公司验收员武某在旁，准备施工完验收。JC 小羔羊火锅城湖滨北路店装修施工人员张某停、张某春、吕某光、吴某在二楼施工。

14 时 30 分左右，宋某营、张某心将上午预制好的管道抬至楼后准备施工，钟某军到达现场做准备工作。张某心拿扳手登梯子查看阀门情况后，3 人开始架设新管道。

14 时 48 分左右，钟某军携带电焊设备进入一楼室内连接室内外燃气管道，张某心带冲击钻进入一楼室内协助，宋某营在室外北侧安装管道。

15 时左右，宋某营移动梯子到新旧管道连接处，登上梯子准备连接新旧管道，先用电焊机将燃气管道阀门左侧 1m 多处的管子上破开了一个长 2cm 的竖口，缺口处冒出火苗，高度约 20cm，宋某营用手套盖住缺口熄灭火焰。张某心离开施工现场（15 时 08 分左右），钟某军从室内走出。

15 时 10 分左右，钟某军递给宋某营一块木板后，搬铁质短梯到南侧阀门处，拿扳手上梯子检查阀门，下梯子后又递给宋某营一块防火布。宋某营布置防火措施防止管道上方空调着火，随后继续切割燃气管道，缺口处又冒出了 20 多 cm 的火焰，宋某营再次熄灭火焰。

15 时 15 分左右，宋某营移动铝合金长梯到阀门处用管钳紧了一下阀门，然后回到开口处开始穿戴防护用品，准备切割管道。

15 时 20 分左右二楼发生爆燃。爆燃位置位于二层卫生间东侧过道吊顶内区域。

爆燃发生时，JC 小羔羊火锅城湖滨北路店二楼张某停正在打扫卫生，燃爆引发顶棚吊顶脱落砸伤腰部。张某春在二楼大厅北侧区域刮腻子，吕某光在大厅西侧楼梯口位置调配材料，燃爆产生的火焰使张某春身体多处烧伤，吕某光颈部轻度烧伤。吴某在二层东南侧卫生间区域准备搬运瓷砖，脱落的吊顶砸到其头部，未造成外伤。

2. 应急救援情况

事故发生后，施工现场人员拨打 120 急救电话，并拨打 110、119 报警，随后天衢街道办事处、公安、消防、应急等部门到达现场部署善后处理伤员救治等工作。吕某光经治疗后于 8 月 11 日出院，张某停经治疗于 9 月 9 日出院，张某春目前正在治疗中。

8.1.3　伤亡情况

1. 伤亡情况：事故造成 3 人受伤

（1）张某停，51 岁，河北省衡水市景县留智庙镇某村人，JC 小羔羊火锅城湖滨北路店临时工，事故致其尾椎骨骨折。

（2）张某春，女，43 岁，山东省德州市德城区黄河涯镇某村人，JC 小羔羊火锅城湖滨北路店装修队腻子工，事故致其全身多处二度至三度烧伤。

（3）吕某光，女，37 岁，河北省衡水市故城县夏庄镇某村人，JC 小羔羊火锅城湖滨北路店装修队腻子工，事故致其颈部二度烧伤。

2. 直接经济损失

约 124.24 万元，其中事故造成建筑装修损毁损失约 44.24 万元，伤员救治费用约 80 万元（目前已经支付治疗费用 70 万元，张某春还在治疗中，初步估计共需 80 万元）。

3. 事故类型

燃气爆燃事故。

4. 事故级别

一般事故。

8.1.4　事故原因

1. 事故发生的原因

（1）直接原因

1）德州 JY 燃气工程安装有限公司施工人员宋某营、钟某军、张某心三人在实施新旧管道连接时违反操作规程，作业时未严密监测可燃气体浓度，发现漏气异常时未采取措施消除异常情况，使天然气泄漏至德城区 JC 小羔羊火锅城湖滨北路店二楼吊顶与屋顶的夹层内，与空气混合形成爆燃性混合气体。

2）德州市德城区 JC 小羔羊火锅城湖滨北路店装修施工人员使用未经调试验收合格的二楼配电设施，致使吊顶内线路带电产生电火花引燃爆炸气体。

（2）间接原因

1）德州 JY 燃气工程安装有限公司安全生产责任不落实，未建立安全操作规程，未按规定对从业人员进行教育培训，安排特种作业（焊接与热切割作业、高处作业）人员无证上岗，未为动火作业施工人员配备燃气检测仪器，实施动火作业时未设专人进行现场指挥、未设安全员，致使宋某营、钟某军、张某军三人施工时存在违规作业行为，且未能及时被发现并制止。

2）德州市德城区 JC 小羔羊火锅城湖滨北路店雇用不具备施工资质的装修队伍，未对施工人员进行安全教育培训，装修现场无安全管理人员，未履行对现场各个施工队伍安全生产管理协调责任，装修施工人员违规启用未经调试验收的配电设施，致使吊顶内线路带电产生电火花引燃爆炸气体。该单位违反《城镇燃气管理条例》（国务院令 第 583 号），安排临时工董某军将二楼原厨房内燃气管道拆除，装修施工人员未对燃气管道断口进行封堵，直接砌在墙内，致使泄漏的燃气通往吊顶夹层内，形成爆炸混合气体。

2. 事故性质

本次事故性质为一起一般生产安全责任事故。

8.1.5　处理意见

（1）德州 JY 燃气工程安装有限公司，未建立安全操作规程，未按规定对从业人员进行教育培训，安排特种作业（焊接与热切割作业、高处作业）人员无证上岗，未为动火作业施工人员配备燃气检测仪器，实施动火作业时未设专人进行现场指挥、未设安全员，对事故发生负有主要责任。建议依据《中华人民共和国安全生产法》第一百零九条第（一）款的规定，给予相应的行政处罚。

（2）德州市德城区 JC 小羔羊火锅城湖滨北路店，德州市德城区 JC 小羔羊火锅城湖滨北路店雇用不具备施工资质的装修队伍，未对施工人员进行安全教育培训，装修现场无安全管理人员，未履行对现场各个施工队伍安全生产管理协调责任，装修施工人员违规启用未经调试验收配电设施，私自拆除二楼原厨房内燃气管道。对事故发生负有责任。建议依据《中华人民共和国安全生产法》第一百零九条第（一）款的规定，给予相应的行政处罚。对于其私自拆除燃气设施的行为，建议燃气管理部门依据《城镇燃气管理条例》（国务院令 第583号）的有关规定进行处理。

（3）宋某营、钟某军、张某心，德州JY燃气工程安装有限公司施工人员，其中宋某营、钟某军为电焊工，未取得特种作业操作证（焊接与热切割作业、高处作业），无证上岗作业。该3名人员安全意识淡薄，在对燃气管道进行动火作业时未严密监测可燃气体浓度，发现漏气异常时未采取措施消除异常情况，使天然气泄漏至德城区JC小羔羊火锅城湖滨北路店二楼吊顶与屋顶的夹层内，对该起事故负有直接责任。建议德州JY燃气工程安装有限公司依据本公司有关规定进行严肃处理，并在宋某营、钟某军取得特种作业操作证前严禁进行特种作业。

（4）李某山，德州JY燃气工程安装有限公司经理，该单位主要负责人。未按法定职责组织落实履行本单位安全管理责任，致使本单位安全管理制度及操作规程不健全，安全生产教育培训不到位，施工人员存在违规作业行为。对该起事故负有主要领导责任。建议根据《中华人民共和国安全生产法》第九十二条第（一）款的规定，对其处上一年年收入30％的罚款。

（5）姜某璞，德州JY燃气工程安装有限公司施工队长。未履行安全生产管理责任，未安排施工现场安全管理人员，未向施工人员提供检测设备，未对施工人员进行施工前技术交底，对该起事故负有主要管理责任，建议德州JY燃气工程安装有限公司按照本公司有关规定进行严肃处理。

（6）刘某兴，德州市德城区JC小羔羊火锅城湖滨北路店装修现场负责人，私自雇用临时工拆除户内燃气管道；安全意识淡薄，发现燃气泄漏后，未及时疏散施工人员，对该起事故负有重要管理责任。建议德州市德城区JC小羔羊火锅城湖滨北路店进行严肃处理。对于其私自拆除燃气设施的行为，建议燃气管理部门依据《城镇燃气管理条例》（国务院令第583号）的有关规定进行处理。

（7）王某芹，德州市德城区JC小羔羊火锅城湖滨北路店装修队伍负责人，安全意识淡薄，发现燃气泄漏后，未及时疏散施工人员，对该起事故负有管理责任，建议德州市德城区JC小羔羊火锅城湖滨北路店进行严肃处理。

8.1.6 事故防范和整改措施

（1）德州JY燃气工程安装有限公司要全面总结吸取事故教训，切实落实安全生产主体责任，建立健全本单位安全生产规章制度及操作规程；加强对从业人员的教育培训；全面排查本单位的特种作业人员持证上岗情况，严禁无证上岗；规范施工行为，实施动火、放散等作业时配全检测及防护设备实施；严格执行现行行业标准《城镇燃气设施运行、维护和抢修安全技术规程》CJJ 51—2016等标准规范；加强与设计单位、委托单位沟通联系，做好对施工人员的技术交底、安全交底等工作，避免此类事故的发生。

（2）德州市德城区JC小羔羊火锅城湖滨北路店要深刻吸取事故教训，全面落实安全生产主体责任，切实做好装修现场及后期经营的安全生产管理工作，设立安全负责人，加强对工人的安全生产教育培训，提高其安全意识；要做好燃气管道、电器线路等重点设备安装使用检查维护，加强隐患排查治理力度，确保生产经营安全。

（3）德州 ZR 城市燃气发展有限公司要吸取事故教训，加强对下属公司德州 JY 燃气工程安装有限公司监管和指导，督促其切实落实安全生产主体责任。要进一步加强对燃气设施的管理，特别是对正在改建、拆建以及装修等特殊用户的检查巡查，防止用户私自改动、拆除燃气设施从而引发事故。

8.2　事故案例2：内蒙古通辽经济技术开发区 DY 新城 S3-1 号房屋"12·6"爆炸事故

2018 年 12 月 6 日 13 时左右，在通辽经济技术开发区 DY 新城 S3-1 号商业房，发生一起爆炸事故，造成 1 人受伤。

8.2.1　基本情况

1. 通辽经济技术开发区 DY 新城 S3-1 号房屋情况

通辽 DY 新城 S3 号楼属通辽 DY 新城一期项目，项目建设单位为通辽市 GZ 房地产开发有限公司。该公司成立于 2012 年 4 月 18 日，法定代表人：王某永，注册资本（略），经营范围：房地产开发与销售、出租和管理自建商品房及配套设施等。该公司有房地产开发企业资质证书，资质等级为四级。DY 新城一期项目设计单位为中国 JZ 第二工程局有限公司，施工图审查单位为通辽市建设工程施工图审查中心。

2018 年 9 月 1 日，通辽市 GZ 房地产开发有限公司及 DY 新城物业通辽市鑫鼎物业服务有限公司与郑某明签订了租赁期限为三年的房屋租赁合同，将 DY 新城 S3-1 号房屋租给郑某明，年租金 27600.00 元。郑某明租赁房屋后，将房屋简单装修，用于超市经营，超市名称为 DY 便利店。DY 便利店共 3 层。一楼为超市、二楼为库房和厨房、三楼为卧室。

2. 通辽市 DY 新城小区燃气管道工程情况

通辽市 DY 新城小区燃气管道工程为通辽 XA 燃气有限公司天然气利用工程。2018 年 6 月 9 日，通辽 XA 燃气发展有限公司与山东 YT 安装有限公司就通辽市 DY 新城燃气管道工程施工项目签订单项工程协议书。协议书中约定该工程 2018 年 6 月 10 日开始施工，竣工日期为 2018 年 7 月 30 日，工程价款人民币 8 万元。2018 年 12 月 3 日 19 点左右，山东 YT 安装有限公司将 DY 新城小区外附属中压管网施工与市政主管道连接，连接完成后，当天 22 时左右，通辽市 XA 燃气有限公司开始为 DY 新城外侧附属中压管网供气。

3. 相关单位基本情况

通辽 XA 燃气有限公司，法定代表人：韩某深，为中外合资企业，注册资本（略）。成立日期 2004 年 3 月 12 日。经营范围为燃气、燃气具和气表生产、经营、维修等。

通辽 XA 燃气发展有限公司，法定代表人：韩某深，注册资本（略），成立日期 2005 年 7 月 12 日。经营范围为燃气设施设备的建设、安装及维护、燃气输配。

工程施工单位为山东 YT 安装有限公司，法定代表人：雷某智，注册资本（略），成立日期 2005 年 1 月 4 日。该单位有市政公用工程施工总承包二级资质。

工程监理单位为山东 JY 工程监理咨询有限公司，法定代表人：毕某松，注册资本（略），成立日期 2009 年 7 月 23 日。

工程设计单位为 XD 能源工程技术有限公司，法定代表人：金某生，成立日期 1999 年 4 月 7 日，注册资本（略）。

8.2.2 事故情况

2018 年 12 月 3 日 22 时左右，通辽 XA 燃气有限公司开始为通辽 DY 新城小区附属中压管网充天然气。供气后通辽 DY 新城小区外天然气附属中压管网管道压力约 0.19MPa。

因 DY 新城小区外天然气附属中压管网变径接口处（距 DY 便利店门口南侧约 15m）熔接质量不达标，发生天然气泄漏。泄漏的天然气沿着地埋燃气管道外壁蔓延到 S3-1 号房屋专用污水井内，之后沿着 DY 新城 S3-1 号商业房下水管从 S3-1 号房屋卫生间的无存水弯地漏处溢出。天然气在卫生间内集聚并向楼上扩散。事故发生时，天然气泄漏时间已达 63h。

2018 年 12 月 6 日 13 时左右，DY 便利店店主郑某明在 DY 新城 S3-1 号房屋一楼卫生间内小便后正转身要洗手时，泄漏至卫生间的天然气遇明火发生爆炸。爆燃冲击波将一楼卫生间西侧墙体向外推到，并将楼房一楼北面窗户和南面的连体门窗摧毁，便利店内大量商品被烧毁，1～3 层建筑过火面积约为 70%，爆炸致卫生间内郑某明受伤。爆炸发生时，DY 新城 S3-1 号房屋内共有 4 人，包括伤者郑某明、伤者妻子韩某舍、伤者父亲郑某仁、伤者女儿郑某瑶。除郑某明受伤外其他 3 人均未受伤。爆燃未波及周边住户和居民。随后，119 消防人员到达现场，将现场明火扑灭，救出屋内人员，同时将二楼厨房内一完好无损液化气罐拿出室外。安监、消防、公安等部门工作人员在救援时，发现距 DY 便利店门口南侧约 13m 处数平方米地面有气泡冒出，经检测，气体成分为天然气。现场工作人员迅速通知燃气公司切断上游供气阀门，同时进行现场交通管制。

8.2.3 伤亡情况

本次事故造成 1 人受伤，伤者郑某明，36 周岁，已婚，汉族，身份证号码（略），家庭住址在内蒙古通辽经济技术开发区河西街道某号。职业是 DY 便利店店主。目前，郑某明已经在武警辽宁省总队医院接受治疗，暂无生命危险。

因爆炸后建筑物损失未经评估，直接经济损失暂时未能计算。

8.2.4 事故原因

按照生产安全事故调查处理"四不放过"原则，为进一步查明事故的原因、性质，事故调查组聘请通辽市危化、特种设备、消防行业领域专家对事故现场进行了详细勘察，收集和掌握了大量的第一手材料。事故调查组同时进行了大量的调查询问取证工作，基本查清了事故原因和性质。

1. 直接原因

本事故的直接原因：通辽 XA 燃气有限公司对未经验收的 DY 新城附属中压管网供

气，供气后天然气管道变径接口处发生泄漏，泄漏的天然气沿着地埋燃气管道外壁进入 DY 新城 S3-1DY 便利店内，遇明火发生爆炸。

2. 间接原因

（1）通辽 XA 燃气发展有限公司作为燃气工程建设单位，未对 DY 新城附属中压管网组织竣工验收，擅自交付使用。

（2）山东 YT 安装有限公司施工过程中未按设计施工，在无设计变更的情况下擅自改变天然气管道走向。投入使用前未对 DY 新城附属中压管网进行整段强度测试及严密性测试。

（3）山东 JY 工程监理咨询有限公司在对山东 YT 安装有限公司 DY 新城燃气管道施工项目监理过程中，未履行监理职责，对施工单位擅自更改设计施工的行为未制止，未按国家强制性标准进行监理。

（4）通辽市 GZ 房地产开发有限公司在房屋没有取得验收批文的情况下就交付使用、未按设计要求告知小区业主装修应使用水封深度大于等于 50mm 的水封地漏。

3. 事故性质

经调查认定，通辽经济技术开发区 DY 新城 S3-1 号房屋"12·6"一般爆炸事故是一起生产安全责任事故。

8.2.5 处理意见

事故调查组通过现场勘查、询问证人等调查取证工作，根据《中华人民共和国安全生产法》《生产安全事故报告和调查处理条例》（国务院令 第 493 号）等有关安全生产法律法规规定，对事故责任认定及处理意见如下：

（1）通辽 XA 燃气有限公司作为燃气经营单位，安全生产意识淡薄，主体责任落实不到位，未保证安全生产。在 DY 新城外附属中压管网天然气管道未经验收的情况下就充入天然气。对本起事故负直接责任。该行为违反了《中华人民共和国安全生产法》第四条、《城镇燃气管理条例》（国务院令 第 583 号）第十八条的有关规定，建议由安监部门依据《城镇燃气管理条例》（国务院令 第 583 号）第四十六条的有关规定，对通辽 XA 燃气有限公司处 2 万元罚款的行政处罚。依据《安全生产违法行为行政处罚办法》（国家安监总局令 第 77 号）第四十五条的规定，对通辽 XA 燃气有限公司总经理吴某东处 2 千元罚款的行政处罚，依据《安全生产违法行为行政处罚办法》（国家安监总局令 第 77 号）第四十五条对通辽 XA 燃气有限公司副总经理李某松处 2 千元罚款的行政处罚，对管网运行部主任胡某鹏处 2 千元罚款的行政处罚。

（2）通辽 XA 燃气发展有限公司作为 DY 新城燃气项目建设单位，安全生产意识淡薄，对其发包的天然气管道施工工程未组织竣工验收，擅自交付使用。对本起事故负间接责任。该行为违反了《建设工程质量管理条例》第十六条的有关规定，建议由安监部门依据《建设工程质量管理条例》第五十八条规定处 2 千元罚款的行政处罚。

（3）山东 YT 安装有限公司未按设计施工，无设计变更。且未对 DY 新城附属中压管网进行整体强度测试及严密性测试，山东 YT 安装有限公司对本起事故负间接责任。该行为违反了《建设工程质量管理条例》第二十八条、第二十九条的有关规定，建议由安监部门依据《安全生产违法行为行政处罚办法》（国家安监总局令 第 77 号）第四十五条对山东 YT 安装有限公司处警告并处 1.5 万元罚款的行政处罚。

（4）山东 JY 工程监理咨询有限公司未履行监理职责，对施工单位擅自更改设计施工的行为未制止，未按国家强制性标准进行监理。对本起事故负间接责任。该行为违反了《建设工程安全生产管理条例》（国务院令第 393 号）第十四条的有关规定，建议由安监部门依据《安全生产违法行为行政处罚办法》（国家安监总局令 第 77 号）第四十五条第（一）款对山东 JY 工程监理咨询有限公司处警告处罚，对项目总监闵某处 2 千元罚款的行政处罚。

（5）通辽市 GZ 房地产开发有限公司在房屋没有经过取得验收批文的情况下就交付使用。未在装修协议中告知业主装修应使用水封地漏，对本起事故负间接责任。建议由住房和城乡建设部门依据相关法律法规进行处理。

8.2.6　事故防范和整改措施

为了防止类似生产安全事故的再次发生，企业对存在的安全管理问题应立即进行整改：

（1）通辽市 XA 燃气有限公司、通辽市 XA 燃气发展有限公司要认真吸取事故教训，切实提升安全生产意识，强化主体责任落实，建立健全安全生产责任制，建立健全安全生产规章制度和操作规程，加大安全投入，落实安全生产培训，强化隐患排查，确保安全生产。在为 DY 新城小区供天然气前，必须对其附属中压管网进行严密性测试，测试合格后方可供气。

（2）山东 YT 安装有限公司要加强施工人员的培训与考核，建立健全安全生产责任制，制定符合相关法律、法规、国家标准的规章制度、操作规程，加强作业人员的教育与培训。对未按设计施工的 DY 新城附属中压管网采取相应措施，严格按设计进行施工。

（3）山东 JY 工程监理咨询有限公司应完善相关规章制度，加强教育培训，提高从业人员素质，按工程建设强制性标准进行监理。

（4）通辽市 GZ 房地产开发有限公司应吸取事故教训，完善小区内管网布局，对距离不符合要求的管网要立即整改。向业主交付楼房时，告知并要求所有业主装修时必须使用水封深度不小于 50mm 的水封地漏，并写入 DY 新城·住宅室内装饰装修管理服务协议中。

（5）开发区住房城乡建设部门应依法履行行业监管职责，严厉打击非法违法行为。督促通辽市 GZ 房地产开发有限公司完成整改，一要督促企业完善小区内管网布局，二要监督企业按设计要求制定水封地漏问题解决方案。三是解决该企业未验收问题。相关问题处理完成后，将处理情况函告事故调查组。

8.3　事故案例 3：上海市 XL 燃气管道工程有限公司"9·21"其他爆炸事故

2018 年 9 月 21 日 9 时许，位于上海市青浦区白鹤镇塘湾村发生一起其他爆炸事故，事故造成 1 人死亡，2 人重伤。

8.3.1　基本情况

1. 单位概况

（1）上海 KLXA 清洁能源股份有限公司（以下简称：KL 公司），成立于 1997 年 9 月

11 日，住所：上海市周家嘴路某号 2 幢，法定代表人：李某防，类型：股份有限公司（中外合资、未上市），经营范围：车用液化气设备的开发、改装，液化气加气站的建设与经营，提供液化气加气站工程的技术咨询和服务（依法须经批准的项目，经相关部门批准后方可开展经营活动）。

（2）上海 XL 燃气管道工程有限公司（以下简称：XL 公司），成立于 1997 年 3 月 6 日，住所：上海市闵行区光华路某号 C-242，法定代表人：黄某，类型：有限责任公司（国内合资），经营范围：燃气管道及工业管道，压力容器的安装，房屋建设工程施工、化工石油建设工程施工、市政公用建设工程施工、机电安装建设工程施工、钢结构建设工程专业施工、消防设施建设工程专业施工、防腐保温建设工程专业施工、建筑防水工程、环保工程、建设工程设计，燃气设备、锅炉、厨房设备、机电设备（除特种设备）、节能环保设备、五金交电的销售、安装，维修，燃气咨询，机械设备、自有设备租赁，以下限分支机构经营：燃气设备制造，节能环保设备制造，燃控设备制造，压力容器的安装，锅炉的安装、维修。（依法须经批准的项目，经相关部门批准后方可开展经营活动）

（3）上海 LY 蔬果种植专业合作社（以下简称：LY 合作社），成立于 2011 年 9 月 1 日，住所：青浦区华新镇火星村某号，法定代表人：刘某科，类型：农民专业合作社，成员出资总额（略），业务范围：种植蔬菜、瓜果、水稻、花卉苗木，销售食用农产品（不含生猪产品），园林绿化工程。（依法须经批准的项目，经相关部门批准后方可开展经营活动）

（4）上海 SY 建设工程有限公司（以下简称：SY 公司），成立于 2010 年 12 月 17 日，住所：上海市闵行区闵北路某弄 1-17 号、18-30 号第 13 幢，法定代表人：李某忠，类型：一人有限责任公司（自然人独资），注册资本（略），经营范围：建筑工程，土石方工程，市政工程，建筑装饰工程，建筑工程（凭许可资质经营），钢结构工程，园林绿化工程，工程设备安装（除专控），钢管、脚手架、吊车、建筑机械设备、建筑塔吊租赁，建材、五金交电的销售。（依法须经批准的项目，经相关部门批准后方可开展经营活动）

2. 事故相关情况

KL 公司将 LPG 加气站拆除工程发包给 XL 公司，签订了中山北一路 LPG 加气站拆除合同。

XL 公司将该储罐泄压、置换、拆除后，将该储罐和未去除的内置铝制防爆网交予个人金某贵进行处理。

金某贵征得 LY 合作社的合伙人郭某松同意后，将储罐运送至 LY 合作社租赁的白鹤镇塘湾村某号，并召集王某车、朱某耀在该场地进行切割。

白鹤镇塘湾村某号是白鹤镇塘湾村村民所有，白鹤镇塘湾村村委会将 32 亩土地租赁给 LY 合作社用于种植蔬菜，签订了土地承包租赁协议书。LY 合作社将其中 10 亩土地租赁给 SY 公司用于堆放钢设备，签订了土地租赁协议。SY 公司将所租赁的 10 亩土地转让给个人黄某使用，签订了土地租赁转让协议。个人黄某将该 10 亩土地租赁给 10 名个人堆放钢制品，未签订书面协议。

8.3.2 事故情况

2018 年 9 月 21 日，金某贵从虹口区中山北一路 KL 公司加气站将一经过泄压、置换、拆除处理后即将报废的 30m³ 液化石油气储罐运出，金某贵联系王某车、朱某耀、郭某松后，将该储罐运送至青浦区白鹤镇塘湾村某号，9 时许，朱某耀使用氧气和丙烷气体切割该储罐，切割的火星引燃储罐内的铝制防爆网，水和灭火器均无法控制火势，储罐随即爆炸。郭某松开车将金某贵、王某车、朱某耀送至中山医院青浦分院进行救治，金某贵和朱某耀后被 120 救护车送至上海市瑞金医院接受进一步治疗。

8.3.3　伤亡情况

此次事故造成 1 人死亡，2 人重伤。

死者：王某车，37 岁，安徽，身份证号码（略）。

伤者：金某贵，44 岁，安徽，身份证号码（略）。工种：普工，伤势：三度烧伤（爆振伤、火焰烧伤，全身，总体面积 30%，Ⅱ-Ⅲ度 30%），多处皮肤破损，创伤后伤口感染。根据现行国家标准《企业职工伤亡事故分类》GB 6441—1986 和《事故伤害损失工作日标准》GB/T 15499—1995，金某贵的伤势构成重伤。

伤者：朱某耀，37 岁，安徽，身份证号码（略）。工种：普工，伤势：多处二度烧伤（TBSA17%全身多处）。根据现行国家标准《企业职工伤亡事故分类》GB 6441—1986 和《事故伤害损失工作日标准》GB/T 15499—1995，朱某耀的伤势构成重伤。

截至目前，尚无法统计此次事故造成的直接经济损失。

8.3.4　事故原因

1. 直接原因

朱某耀在无从事切割资格且未明确储罐危险性的情况下，使用氧气和丙烷气体切割该储罐，切割的火星引燃储罐内的铝制防爆网，导致爆炸。

2. 间接原因

（1）KL 公司未对所发包的内容进行有效的全程管理。

（2）XL 公司将储罐交予不具备安全生产条件的个人进行处置；未在该储罐上设置明显的安全警示标志并明确告知储罐的危险性及处置方式；对处置过程未进行有效的安全管理。

（3）金某贵在不具备安全生产条件的情况下承接处置具有一定危险性的储罐；在未制定合理的处置方案且未预判罐体内危险因素的情况下盲目处置储罐；允许无从业资格的人员对罐体进行切割。

（4）郭某松在无合理的处置方案的情况下，私自将具有较大危险因素的储罐放置在不宜处置的场所并同意在该场所进行切割作业。

（5）王某车受金某贵委托叫来无证（焊接与热切割证）的朱某耀进行切割作业。

（6）LY 合作社租赁事发地址后，擅自改变土地性质从事经营活动；对所租赁的土地缺乏有效的安全管理。

（7）白鹤镇塘湾村委会发现上海 LY 蔬果合作社有改变土地性质使用的违法行为，未采取妥善的措施制止其违法行为，对其安全生产工作监督检查不到位。

3. 事故性质

调查组认定，这是一起生产安全责任事故。

8.3.5 处理意见

1. 对事故责任人的责任认定及处理建议

（1）上海 XL 燃气管道工程有限公司法定代表人黄某将储罐交予不具备安全生产条件的个人进行处置且未在该储罐上设置明显的安全警示标志并明确告知处置方式，对处置过程未进行有效的安全管理，对事故的发生负有责任，建议公安机关依法追究其刑事责任。

（2）金某贵在不具备安全生产条件、未制定处置方案、未预判罐体内危险因素的情况下，允许不具备从业资格的人员盲目处置储罐，对事故的发生负有责任，建议公安机关依法追究其刑事责任。

（3）郭某松在无合理的处置方案的情况下，私自将具有较大危险因素的储罐放置在不宜处置的场所并同意在该场所进行切割作业，对事故的发生负有责任，建议公安机关依法追究其刑事责任。

（4）王某车受金某贵委托叫来无证（焊接与热切割证）的朱某耀进行切割作业，对事故的发生负有责任，鉴于其在事故中死亡，不再追究其责任。

（5）朱某耀在无从事切割资格且未明确储罐危险性的情况下，盲目切割储罐，对事故的发生负有责任，建议公安机关依法追究其刑事责任。

（6）上海 KLXA 清洁能源股份有限公司副总工程师杨某伟未督促、检查本单位的安全生产工作，及时消除生产安全事故隐患。以上行为违反《中华人民共和国安全生产》第十八条第（五）款规定，对本起事故负有次要责任，依据《中华人民共和国安全生产法》第九十二条第（一）款，建议区安监局依法给予杨某伟个人行政处罚。

2. 对事故责任单位的责任认定及处理建议

（1）上海 XL 燃气管道工程有限公司未加强安全生产管理，将生产经营项目发包给不具备安全生产条件的个人；未在有较大危险因素的有关设备上，设置明显的安全警示标志；未采取技术、管理措施，及时发现并消除事故隐患，以上行为违反了《中华人民共和国安全生产法》第四条、第三十二条、第三十八条、第四十六条的规定，依据《中华人民共和国安全生产法》第一百零九条第（一）款，建议区安监局依法给予上海 XL 燃气管道工程有限公司行政处罚。

（2）上海 LY 蔬果合作社未加强安全生产管理，未采取技术、管理措施，及时发现并消除事故隐患，以上行为违反了《中华人民共和国安全生产法》第四条、第三十八条的规定，依据《中华人民共和国安全生产法》第一百零九条第（一）款，建议区安监局依法给予上海 LY 蔬果合作社行政处罚。

（3）建议区监察委对塘湾村爆炸事故相关责任人员给予进一步调查处理。

8.3.6 事故预防和整改措施

KL 公司要对所发包的内容进行有效的全程统一协调和管理。

XL 公司要评估所承包项目内容的危险性，不得将具有较大危险性的储罐交予不具备安全生产条件的个人进行处置。

LY 合作社不得擅自改变土地性质进行经营活动，要对所租赁的土地进行有效的管理。

8.4　事故案例 4：甘肃会宁县"9·24"天然气管道施工爆炸事故

8.4.1　基本情况

甘肃会宁县 HT 天然气有限公司成立于 2009 年 2 月 17 日，注册资金（略）。公司位于会宁县会师镇长征北路，占地 12469.58m²，是集城镇天然气供应、汽车加气、天然气入户安装、CNG 天然气运输为一体的新型清洁能源企业。公司建成日储运 2 万 Nm³、日加气 2 万 Nm³、配气 1200Nm³/h，中压管网（0.2～0.4MPa）北起长征北路会宁县 HT 天然气公司，南止会宁县瑞林苑住宅小区，全长 18km，现已实现雨浓嘉苑住宅小区、广场住宅小区、瑞林苑住宅、廉租房 1～20 号等 70 栋住宅楼入户，现有 3500 用户使用天然气；有雨浓宾馆、教育宾馆、会师宾馆、南苑宾馆，盘旋路酒店等 24 家商业用户使用天然气，公司现有职工 27 人，其中管理人员 8 人；加气人员 8 人，运行人员 4 人，危化品运输部人员 7 人，工程管理人员 2 人。

8.4.2　事故情况

2017 年 9 月 24 日 16 时 20 分左右，会宁县 HT 天然气有限公司在会宁县运输公司家属楼 3 号楼 2 楼某户马某忠家中安装天然气管道时，施工人员在施工过程中，没有事先将子线立管阀门关闭，盲目进行室内天然气安装施工，在发生天然气泄漏时只采用卫生纸堵塞，用户再三提醒有天然气泄漏时，作业人员李某兵说"不要紧，没关系"并继续施工，当作业人员蔡某宏用冲击钻在墙上打眼时，产生电火花点燃天然气发生爆炸，致使 3 名施工人员李某兵、蔡某宏、和某龙不同程度受伤，造成住户马某忠家中部分装修和物品损坏。事发后，会宁县 HT 天然气有限责任公司现场监管人员关闭了调压箱总阀，并将受伤人员送会宁县人民医院。经会宁县人民医院诊断：李某兵全身多处烧伤，头部外伤，头顶部皮肤破裂，破口长 4cm，流血，面部、耳朵、双上肢、手、背部等部位烧伤，烧伤面积为：Ⅰ烧伤面积约 5%，Ⅱ烧伤面积约 32%，烧伤面积严重，经医院会诊后于 2017 年 9 月 25 日转甘肃省人民医院进一步治疗；蔡某宏颜面部、颈部、双侧肩背部、双侧前臂及双手大面积烧伤，皮肤发红并部分撕脱，压痛明显，局部水泡形成，部分皮肤深Ⅱ烧伤，患者本人和家属要求转上级医院治疗，于 2017 年 9 月 25 日转甘肃省人民医院进一步治疗。和某龙颜面部、双手大面积烧伤，皮肤发红并部分撕脱，压痛明显，局部水泡形成，部分皮肤浅Ⅱ烧伤，病情平稳，患者及家属要求转上级医院治疗，于 2017 年 9 月 25日转甘肃省人民医院进一步治疗。

8.4.3　事故原因

事故发生后，县安监局、住建局第一时间到达事故现场，进行了拍照取证，并询问了住户马某忠、HT 天然气有限公司总工程师张某荣，做了现场笔录。经调查取证，初步认定此次事故是安全责任事故，造成这次事故的主要原因是：(1) 现场安全管控人员管控不到位。(2) 施工人员安全责任意识不够，现场进行动火作业时，没有关闭天然气管道，也没有打开厨房隔离门，致使天然气大量泄漏，短时间内在有限空间里聚集大量天然气，当冲击钻工作引起火花时，瞬间发生燃烧爆炸，直接导致了事故的发生。

8.4.4 事故性质

经调查，认定该事故属于安全意识和责任意识不强形成的安全责任事故。

8.4.5 处理意见

调查发现，施工过程中现场安全管控人员管控不到位，作业人员安全意识不强，在动火作业时处置措施不力、方法不当，引发了该事故的发生。经县安监局局务研究决定，并报请会宁县人民政府批复，作出如下处理意见：

1. 针对会宁县住房与城市建设管理局

（1）出现此类问题，暴露出住房城乡建设部门对所主管行业部门安全责任疏于管理，安全主管责任履行不到位，对会宁县住房与城市建设管理局在全县范围内通报批评；

（2）责成会宁县住房与城市建设管理局分管领导向县安委办作出书面检查，并于11月14日前上报；

（3）责成会宁县住房与城市建设管理局对会宁县HT天然气有限公司进行安全教育培训，并将培训计划、课程设计、签到册、考试试卷等相关影像资料上报县安委办备案；

（4）责成会宁县住房与城市建设管理局监督会宁县HT天然气有限公司进一步完善应急预案，由专家评审并进行安全应急演练，于11月底将演练相关材料上报县安委办备案；

（5）责成会宁县住房与城市建设管理局进一步加大对主管行业部门、企业隐患排查治理力度，扎实开展安全大检查，并将检查资料上报县安委办备案；

（6）责成会宁县住房与城市建设管理局全面排查主管行业领域外包工程，厘清承包、转包、分包等关系，全面排查工程队资质、作业人员资格证书等情况，督促行业部门在建工程安全施工。

2. 针对会宁县HT天然气有限责任公司

（1）针对会宁县HT天然气有限公司安全责任意识淡薄，安全教育培训不到位，安全管理疏忽，发生此类事故，对会宁县HT天然气有限公司在全县范围内通报批评；

（2）责成会宁县HT天然气有限公司主要负责人、分管负责人向县安委办作出书面检查，并于11月14日前上报；

（3）责成会宁县HT天然气有限公司妥善解决受伤人员善后事宜；

（4）责成会宁县HT天然气有限公司对因施工给住户室内造成装修及物品损失进行赔偿；

（5）责成会宁县HT天然气有限公司开展安全教育培训，并将培训计划、课程设计、签到册、考试试卷等相关影像资料上报县住房与城市建设管理局；

（6）责成会宁县HT天然气有限公司进一步完善应急演练预案，对预案进行专家评审，开展应急演练，于11月底将培训演练相关材料上报县住房与城市建设管理局备案；

（7）责成会宁县HT天然气有限公司进行内部隐患排查治理，扎实开展安全大检查，并按照日查周报的形式上报县住房与城市建设管理局；

（8）责成会宁县HT天然气有限公司对所有外包工程签订合同并报县住房与城市建

设管理局备案；

（9）根据《安全生产违法行为行政处罚办法》（国家安监总局令 第 77 号）第四十五条（生产经营单位及其主要负责人或者其他人员有下列行为之一的，给予警告，并可以对生产经营单位处 1 万元以上 3 万元以下罚款，对其主要负责人、其他有关人员处 1000 元以上 1 万元以下的罚款）第 1 款（违反操作规程或者安全管理规定作业的）相关规定，建议对会宁县 HT 天然气有限公司处以 2.9 万元罚款；对会宁县 HT 天然气有限公司主要负责人陈某明、总工程师张某荣分别处以 1 万元罚款。

8.5　事故案例 5：湖北十堰市 DFZR 城市燃气发展有限公司"5·12"燃气爆炸事故

2017 年 5 月 12 日 16 时 40 分左右，十堰市 DFZR 城市燃气发展有限公司在对张湾区 YL 理发店进行天然气（新用户）入户点火调试作业时，发生一起其他爆炸事故，导致 6 人不同程度受伤（其中一人因多器官功能障碍综合征，于 2017 年 5 月 25 日经救治无效死亡）。事故直接经济损失在所有人员康复出院，各类赔偿履行后按现行国家标准《企业职工伤亡事故经济损失统计标准》GB 6721—1986 统计核定（不含事故处罚）。

8.5.1　基本情况

1. 事故相关单位情况

（1）十堰市 DFZR 城市燃气发展有限公司（以下简称十堰 DFZR 公司），企业类型为有限责任公司（自然人投资或控股），统一社会信用代码（略），所在地位于十堰市张湾区车城西路某号，法定代表人：邓某波，成立日期 2013 年 4 月 12 日，营业期限自 2013 年 4 月 12 日至 2043 年 4 月 12 日，经营范围：燃气管网及相关设施的建设、运营、维护；燃气设施和设备的设计、建设、经营、维护；燃气的开发、生产、储运、输配、销售；车用燃气的销售及加气站的建设、经营、维护；汽车租赁；燃气计量器具的设计、生产、销售、检测及维修；燃气设备、燃气用具、仪器仪表及配件的销售、安装、维修，厨房设备、厨房用具及配件、橱柜、五金电器、百货、饮用水、净水设备、酒店设备装饰材料、锅炉、热水炉及其配套设备的销售；广告代理；保险代理；场地租赁；房屋租赁；预包装食品销售；液化石油气经营及液化气管道小区建设与经营（不含销售）；普通货运；分布式能源、冷热电三联供等项目的建设、运营、维护及热水、电能、冷水、蒸汽等附加产品的销售；集中供热项目的开发、建设、经营、管理、供热系统技术咨询及维修、供热设备、建筑材料、供热器材的生产、销售（涉及许可经营项目，应取得相关部门许可证后方可经营）。该公司持有住房和城乡建设部燃气经营许可证，许可证编号（略），有效期为：2015 年 3 月 1 日至 2018 年 3 月 1 日止。

十堰 DFZR 公司是 2016 年 1 月 1 日由"DF 汽车公司（燃气公司）"与"ZR 燃气实业（深圳）有限公司"合资成立的"十堰 DFZR 城市燃气发展有限公司"，注册资本（略），公司现有员工 377 人，10 个二级部门，成立有安全管理机构（安全监察部），公司有专职安全管理人员 7 人。主要负责人及安全管理人员持证情况：

於某铭，公司总经理，2015 年 12 月 05 日经十堰市安全生产宣传教育中心培训取得安全合格证书，证书编号（略），有效期：2015 年 12 月 05 日至 2018 年 12 月 04 日。

邓某，公司副总经理，2016 年 6 月 01 日经 DF 汽车公司职业教育培训中心培训取得 DF 汽车公司十堰管理部安全环保培训合格证。

邵某，公司安全监察部部长，2015 年 12 月 05 日经十堰市安全生产宣传教育中心培训取得安全合格证书，证书编号（略），有效期：2015 年 12 月 05 日至 2018 年 12 月 04 日。

李某明，安全监察部安全工程师，注册安全工程师执业资格证书编号（略），执业证号（略）。

李某业，市场开发部部长，2016 年 6 月 01 日经 DF 汽车公司职业教育培训中心培训取得 DF 汽车公司十堰管理部安全环保培训合格证。

王某华，LPG 事业部部长，2016 年 6 月 01 日经 DF 汽车公司职业教育培训中心培训取得 DF 汽车公司十堰管理部安全环保培训合格证。

丁某彦，工程安装部部长，2016 年 6 月 01 日经 DF 汽车公司职业教育培训中心培训取得 DF 汽车公司十堰管理部安全环保培训合格证。

万某州，工程管理部部长，2016 年 6 月 01 日经 DF 汽车公司职业教育培训中心培训取得 DF 汽车公司十堰管理部安全环保培训合格证。

杨某波，生产运营部部长，2016 年 6 月 01 日经 DF 汽车公司职业教育培训中心培训取得 DF 汽车公司十堰管理部安全环保培训合格证。

程某巍，客户服务部安全员，2016 年 6 月 01 日经 DF 汽车公司职业教育培训中心培训取得 DF 汽车公司十堰管理部安全环保培训合格证。

张某礼，LPG 事业部安全员，2016 年 6 月 01 日经 DF 汽车公司职业教育培训中心培训取得 DF 汽车公司十堰管理部安全环保培训合格证。

（2）张湾区 YL 理发店，经营场所位于十堰市张湾区 HW 街办车城西路某号（24 厂路口）的一栋建筑物一楼。类型为个体工商，经营者为郭某军，组成形式为个人经营，注册号（略），注册日期：2012 年 07 月 10 日，经营范围：理发服务（涉及许可经营项目，应取得相关部门许可后方可经营）。

该建筑物为砖混结构，共分为四层。事发点张湾区 YL 理发店位于一楼临街地段，建筑面积约为 49m²，依次分为理发区、洗头区、卫生间。其中理发区约 39m²、空间 120m³，洗头区约 8m²、空间 20m³，卫生间约 1.6m²。

2. 管道工程有关参建单位概况

（1）施工单位。ZR 宏远工程建设有限公司，营业执照注册号（略）。住所：辽阳市文圣区南新华路某号，公司类型：有限责任公司（法人独资），机构类型：企业法人，法定代表人：吴某，注册资金（略）。经营范围：市政公用工程总承包贰级，管道工程专业承包，压力管道安装改造维修、建材机械设备及五金产品的销售，建筑工程机械与设备租赁，金属结构件加工及安装（依法须经批准的项目，经相关部门批准方可开展经营活动）。该公司 1988 年 4 月 10 日取得市政公用工程施工总承包二级资质证书，证书编号（略）。该公司持有辽阳市质量技术监督局中华人民共和国特种设备安装改造维修许可证（压力管道），证书编号（略），有效期为：2019 年 6 月 2 日。

2016 年 4 月 1 日，ZR 宏远工程建设有限公司授权王某在十堰项目天然气利用工程中，作为委托的代理人从事相关协调及管理工作。具体授权权限为：委托人授权王某在十堰中国燃气所属项目公司代表委托人处理与天然气利用工程相关的协调及管理工作，但王某不得以委托人名义签订任何书面协议、承诺等文件。王某以委托人名义与第三方签订的任何书面材料，委托人均不予认可。授权期限为：从 2016 年 4 月 1 日至 2017 年 3 月 31 日止。

（2）设计单位。重庆市 CD 燃工程设计研究院，统一社会信用代码（略），住所：渝北区龙溪镇新牌坊碧海金都某楼，公司类型：联营，机构类型：企业法人，法定代表人：束某国，注册资本（略），经营范围：市政公用行业燃气（含加气站）甲级，石油天然气行业（气田地面、管道输送）乙级，工程勘察专业类工程测量丙级，建筑行业建筑工程丙级（以上经营范围按许可证核定期限从事经营）晒图、制图。该公司 2016 年 8 月 15 日分别取得中华人民共和国国家发展和改革委员会的工程咨询单位资格证书，资质等级分别为：甲级、乙级、丙级，证书编号分别为：工咨甲（略）、工咨乙（略）、工咨丙（略）；有效期分别至 2021 年 8 月 14 日；该公司持有国家质量监督检验检疫总局颁发的中华人民共和国特种设备设计许可证（压力管道），证书编号为（略），有效期为：2021 年 6 月 30 日。

（3）监理单位。洛阳 SH 工程建设集团有限责任公司，统一社会信用代码（略），住所：洛阳市吉利区中原路某号，公司类型：有限责任公司（自然人投资和控股），机构类型：企业法人，法定代表人：杨某举，注册资本（略），经营范围：承包大中小型石油化工基建项目及民用建筑工程；测绘；化工、石油工程监理（甲级）、市政公用工程监理（甲级）、房屋建筑工程监理（甲级）；建筑材料、化工产品（不含危化品）、化工设备、机械设备、电子仪器设备（不含医疗设备）的销售；房屋租赁；普通货物仓储（依法须经批准的项目，经相关部门批准方可开展经营活动）。该公司 1995 年 8 月 15 日取得住房和城乡建设部房屋建筑工程监理甲级、化工石油工程监理甲级、市政公用工程监理四级资格证书，资质等级分别为：甲级，营业执照注册号（略），有效期分别为：2019 年 11 月 17 日。

3. 燃气管道设计、施工、验收流程概况

十堰 DFZR 开发市场初步做出管道建设规划，由重庆 CD 燃气工程设计研究院进行设计并出阶段施工图，施工单位 ZR 宏远工程建设有限公司根据施工图组织施工。监理单位洛阳 SH 工程建设集团有限责任公司对施工过程中进行监理，管道项目施工完成后，由十堰 DFZR 公司组织验收。2017 年 4 月 24 日十堰 DFZR 公司下达 "HWYL 理发店热气器房燃气管道工程开工报告"（十堰 DFZR 烧施合字〔2016〕001 号），十堰 DFZR 公司、施工单位 ZR 宏远公司、监理单位洛阳 SH 工程建设集团有限责任公司等单位在施工开工报告就开工条件具备性审查等事项进行审查。5 月 2 日施工单位和监理单位在管道系统吹扫记录、管道强度性试验、管道严密性试验、保压记录单、竣工报告上签字确认。5 月 10日十堰 DFZR 公司组织公司工程管理部、生产运营部、安全监察部、客户服务部和施工单位 ZR 宏远公司、监理单位洛阳 SH 工程建设集团有限责任公司联合对 HWYL 理发店热气器房燃气管道工程进行验收，并在工程联合验收单上签字确定 "验收结论：合格"。经查，DFZR 公司未将该燃气管道（户外）项目竣工验收情况报燃气管理部门备案。

4. 燃气入户合同签订及事发当日施工情况

2017年4月5日，张湾区 YL 理发店业主郭某军（甲方）与十堰 DFZR 公司（乙方）签订了燃气入户合同，合同内容：燃气管道的设计、施工及竣工验收，范围从市政干管至进入燃气器具前 2m，合同价款 3500 元；合同第八条第（二）项约定乙方义务：落实安全措施，遵守安全施工规范。

十堰 DFZR 公司客户服务部于 5月12日对张湾区 YL 理发店下达《工商用户点火派工单》，维修大队大队长董某指派工人张某、朱某洪、温某峰 3 人对张湾区 YL 理发店进行入户点火调试。经查，事发作业现场未明确专人进行安全管理，未实施封闭管理，维修大队长董某、工人温某峰不在作业现场；作业前未下达书面《通气通知》，施工作业人员未携带检漏仪等气体检测设备。

5. 事故现场情况

事故发生后，现场未发现明显清理、破坏痕迹，事发现场，未发现其他作业工具。

6. 事故伤亡情况及直接经济损失情况

（1）朱某洪，竹山人，1963年8月14日出生，54岁，身份证号（略），十堰 DFZR 城市燃气发展有限公司职工，现住十堰市燕林小区。2017年5月24日14时15分，因多器官功能障碍综合征，经救治无效死亡。

（2）张某，南京人，1970年10月11日出生，47岁，身份证号（略），十堰 DFZR 城市燃气发展有限公司职工，现住茅箭区煤气厂家属区。因烧伤在 DF 公司总医院隔离治疗，已于 2017年6月27日康复出院。

（3）叶某舟，女，郧县人，1993年4月1日出生，24岁，身份证号（略），张湾区 YL 理发店店员（店主妻子）。因烧伤及呼吸系统灼伤在 DF 公司总医院隔离治疗。截至 2017年6月30日已完成植皮手术，正在康复治疗中。

（4）夏某群，郧西人，1987年11月5日出生，30岁，身份证号（略），张湾区 YL 理发店理发师，烧伤部位在面部和小臂，伤势较轻，系后期自行到医院医治，已于 2017年6月5日康复出院。

（5）王某，女，丹江口人，1994年11月22日出生，23岁，身份证号（略），张湾区 YL 理发店服务员，烧伤部位在右侧耳朵及后背，伤势较轻，系后期自行到医院医治，已于 2017年5月26日上午康复出院。

（6）袁某平，女，十堰人，1969年2月18日出生，48岁，身份证号（略），住址：十堰市动力社区大炉子沟160号。张湾区 YL 理发店顾客，事发当时在该发廊洗头，因全身多处烧伤在 DF 公司总医院隔离治疗。截至 2017年6月30日已完成植皮手术，正在康复治疗中。

依据现行国家标准《企业职工伤亡事故经济损失统计标准》GB 6721—1986，事故直接经济损失在所有人员康复出院，各类赔偿履行后最终统计核定（不含事故处罚）。

7. 属地监管情况

依照《中华人民共和国安全生产法》第八条第（三）款的规定，乡镇人民政府以及街道办事处、开发区管理机构等地方人民政府的派出机关应当按照职责加强对本行政区域内生产经营单位安全生产状况的监督检查，协助上级人民政府有关部门依法履行安全生产监督管理职责。张湾区 HW 街道办事处，分别于 2017年2月17日、3月12日、4月18日对事故发生场所张湾区 YL 理发店现场进行了安全生产检查；同时多次到十堰 DFZR 宣传安全生产法律法规并提醒做好安全防范工作。

8. 行业监管情况

（1）市燃气热力管理办公室，依照十堰市机构编制委员会办公室《关于将"市燃气管理办公室"更名为"市燃气热力管理办公室"及有关机构编制事项的批复》（十编办发〔2016〕2 号）文件规定，十堰市燃气热力管理办公室为我市燃气供热行业的主管部门，其主要职责：贯彻执行国家、省有关燃气供热管理法律、法规、政策、安全技术规范及标准等，负责燃气供热安全及服务质量的监督，研究拟定本市燃气供热管理办法，并组织实施；负责燃气、供热工程项目的报建审查，对新建、改建、扩建燃气、供热工程的报建、质量、安全及市场行为进行监管，核发施工许可证和经营许可证，并会同相关部门对燃气供热工程招标投标施工质量进行监督，办理竣工验收备案手续；负责燃气、供热企业及燃气器具安装维修企业资质许可，对燃气供热器具经营与安装维修服务行业进行监管；受主管部门委托依法查处燃气、供热市场、燃气工程建设的各类违章违法行为，调查处理燃气、供热市场的投诉；参与燃气供热事故的调查和处理，督促协调燃气供热行业的应急抢险、事故抢险工作；指导并监督检查燃气、供热企业的安全生产和开展行业规范达标工作；指导各县（市）区燃气、供热行业管理业务工作；承办上级交办的其他事项。2017 年元月至事故发生前，十堰市燃气热力管理办公室仅对十堰 DFZR 公司进行过两次检查，一次是春节前重大节假日例行检查，一次是省住建厅抽查十堰市安全隐患排查情况；此外未对十堰 DFZR 公司中小型末端用户施工现场进行监督检查，也未组织开展相关日常监督执法检查。

（2）张湾区住建局，市燃气热力管理办公室未将燃气行业安全生产监督职责下放至张湾区，张湾区住建局也未设置相应科室。

8.5.2 事故情况

1. 事故经过及后果

2017 年 5 月 10 日 17 时 20 分，十堰 DFZR 公司生产运营部收到安全监察部移交车城西路 HW "TE 拉面店" "CMW 热干面店" "YL 理发店" 等小微商业用户的验收资料；根据公司工作要求，生产运营部制定了小微商用户管网碰头作业计划表，定于 2017 年 5 月 12 日 14 时对车城西路 HW 街办天然气中压支线停气，由工程管理部组织施工单位进行管道碰头作业；同时将管网碰头作业计划表传送至安全监察部、工程管理部、客户服务部。

2017 年 5 月 11 日上午，生产运营部在安全监察部调度中心办理了管道作业检修工作票，做好了停气作业的准备工作。

2017 年 5 月 12 日 14 时，生产运营部管网维护大队作业人员按照计划，对车城西路 HW 街办天然气中压支线进行停气降压操作，经确认支线管道内余气放散完毕后，现场通知工程管理部组织管道碰头作业，15 时 50 分，施工单位碰头作业完成；管网维护大队作业人员恢复该支线供气，并对碰头点进行检漏，合格后对新增中压管道进行天然气置换，确认新增 RX/150 调压器运行压力正常。16 时 20 分，生产运营部完成管道碰头作业，工程完工后移交至客户服务部。

2017 年 5 月 12 日下午客户服务部根据工作计划，安排 "YL 发型" "GC 馄饨" "TE

拉面""YF 手擀面"4 家小微商进行点火工作。16 时 20 分左右，作业人员朱某洪、张某对张湾区 YL 理发店进行天然气置换，在口头告知在场的店主及一名店员置换过程中店内不能出现明火、不能使用电器及手机后，开始进行置换作业。16 时 30 分许，在置换过程中，有顾客进店洗头，叶舟舟打开热水龙头后，液化气热水器点火工作，室内置换产生的天然气遇火发生爆炸，造成现场 6 人不同程度受伤。其中一名伤者朱某洪，于 5 月 24 日 14 时 15 分因救治无效死亡；3 名伤者王某、夏某群、张某经救治现已分别康复出院，另外 2 名伤者已完成植皮手术，正在接受康复治疗。

2. 事故报告情况

事故发生后，正在隔壁进行燃气入户检查的维修大队长董某，立即电话向公司安监部及客户主管程某巍报告了事故，并电话向 119、120 报警。公司安全监察部李某明于 17 时许向市安监局二科电话报告了事故。

事故发生后，HW 街办主任陈某全、街办党委委员、武装部长李某听到消防救援报警，在跟随消防救援车辆赶赴事故现场途中，接到燕沟社区书记郝某燕的事故报告电话。HW 街办主任陈某全于 17 时左右向张湾区区委办、区政府办电话报告事故，街办党委委员、武装部长李某 17 时左右向区安监局电话报告事故。

3. 事故救援情况

事故发生后，正在隔壁"GC 馄饨"餐馆查看现场的维修大队大队长董某，看见张某从张湾区 YL 理发店方向跑过来，在听到张某汇报理发店爆燃的情况后，立即跑到位于 24 厂对面的阀门旁关闭调压器，并将事故情况电话报告公司安监部及客户主管程某巍，程某巍随后通知客户服务部副经理李某并安排车辆前往现场，李某 16 时 45 分到达现场后发现有 5 名伤员坐在路边，马上安排司机黄某生将 5 名伤员送至 DF 公司总医院进行救治。随后，5 名伤员分别被送至张湾医院 A 栋 10 层、11 层进行救治，120 救护车于 17 时 10 分赶到事故现场，将另一名伤者袁某平送到张湾医院急诊室进行救治。

事故发生后，十堰 DFZR 公司生产运营部经理、客户服务部经理、安全监察部经理及相关人员第一时间全部到事故现场组织救援工作。

接警后，HW 消防中队和公安人员及时赶到现场进行火灾扑救和现场警戒，17 时许火灾全部扑灭。张湾区政府、市燃气热力管理办公室相关主要领导也到现场进行现场救援工作指导和事故情况了解。

4. 善后工作

事故发生后，ZR 集团区域中心和十堰 DFZR 公司领导高度重视，先后于当晚 18 时 00 分和 21 时 00 分召开了二次紧急会议，布置妥善处置后续事宜和相关工作，启动内部调查程序。接到事故报告后，张湾区委、区政府主要领导高度重视，现场安排 HW 街道和区政府相关部门进行善后及事故调查工作。十堰 DFZR 公司于 2017 年 5 月 13 日成立了"5·12"燃气爆燃事故"事故处置"领导小组，由於某铭总经理负责"5·12"事故"事故处置"的统筹和协调等善后工作。目前，事故善后工作正在进行之中。

8.5.3 事故原因

1. 直接原因

DFZR 公司客户服务部维修大队工人朱某洪、张某在对张湾区 YL 理发店进行天然气通气直接置换时，违反操作规程，未设置临时放散管，导致室内天然气聚集到达爆炸极限，遇热水器启动时产生的明火发生爆炸，是导致事故发生直接原因。

2. 管理原因

（1）作业现场安全管理不到位。十堰 DFZR 公司未按相关规范要求组织人员进行燃气点火置换作业，对点火置换作业现场监督管理不到位，未有效督促现场作业人员严格遵守执行法规、标准及安全技术操作规程，未对员工使用可燃气体检测仪对现场燃气检测情况进行监督管理，作业现场未采取封闭管理措施，对无关人员进行隔离；未指派专门的管理人员负责现场安全，检查落实各项安全措施；未对相关方安全管理范围与职责进行明确界定。现场未张贴《通气通知》，未履行书面安全告知、提醒的责任和义务。

（2）安全生产操作规程未落实。十堰 DFZR 公司作业人员朱某洪、张某在对张湾区 YL 理发店天然气通气直接置换作业时，违章操作，违反现行行业标准《城镇燃气设施运行、维护和抢修安全技术规程》CJJ 51—2016 中 6 生产作业中 6.1 一般规定、6.2 置换与放散中的 6.2.3、6.2.4 条规定和 DFZR 公司《通气点火技术指引》第十六条第四款的规定，通气作业现场未配置检测仪器，未安排人员对作业现场进行浓度检测，置换作业时管道末端未设置临时放散管，置换所排放的气体直接排放在室内，导致室内天然气集聚达到爆炸极限、遇明火发生爆炸。

（3）隐患排查制度未落实。DFZR 公司违反《中华人民共和国安全生产法》第三十八条的规定。在置换作业前未对张湾区 YL 理发店现场使用液化气热水器存在双气源（作业现场存在液化气和天然气两种气源）等安全隐患进行全面排查，未发现未采取技术、管理措施对通气点火作业现场进行封闭隔离并消除这一事故隐患。

（4）安全教育培训不到位。DFZR 公司违反《中华人民共和国安全生产法》第二十五条、《生产经营单位安全培训规定》（安监总局令 第 80 号）第十五条、第十六条的规定，未将班组关于检测仪器的使用和置换放散时，作业现场应有专人负责监控压力及进行浓度检测的安全操作规程纳入教育培训内容，未保障作业人员熟悉置换作业安全操作规程，掌握本岗位的安全操作技能，了解事故应急处理措施，从业人员安全生产教育和培训考核不同程度存在流于形式问题。

（5）安全责任未落实。DFZR 公司违反《中华人民共和国安全生产法》第十九条，未严格落实安全生产责任体系，安全生产管理监督、检查、考核不到位，未发现并制止事发现场作业人员习惯性违章操作的行为；未明确置换作业现场各岗位安全责任人员、责任范围；部门安全管理人员履行职责不到位，检查督促作业人员落实各项安全措施不到位，作业人员未严格执行操作规程；燃气管道（户外）项目竣工验收情况未报燃气主管部门备案。

（6）行业监管不到位。十堰市燃气热力管理办公室作为我市燃气供热行业的主管部门，没有认真履行燃气安全监管职责，未单独制定 2017 年度执法检查计划，落实燃气经营重点单位日常监督检查工作不力，监督检查不彻底、有盲区。组织专项整治和安全生产专项检查不力，特别是在第四届国际道教论坛期间，未贯彻落实省市关于在第四届国际道教论坛期间有关安全生产工作会议精神，未组织开展第四届国际道教论坛期间城镇燃气安全生产专项整治，未督促企业对安全隐患进行排查整改。

3. 事故性质

经调查认定，十堰 DFZR 城市燃气发展有限公司"5·12"一般燃气爆炸事故是一起生产安全责任事故。

8.5.4 处理意见

1. 对事故责任人员处理建议

（1）建议免予追诉人员

朱某洪，1963 年 8 月生，十堰 DFZR 城市燃气发展有限公司员工，在对张湾区 YL 理发店燃气点火置换作业中违规操作，冒险作业，对事故负直接责任，因在事故中死亡，建议免予追究刑事责任。

（2）建议追究刑事责任人员

张某，1970 年 10 月生，十堰 DFZR 城市燃气发展有限公司员工，在对张湾区 YL 理发店燃气点火置换作业中违规操作，冒险作业，对事故负直接责任，建议由司法机关追究其刑事责任。

（3）建议企业内部追责人员

1）董某，1971 年 10 月生，十堰 DFZR 城市燃气发展有限公司客户服务部维修大队大队长。未依法履行安全生产管理职责，未按相关规范要求组织人员进行燃气点火置换作业，对点火置换作业现场监督管理不到位；未有效督促现场作业人员严格遵守执行法规、标准及安全技术操作规程和措施等，对事故发生负有直接管理责任。建议由十堰 DFZR 城市燃气发展有限公司依据本单位有关规定，给予相应的责任追究。

2）童某胜，1963 年 4 月生，十堰 DFZR 城市燃气发展有限公司客户服务部经理。未依法履行安全生产管理职责，负责组织部门安全培训教育不到位；对张湾区 YL 理发店燃气点火派工作业审核把关不严，安全管理不落实、不具体，对张湾区 YL 理发店燃气点火作业未进行监督检查，导致本部门负责的通气点火作业存在严重违法、违规行为，对事故发生负有直接管理责任。建议由十堰 DFZR 城市燃气发展有限公司依据本单位有关规定，给予相应的责任追究。

3）邵某，1965 年 6 月生，十堰 DFZR 城市燃气发展有限公司安全监察部经理，负责十堰 DFZR 有限公司安全生产监督管理工作。未依法履行安全生产管理职责，牵头起草编制和修订的安全生产规章制度不完善；指导、监督客户服务部组织开展的安全培训教育不到位；未有效监督、检查客户服务部相关管理人员严格执行现行行业标准《城镇燃气设施运行、维护和抢修安全技术规程》CJJ 51—2016 等法律法规、标准，对事故发生负有直接管理责任。建议由十堰 DFZR 城市燃气发展有限公司依据本单位有关规定，给予相应的责任追究。

4）邓某，1968 年 2 月生，中共党员，十堰 DFZR 城市燃气发展有限公司副总经理，分管公司安全监察部、生产运营部。未依法履行安全生产管理职责，未采取具体措施和有效手段督促客户服务部、安全监察部解决危险作业中违反操作规程和技术规范的问题，对事故发生负有主要领导责任。建议由十堰 DFZR 城市燃气发展有限公司依据本单位有关规定，给予相应的责任追究。

5）陈某，1970 年 5 月生，汉族，中共党员，十堰 DFZR 城市燃气发展有限公司党委副书记、纪委书记兼工会主席，分管公司客户服务部、党委工作部。未认真履行"管业务必须管安全、管生产经营必须管安全"的安全生产岗位职责，未安排部署所分管的部门开展安全生产隐患排查治理，对违反操作规程和技术规范突出问题整治不力，对事故发生负有重要领导责任。建议由十堰 DFZR 城市燃气发展有限公司依据本单位有关规定，给予相应的责任追究。

（4）建议给予行政处罚人员

於某铭，1964 年 9 月生，汉族，中共党员，十堰 DFZR 城市燃气发展有限公司党委书记、总经理，主持十堰 DFZR 公司全面工作。对 DFZR 公司安全生产工作重视不够，未依法履行安全生产管理职责，未认真执行《中华人民共和国安全生产法》《城镇燃气管理条例》（国务院令 第 583 号）《城镇燃气设施运行、维护和抢修安全技术规程》CJJ 51-2016 的有关规定，督促下级落实安全生产管理责任制不到位，审查、监督企业安全生产管理制度不严；未有效检查、督促本单位的安全生产工作，对事故发生负有重要领导责任。建议依据《中华人民共和国安全生产法》和《生产安全事故报告和调查处理条例》（国务院令 第 493 号）有关规定，由安全生产监督管理部门给予行政处罚。

（5）建议给予行政问责人员

1）曾某丰，1981 年 10 月生，汉族，中共党员，现任十堰市燃气热力管理办公室工作人员，负责燃气、热力工程的质量、安全监管工作。对此次事故负直接监管责任，建议依照干部管理权限由市住建委派出纪检组对其给予行政问责。

2）呙某安，1968 年 9 月生，汉族，中共党员，现任十堰市燃气热力管理办公室主任（正科级），主持市燃气热力管理办公室全面工作。对此次事故负主要领导责任，建议依照干部管理权限由十堰市监察局对其进行工作约谈。

以上人员，在检察机关调查中如涉及犯罪的依法追究法律责任，待检察机关作出处理后，依据有关法律法规，由纪检监察机关追究其党纪政纪责任。对上述人员的处理情况函告区监察局、安监局备案。

2. 对事故责任单位的处理建议

十堰 DFZR 公司，未认真落实企业主体责任，安全教育培训不到位，作业现场隐患排查和安全管理不到位，对事故现场违规、违章操作行为未及时发现和制止，对事故发生负有管理责任，建议依据《中华人民共和国安全生产法》和《生产安全事故报告和调查处理条例》（国务院令 第 493 号）有关规定，由安全生产监督管理部门依法予以行政处罚。

3. 对行业监管单位的处理建议

建议市燃气热力管理办公室向市住建委作出书面检查。

8.5.5　事故防范和整改措施

1. 十堰 DFZR 城市燃气发展有限公司应严格落实企业主体责任

（1）十堰 DFZR 公司要深刻吸取事故教训，立即停止所有天然气安装项目施工作业，进行全面隐患排查整治，整改不到位严禁复工。同时要牢固树立"红线"意识，按照"管业务必须管安全、管生产经营必须管安全""五落实五到位"的要求，认真落实安全生产责任制，明确公司各层级安全生产岗位职责，层层压实安全生产责任制，做到各环节、各岗位安全生产责任到位、安全管理到位。

（2）进一步加强从业人员安全生产教育培训，完善各项规章制度和操作规程。要将现行行业标准《城镇燃气设施运行、维护和抢修安全技术规程》CJJ 51—2016 中相关规定纳入教育培训考核内容，严禁培训不合格的人员上岗作业。要严格执行相关标准规范，完善公司规章制度和操作规程，把在通气点火作业流程中，作业现场应有专人负责监控压力及进行浓度检测作为现场安全确认的必备内容。

（3）根据国家安监总局《安全生产培训管理办法》第十二条第（一）款规定，责令十堰 DFZR 公司主要负责人和安全生产管理人员从新参加安全培训。安全培训并考核合格的人员及数量与企业经营规模相适应，最低人数应符合《住房和城乡建设部关于印发〈燃气经营许可管理办法〉和〈燃气经营企业从业人员专业培训考核管理办法〉的通知》（建城〔2014〕167 号）的要求。

2. 落实属地及城镇燃气行业主管部门的安全监管职责，加强对燃气经营企业的安全监管

各级政府及燃气行业主管部门要按照"管行业必须管安全、管业务必须管安全、管生产经营必须管安全"和"谁主管谁负责""谁许可谁负责""谁发证谁负责"以及"一岗双责"的有关原则和要求，切实落实属地及有关行业部门的安全监管责任，加大执法和监督检查力度，进一步加强城镇燃气行业的安全监管工作。对危险性生产经营行为要严把市场准入和行政许可关，强化"三同时"审查和竣工验收，加强源头管控；要充分利用隐患排查"两化"系统，实现企业监管全覆盖；要加强对企业的日常监督检查，督促企业整改隐患和问题。

3. 强化城镇燃气安全专项整治

城镇燃气行业主管部门要认真贯彻省市安委会关于加强安全生产工作的有关精神，进一步加强城镇燃气行业安全管理工作，强化城镇燃气安全专项整治。要按照"全覆盖、零容忍、严执法、重实效"的总要求，采取切实有效的措施，全面深入排查安全生产隐患，努力使安全检查活动和隐患排查治理工作制度化，杜绝此类事故的再次发生。

8.6 事故案例6：四川南江县某天然气有限责任公司"8·15"天然气爆燃事故

8.6.1 基本情况

（1）事故名称：南江县某天然气有限责任公司"8·15"天然气爆燃事故。

（2）事故时间：2015 年 8 月 15 日 5 时 10 分左右。

（3）事故地点：南江县某天然气有限责任公司野羊溪收发球站。

（4）事故单位：南江县某天然气有限责任公司。

营业执照注册号（略）

燃气经营安全许可证：无

企业类型：有限责任公司

企业地址：南江县南江镇红星街某号

（5）事故性质：责任事故。

（6）事故类别：爆燃。

（7）事故等级：一般事故。

（8）伤亡情况：死亡1人（表8.6-1）。

伤亡情况统计表 表8.6-1

姓名	性别	年龄	民族	籍贯	工种	是否受过安全教育	伤害程度
侯平	男	32	汉	南江县沙河镇	巡线工	否	死亡

（9）直接经济损失：100万元。

8.6.2 事故单位概况

南江县某天然气有限责任公司于2000年6月23日成立，由四川CJ创业能源有限公司和南江县国资办共同出资联合组建的股份制企业。CJ公司和县国资办分别占有股份51%和49%，四川CJ创业能源有限公司股本金510万元，南江县国资办股本金490万元。南江县人民政府办公室《关于确定南江县某天然气有限责任公司为我县天然气工程建设业主的通知》授予南江县某天然气公司在南江县境内的天然气特许经营权，巴中市建设局于2002年为其颁发了"三级燃气燃烧器具安装维修企业"资质证书；县建委于2001年批准县天然气公司为城市燃气三级安装企业；县公安局于2000年为其颁发了"危险物品安全管理许可证"。经营范围：零售天然气，石油液化气，燃气器具、材料、仪表，液化气灌瓶充装，供气工程安装、施工。现有职工84人。设有办公室、安全督查部、财务部、管网部、客服部、工程部、事务部七个部门。现拥有巴中至南江天然气长输管道直径133cm管道约45km，直径219cm管道约18km，直径159cm管道复线约32km。现有用户约2.8万户，日供气量约2.5万m^3。2015年8月15日17时10分，该公司野羊溪收发球站进行通气作业时发生爆燃事故，导致一名作业工人当场死亡。

8.6.3 事故情况

2015年8月14日，南江县某天然气有限责任公司安排管网部和施工队对长输管网马掌铺、野羊溪养猪场两处存在的安全隐患进行整改，14日14时关闭元潭往南江方向阀井，同时野羊溪放空阀开始排空，于18时排空完毕。四川YX建设工程有限公司在元潭阀井处对管道进行氮气置换，20时30分氮气注入结束。随后对马掌铺段、野羊溪养猪场段开始进行碰口施工，到15日凌晨3时50分两处碰口作业结束，凌晨4时开启元潭至南江方向的土阀门。凌晨4时50分管网部部长杨某强开车同公司安全督查部部长李某彬、管网部工人侯某、杨某四人一同到野羊溪收发球站进行放空通气作业，杨某强将车停在距收发球站大门约8m远处，同时安排侯某和杨某去打开放空阀进行排空，杨某强因肚子不舒服方便去了，李某彬、侯某、杨某一同进入收发球站，侯某打开阀门，杨某站在旁边，李某彬观测压力表，阀门打开后2~3min后，3人出了收发球站，李某彬和杨某回到车上，侯某站在后排车门外，李某彬因太困了上车就开始睡觉。过了3~4min侯某又回到收发球站准备关阀门，进去1~2min，收发球站内传出一声巨大的爆炸声，同时球站内燃起熊熊大火。杨某强逃生至野羊溪老桥，车内的李某斌和杨某向沙河交警中队方向逃生。同时李某斌拨打119求助，并向公司张总、岳总、吴总通报情况，侯某未能逃生。之后杨某强安排杨某、张某开车去关闭位于洛坪将营村的阀门，并打电话通知下两护线员杨某关闭位于下两医院的阀门。同时通知施工队到事故现场设立警戒线，在等待救援的同时杨某强打电话通知沙河卫生院和沙河派出所请求救援。5时50分左右，公司吴总赶到了现场，6时10分左右，消防队赶到现场。火势减弱后用高压水枪将明火扑灭，公司张总到收发球站内查看发现侯某已经身亡并碳化。侯某的亲戚何某亮和赶到现场的南江县殡仪馆工作人员一同将侯某的遗骸清理到骨灰盒内，送入南江县殡仪馆处理善后事宜。

8.6.4 事故原因

事故调查组通过对现场的勘察以及对有关人员的调查和询问，认定此次事故为责任事故，其原因为：

1. 直接原因

（1）管道内有部分空气与天然气混合，阀门打开后管道内气体快速过流造成管道内的硫化铁残渣与管壁或阀门接头处发生摩擦产生火花，引起爆燃；

（2）分离器前后的阀门连接之间年久失修，在操作过程中产生漏气和静电；

（3）泄漏的天然气携带硫化亚铁粉末遇空气氧化自燃。

2. 间接原因

（1）作业工人无特种作业资格证。

（2）作业工人着非工作服上岗作业。

8.6.5 处理意见

根据《中华人民共和国安全生产法》相关规定，结合事故原因，对事故责任划分和有关责任人的处理提出如下意见：

南江县某天然气有限公司，对收发球站这一重大危险源，特别是对其用途改变未进行登记建档，未进行定期检测、评估、监控，未制定应急救援预案；收发球站的设施、设备及其四周无安全警示标志；对从业人员的安全知识、操作规程、培训教育不到位，不能保证从业人员具备必要的安全生产知识，熟悉有关的安全生产规章制度、操作规程和掌握本岗位的安全操作技能；未采取技术、管理措施及时发现并消除事故隐患。其行为违反了《中华人民共和国安全生产法》第二十五条第（一）款，第三十二条，第三十八条第（一）款的规定，依据《中华人民共和国安全生产法》第一百零九条第（一）款的规定，建议给予罚款20万元的行政处罚。

侯某，南江县某天然气有限公司管网部巡线工，副部长，事故段片区负责人，违章作业、着非工作服作业，鉴于其在事故中死亡，不再追究其责任。

吴某，南江县某天然气有限公司董事长；张某江，南江县某天然气有限公司总经理，安全生产第一责任人，对此次事故负有领导责任，其公司已对二人按公司制度给予处理，建议不再给予处理。

岳某，南江县某天然气有限责任公司副经理，分管网管部工作对此次事故负有管理责任，其公司已按公司制度给予处理，建议不再给予处理。

8.6.6 事故防范和整改措施

（1）天然气行业属高危行业，公司要加强施工作业现场的监督检查工作，严格施工组织设计，落实安全措施，杜绝无安全管理，无组织的施工作业。

（2）要认真吸取这次事故教训，引以为戒，加强安全生产管理工作，要落实全员安全生产责任制，督促单位安全管理人员学习与本单位所从事的生产经营活动相应的安全生产知识和管理能力，完善安全生产管理制度和各项作业规程，建立有效的监督体系和管理措施，促使一线人员认真安全履职。

（3）要加强从业人员安全生产培训教育，增强安全意识，培育从业人员遵守和执行安全生产各项规章制度的自觉性。认真组织职工岗位操作技能的学习，确保职工对岗位操作应知应会。掌握作业场所的危险危害因素，建立职工相互纠正违章行为的管理制度。

（4）要加强设施、设备安全隐患排查整治工作，建立并完善排查治理管理工作制度及基础台账，抓好管道保护工作的监督和管理，搞好管线的检测和评价工作，完善事故应急救援预案，扎实做好事故应急演练。

8.7 事故案例 7：甘肃兰州市 LZ 大学医学校区南校区"7·20"燃气爆燃事故

2015 年 7 月 20 日 7 时 32 分，由甘肃 DJ 建设集团公司兰州公司施工的 LZ 大学医学校区南校区学生公寓综合维修工程施工现场发生天然气爆燃事故，导致 31 人受轻伤，周边部分居民生活用气中断，校区 6 号公寓楼、7 号公寓楼、兰大附小教学楼及相邻居民楼门窗玻璃被震碎，造成直接经济损失 21.5 万元（不含事故调查费用及罚款）。

8.7.1 基本情况

1. 事故相关单位基本情况

（1）甘肃 DJ 建设集团公司及附属兰州公司基本情况

甘肃 DJ 建设集团公司成立于 1990 年 9 月 1 日，注册于武威市工商行政管理局，注册号（略），注册地址甘肃省武威市南关中路某号，法定代表人：王某某，注册资金（略），公司类型：国有，经营范围：承担各类工业与民用建筑、市政公用工程的总承包；公路工程、水利水电工程的总承包；各类钢结构工程、建筑装修装饰工程、起重设备安装的专业工程承包；建筑机械、设备租赁。该公司取得了住房和城乡建设部颁发的《建筑业企业资质证书》，主项资质等级为房屋建筑工程施工总承包一级、市政公用工程施工总承包二级、建筑装修装饰工程专业承包二级、钢结构工程专业承包二级等，证书编号（略），取得了甘肃省住房和城乡建设厅颁发的《安全生产许可证》，证书编号（略），有效期：2014 年 5 月 18 日至 2017 年 5 月 17 日。

2013 年 8 月 13 日，甘肃 DJ 建设集团公司成立了兰州公司，注册于兰州市城关区工商局，属全民所有制分支机构（非法人），注册号（略）。

（2）甘肃 LC 建设监理有限责任公司基本情况

甘肃 LC 建设监理有限责任公司成立于 2014 年 5 月 20 日，注册于兰州市城关区工商行政管理局，注册号（略），注册地址：兰州市城关区酒泉路街道静宁路某号，法定代表人：王某某，注册资本（略），公司类型：有限责任公司（自然人独资），营业期限：2014 年 5 月 20 日至 2024 年 5 月 19 日，经营范围：建筑工程监理及技术服务。该公司取得了房屋建筑工程监理乙级和市政公用工程监理乙级资质，证书编号（略），可以开展相应类别建设工程的项目管理、技术咨询等业务。

（3）LZ大学基本情况

LZ大学创建于1909年，由教育部直属的综合性全国重点大学。取得了国家事业单位登记管理局颁发的《事业单位法人证书》，有效期：2014年1月1日至2019年5月31日。法定代表人：王某，单位住所：甘肃省兰州市城关区天水南路路某号，经费来源：财政补助、事业收入、附属单位上缴、捐赠收入，开办资金（略），举办单位：教育部。

LZ大学后勤管理处下设办公室、工程管理科、住宅管理科三个内设机构。主要职责为根据学校事业发展规划，编制学校后勤保障基础设施维修改造计划，并组织实施；负责学校后勤系统的各类维修改造项目（实验室除外）招标采购工作。具体包括房屋修缮改造、装饰装修，园林绿化工程（新建项目周围园林绿化工程除外），旧建筑物拆除工程（新建项目原址旧建筑物拆除工程除外）的采购和招标工作；小型基础设施改造工程和后勤专项经费项目的采购和招标工作；施工工程由工程管理科具体负责。

2. 工程项目基本情况

LZ大学学生公寓综合维修（医学校区南区）工程项目（城关区定西北路33号），是在主体结构不变的情况下对学生公寓进行综合维修，主要施工内容包括砖混结构小二楼拆除施工、砌体及混凝土地面拆除施工等拆除工程、土建工程、装饰装修工程、安装工程和防水工程等。

2015年4月16日，LZ大学后勤管理处对全校各校区2015年1月至2016年1月后勤管理处维修改造工程监理进行公开招标，甘肃LC建设监理有限责任公司中标并签订了《建设工程委托监理合同》。

2015年7月7日，LZ大学后勤管理处组织召开LZ大学学生公寓综合维修（医学校区南区）工程项目施工单位招标会议，确定甘肃DJ建设集团公司为中标单位，中标价1329647.45元，开工时间：2015年7月11日，竣工日期：2015年8月21日，工期41天。至事故发生之日，双方未签订工程施工合同，也未取得施工许可证。

8.7.2 事故情况

1. 事故发生经过

2015年7月18日，甘肃DJ建设集团公司兰州公司LZ大学学生公寓综合维修工程（医学校区南区）项目部（以下简称兰大项目部）按照LZ大学工程建设要求，由项目负责人毛某某组织施工人员对砖混结构小二楼实施拆除作业。项目部施工队负责人白某某安排郭某某组织普工白某某、白某某、挖掘机司机寇某某，使用挖掘机破碎拆除小二楼，并清理回收其中的钢筋。7月19日16时许，在拆除砖混结构小二楼过程中，挖掘机司机寇某某操作挖掘机拆除该楼东南角处已停止使用的煤气计量表，致使连接的DN80钢质输气管道损坏，造成天然气泄漏。现场施工人员闻到燃气味道，项目负责人毛某某和现场负责人何某某得知情况后，分别向兰大后勤管理处工程管理科工程师韩某某和兰大附小副校长吴某进行了报告，2人未到现场核查并组织排除泄漏隐患，也未向相关部门和单位报告。7月20日上午7时32分，泄漏扩散到已拆除小二楼南侧7号学生公寓楼一楼的天然气受周围施工活动的影响发生爆燃，导致31人受轻伤，周边590户居民生活用气中断，该校区 6 号公寓楼、7 号公寓楼、兰大附小教学楼和相邻居民楼共 193 户居民门窗玻璃被震碎，直接经济损失 21.5 万元。

2. 事故救援情况

事故发生后，省安监局、市政府、市公安、建设、安监、消防等部门及城关区政府、LZ 大学、甘肃中石油 KL 燃气公司立即组织人员赶赴事故现场进行抢险救援。通过采取关闭天然气管道阀门、对爆炸燃烧的天然气进行水雾稀释、降温灭火和现场警戒等措施，明火于 10 时 20 分被扑灭。后经甘肃中石油 KL 燃气公司对周边燃气管网安全运行情况进行全面排查，并对泄漏点实施封堵，于当日 17 时恢复了对周边天然气用户的正常供气。7 月 21 日，兰州市公安局城关分局对 7 名事故直接责任人依法采取了强制措施。7 月 27 日，31 名受伤人员全部治愈出院。

8.7.3 伤亡情况

（1）事故级别：一般生产安全事故。

（2）受伤人员情况：31 人轻伤。

（3）事故直接经济损失：21.5 万元（不含事故调查费用及罚款）其中：门窗受损 15.5 万元，车辆受损 3 万元，医院救治伤者费用 2.73 万元，甘肃中石油 KL 燃气公司受损 0.27 万元。

8.7.4 事故原因

经调查认定，本起事故是因项目施工单位盲目违规施工作业，项目施工单位、监理单位、建设单位未履行安全管理职责，城关区城市管理行政执法局、渭源路街道办事处对违法建设项目查处不力造成的责任事故。

1. 直接原因

甘肃兰大项目部挖掘机操作员寇某某在对现场燃气设施管线摸排不清的情况下，盲目作业，操作挖掘机拆除已停止使用的煤气计量表，由此导致与其相连接的 DN80 钢质输气管道损坏，导致天然气泄漏，扩散至七号楼一楼室内与空气形成混合爆炸气体，因周边施工活动影响，引发爆燃，是造成本起事故发生的直接原因。

2. 间接原因

（1）甘肃兰大项目部施工管理人员配备不齐全（未配备技术负责人、安全员等管理人员）未对施工人员进行安全技术交底，未对施工人员进行安全教育，施工组织设计未经监理单位和建设单位审批，盲目组织施工；

（2）LZ 大学在实施医学校区南区学生公寓综合维修工程过程中，项目未取得施工许可证，违法建设；未与施工单位签订安全生产管理协议，明确各自的安全生产管理职责；施工前未排摸并向施工单位提供施工范围内燃气管线相关情况，也未与甘肃中石油 KL 燃气有限公司及时进行沟通协调，并制定燃气设施保护方案；

（3）甘肃 LC 建设监理有限责任公司现场监理不到位，在施工单位管理人员不到位、施工组织设计未经审查批准同意的情况下即开始施工的行为未及时制止，未采取有效措施制止现场施工人员的违章违规施工行为，也未提出安全防护要求及安全防范措施；

（4）城关区城市管理行政执法局对辖区内违法建设行为查处不力、城关区渭源路街道办事处对辖区内违法建设项目监督检查不到位。

8.7.5 处理意见

1. 对事故责任人员的处理建议

（1）寇某某，甘肃兰大项目部挖掘机司机，盲目作业，对本起事故的发生负有直接责任。以上行为违反了《中华人民共和国治安管理处罚法》第三十三条第（一）款规定，已由公安机关依据《中华人民共和国治安管理处罚法》处以了15天行政拘留。

（2）郭某某，甘肃 DJ 建设集团公司兰州公司兰大项目部施工组织人，在未对拆除建筑内的燃气设施制定安全保护措施的情况下，盲目组织施工，对本起事故发生负有主要责任，以上行为违反了《中华人民共和国治安管理处罚法》第三十三条第（一）款规定，已由公安机关依据《中华人民共和国治安管理处罚法》处以了15天行政拘留。

（3）白某某，甘肃 DJ 建设集团公司兰州公司兰大项目部施工队负责人，在施工单位未对施工人员进行安全教育和技术交底的情况下，即安排人员，盲目施工，对本起事故的发生负有直接管理责任，以上行为违反了《中华人民共和国治安管理处罚法》第三十三条第（一）款规定，已由公安机关依据《中华人民共和国治安管理处罚法》处以了15天行政拘留。

（4）何某某，甘肃 DJ 建设集团公司兰州公司兰大项目部现场负责人，未对施工现场作业人员进行安全生产教育培训，未明确施工人员岗位职责，未对施工行为进行安全检查，对本起事故的发生负有现场管理责任，以上行为违反了《中华人民共和国治安管理处罚法》第三十三条第（一）款规定，已由公安机关依据《中华人民共和国治安管理处罚法》处以了15天行政拘留。

（5）毛某某，甘肃 DJ 建设集团公司兰州公司兰大项目部项目负责人，未将工程施工组织设计报送建设方、监理方审批，未组织编制技术交底文件，未对施工队进行技术交底，对本起事故的发生负有重要管理责任，以上行为违反了《中华人民共和国治安管理处罚法》第三十三条第（一）款规定，已由公安机关依据《中华人民共和国治安管理处罚法》处以了15天行政拘留，依据《安全生产领域违法违纪行为政纪处分暂行规定》第十二条第（一）、（二）、（三）款规定，建议责成甘肃 DJ 建设集团公司给予其留用察看处分。

（6）韩某某，LZ 大学后勤管理处工程管理科工程师，项目建设单位现场代表，对施工单位盲目施工监督不到位，在接到施工单位现场负责人反映施工现场有异味气体的报告后，未到现场核查并组织排除泄漏隐患，也未向相关部门和单位报告，对本起事故的发生负有直接管理责任，以上行为违反了《中华人民共和国治安管理处罚法》第三十三条第（一）款规定，已由公安机关依据《中华人民共和国治安管理处罚法》处以了15天行政拘留，责成 LZ 大学按干部管理权限和相关管理规定追究责任。

（7）吴某，LZ 大学附属小学副校长，负责 LZ 大学学生公寓综合维修（医学校区南区）项目涉及兰大附小的协调工作，在接到施工单位现场负责人反映施工现场有异味气体报告后，未到现场核查并组织排除泄漏隐患，也未向相关部门和单位报告，对本起事故的发生负有管理责任，以上行为违反了《中华人民共和国治安管理处罚法》第三十三条第（一）款规定，已由公安机关依据《中华人民共和国治安管理处罚法》处以了15天行政拘留，责成 LZ 大学按干部管理权限和相关管理规定追究责任。

（8）张某，甘肃九建兰大项目部项目经理，对于施工现场安全检查监督检查不到位，未履行安全生产管理职责，对本起事故的发生负有主要管理责任，以上行为违反了《中华人民共和国安全生产法》第二十二条第（一）、（二）、（六）款规定，依据《安全生产领域违法违纪行为政纪处分暂行规定》第十二条第（七）款规定，建议责成甘肃 DJ 建设集团给予其撤职处分，并依据《中华人民共和国安全生产法》第九十二条第（一）款规定，建议处以上年年收入 30％（10870 元）罚款的行政处罚。

（9）刘某某，甘肃 DJ 建设集团公司兰州公司副经理（负责全面工作），作为公司安全生产工作第一责任人，安全生产责任制不落实，对本起事故的发生负有主要领导责任。以上行为违反了《中华人民共和国安全生产法》第十八条规定，依据《安全生产领域违法违纪行为政纪处分暂行规定》第十二条第（七）款规定，建议责成甘肃 DJ 建设集团给予其行政记大过处分，并依据《中华人民共和国安全生产法》第九十二条第（一）款规定，建议处以上年年收入 30％（10870 元）罚款的行政处罚。

（10）王某某，甘肃 LC 建设监理有限责任公司总监理工程师，未有效履行监理职责，现场安全监理不到位，对本起事故的发生负有监理责任，违反了《建设工程安全生产管理条例》（国务院令 第 393 号）第十四条第（三）款规定，依据《建设工程安全生产管理条例》（国务院令 第 393 号）第五十八条规定，建议由建设主管部门责令停止执业 1 年。

（11）王某，甘肃 LC 建设监理有限责任公司法定代表人，作为公司安全生产第一责任人，对该公司 LZ 大学综合维修项目监理部执行监理规范不到位监督检查不力，对本起事故的发生负有重要领导责任；以上行为违反了《中华人民共和国安全生产法》第十八条第（五）款规定，依据《中华人民共和国安全生产法》第九十二条规定，建议处以上年年收入 30％（65164 元）罚款的行政处罚。

（12）邓某某，LZ 大学后勤管理处工程管理科科长，未督促施工单位上报施工方案，未针对拆除工程与甘肃中石油 KL 燃气有限公司签订燃气设施保护协议，对本起事故的发生负有直接领导责任，违反了《中华人民共和国安全生产法》第二十二条规定，依据《安全生产领域违法违纪行为政纪处分暂行规定》第十二条第（七）款规定，建议责成 LZ 大学给予其撤职处分。

（13）武某，LZ 大学后勤管理处副处长，对施工现场安全监督检查不到位，对本起事故的发生负有重要领导责任；以上行为违反了《中华人民共和国安全生产法》第二十二条规定，依据《安全生产领域违法违纪行为政纪处分暂行规定》第十二条第（七）款规定，建议责成 LZ 大学给予其行政降级处分。

（14）苟某某，LZ 大学后勤管理处处长，作为项目建设单位主要负责人，未督促落实建设单位安全责任制，对本起事故的发生负有主要领导责任；以上行为违反了《中华人民共和国安全生产法》第十八条规定，依据《安全生产领域违法违纪行为政纪处分暂行规定》第十二条第（七）款规定，建议责成 LZ 大学给予其行政记大过处分，并依据《中华人民共和国安全生产法》第九十二条第（一）款规定，建议处以上年年收入 30％（51147 元）罚款的行政处罚。

（15）丁某某，兰州市城关区城市管理行政执法局副局长，分管违法建设查处，对辖区内违法建设项目查处不力，也未及时上报，对本起事故的发生负有主要领导责任；依据

《兰州市查处违法用地和违法建设责任追究暂行办法》第十七条第（三）款规定，建议责成城关区政府给予其行政记过处分。

（16）慕某，兰州市城关区渭源路街道办事处副主任，分管城市管理，对辖区内违法建设巡查和监督不到位，也未及时上报，对本起事故的发生负有主要领导责任；依据《兰州市查处违法用地和违法建设责任追究暂行办法》第十八条第（二）款规定，建议责成城关区政府给予其行政记过处分。

2. 对责任单位的处理建议

（1）甘肃 DJ 建设集团公司兰州公司兰大项目部，未按规定配齐施工管理人员，安全管理制度不健全，未对施工人员进行安全技术交底和安全教育，施工组织设计未经监理单位和建设单位审批，盲目组织施工，对本起事故的发生负有直接责任，依据《中华人民共和国安全生产法》第一百零九条第（一）款规定，建议处以 48 万元罚款的行政处罚，并依法赔偿对甘肃中石油 KL 燃气集团造成的经济损失 0.27 万元；

（2）LZ 大学，在学生公寓综合维修（医学校区南区）工程施工前未取得施工许可证，违法开工建设；未与施工单位签订安全生产管理协议，明确各自的安全生产管理职责；施工前未排摸并向施工单位提供施工范围内燃气管线相关情况，未与甘肃中石油 KL 燃气有限公司及时进行沟通协调，并制定燃气设施保护方案，对本起事故发生负有主要责任，依据《中华人民共和国安全生产法》第一百零九条规定，建议处以 40 万元罚款的行政处罚。

（3）甘肃 LC 建设监理有限责任公司，对该项目施工组织设计未经审查批准同意、未配齐施工管理人员的情况下即开始施工的行为未能及时制止；对施工单位的施工行为监理不到位，对现场施工人员的违章违规施工行为未采取有效措施予以制止，也未提出安全要求及安全防范措施，现场监理不到位，对本起事故的发生负有监理责任，依据《中华人民共和国安全生产法》第一百零九条第（一）款规定，建议处以 40 万元罚款的行政处罚。

（4）城关区城市管理行政执法局对辖区内违法建设行为查处不力，城关区渭源路街道办事处未及时排查和制止建设单位违法建设行为，对辖区内违法建设监督检查不到位，对本起事故的发生负有重要管理责任，建议责成城关区城市管理行政执法局、城关区渭源路街道党工委、办事处，向城关区委、区政府作出书面检查并在全区通报批评。

对责任人王某某的行政处罚，由市建设部门执行，对责任单位和其余责任人的行政处罚，由市安监部门执行，处理结果报市安委会办公室；对责任人的政纪处分，由责任人所在单位和城关区政府依照干部管理权限执行，处理结果报市安委会办公室、市监察局，甘肃 DJ 建设集团公司同时将处理结果报武威市监察局。

8.7.6　事故防范和整改措施

（1）甘肃 DJ 建设集团公司，要深刻吸取并认真总结这起事故教训，举一反三，按照"四不放过"的原则，加强安全生产管理，坚决防止类似事故的再次发生。一是要认真贯彻落实习近平总书记"人命关天，发展决不能以牺牲人的生命为代价。这必须作为一条不可逾越的红线"的要求，严格执行《中华人民共和国安全生产法》《中华人民共和国建筑法》和《建设工程安全生产管理条例》（国务院令 第 393 号）等国家、省市有关安全生产的法律法规和安全技术标准、规范，切实落实项目施工总承包单位的安全生产主体责任。二是要加强安全生产培训教育工作，严格落实"三级"安全教育，加强安全管理人员、特种作业人员、进城务工人员和新进员工的安全教育培训。三是要加强安全生产规章制度建设，进一步健全和完善各项安全生产管理制度和安全作业规程。四是要加强施工现场安全管理，落实各级安全生产责任制，强化安全生产事故隐患排查治理，认真开展反对违章指挥、违章操作和违反工作纪律的反"三违"活动，及时消除各类安全生产事故隐。

（2）LZ大学，要进一步加强对建设项目的管理，认真落实建设单位的安全责任。一是严格贯彻执行《中华人民共和国建筑法》《中华人民共和国安全生产法》《建设工程安全生产管理条例》（国务院令 第393号）法律法规，依法报批建设项目；二是要进一步完善安全生产管理制度和安全生产责任制，堵塞制度漏洞和管理盲区；三是要进一步加强承包商管理，对承包商实施动态管理，督促施工单位严格落实安全职责；四是要认真汲取事故教训，要在全校范围内认真组织开展一次安全生产大检查，彻底检查事故易发的重点场所、要害部位、关键环节，对排查出的隐患、问题要建立隐患排查治理台账，落实整改措施、责任、资金、时限和预案，限期进行整改，确保校园安全。

（3）甘肃LC建设监理有限责任公司，要严格履行工程监理职责。一是要严格审查施工组织设计中的安全技术措施或者专项施工方案是否符合工程建设强制性标准；二是要严格按照现行国家标准《建设工程监理规范》GB/T 50319—2013实施监理活动，施工组织设计未经审查通过，作业人员安全技术交底不到位，从业人员未经三级安全教育，一律不准开工；三是要严格落实施工过程中的安全责任，发现存在安全事故隐患的，应当立即要求施工单位整改，隐患严重不能保证安全生产的，应当及时书面报告建设单位，要求施工单位停止施工，建设单位拒不采纳的，要及时向有关主管部门报告。

（4）甘肃中石油KL燃气有限公司，要从深刻汲取事故教训，认真总结燃气设施多次被损坏的深层次原因，按照市政府办公厅《关于加强建设项目施工过程中地下管线保护工作的通知》（兰政办发〔2014〕274号）要求，严格履行燃气设施保护主体责任。一是要加快地下管网基础资料的完善，收集完善地下管网资料，对管线位置不清的，应采取措施查明具体位置，尽快形成完整准确的图纸、档案资料；二是加要建立完善动态的隐患排查治理台账，全面掌握地下管线权属、建设年代、运行状况、安全状况、配套安全设施、运行维护责任等，基础对排查出的隐患进行整治，对于废弃管道，要采取从阀井盲板隔断等措施，杜绝废弃管道与管网连接；三是进一步加强管线巡查的责任落实，开展专项监督检查，进一步落实巡线责任；四是要积极配合建设单位、设计单位查询地下管网资料的要求，及时提供详细、准确、完整的地下管网资料并加盖公章；五是要加大宣传力度、完善奖励办法，调动全社会参与保护燃气设施的积极性。

（5）各部门要严格落实燃气管网保护监督管理责任，规划部门在规划审批前，要会同发改、工信、建设等部门，召集地下管网产权单位向建设单位提供真实、准确、完整并加盖公章的管线资料。市、县建设，规划，城管执法部门要深刻吸取事故教训，深入开展建设工程领域打非治违专项行动，按照职责分工，严查非法违法建设行为。

（6）各级政府要严格落实燃气管网保护的属地监管责任，各县区、"三区"管委会、各部门要按照"全覆盖、零容忍、严执法、重实效"的总要求，要认真贯彻落实2015年7月31日全国安全生产工作视频会议和省、市安委会第三次全体（扩大）会议的部署要求，进一步深化"六打六治"打非治违专项行动和重点行业领域专项整治，加大对建筑施工和市政基础建设项目的监管力度，按照《兰州市安全生产委员会关于开展全市安全生产大检查的通知》（兰安委发〔2015〕15号）的安排要求，结合全市正在开展的校园安全专项治理、建筑施工和城镇燃气安全专项整治进一步深化安全生产大检查工作。各乡镇、街道，要扎实推进"五级五覆盖"和"五落实五到位"安全生产责任体系建设，强化对辖区内非法违法建设行为的监督检查，确保全市安全生产形势持续稳定。

8.8 事故案例8：安徽合肥市包河区中国 NH 工程有限公司第十二分公司"8·4"燃气管道爆裂事故

2020年8月4日18时20分左右，中国 NH 工程有限公司（以下简称"中国 NH 公司"）在徽州大道（水阳江路—黄山路）燃气铸铁管道改造工程项目（以下简称"管道改造项目"），进行燃气 PE 管道试压时，发生一起燃气管道爆裂事故，造成1人死亡，1名工人和1名路人受伤。

8.8.1 基本情况

1. 工程概况

管道改造项目位于合肥市包河区徽州大道（水阳江路—黄山路）道路中心线东侧，全长约2.8km，管道设计压力为中压 A 级（0.4MPa），运行压力为中压 B 级；设计温度为常温，属于 GB1 类压力管道。主管道为 DN400PE 管，投资概算约540万元；开工时间2018年8月30日，计划竣工日期2019年12月31日。因疫情防控和汛期影响，2020年7月23日经协调后复工。

复工后至事发当日，完成宝利丰人行天桥至九华山路口 DN400PE 共计390m 新建管道安装。目前已完成约2.1km，完成工程量约70%。

2. 事故相关单位概况

（1）建设单位：合肥燃气集团有限公司（以下简称"HR 集团"），2017年11月，HR 集团将管道改造项目（项目编号：2017GFCZ3432）通过安徽合肥公共资源交易中心对外招标。经评定，中国 NH 公司被确定为中标人之一。2017年12月28日，HR 集团与中国 NH 工程有限公司签订燃气建设安装工程合同；合同工期2018年1月1日～2020年12月31日。施工方式为分段施工。2018年7月2日，HR 集团下发徽州大道（水阳江路—黄山路）铸铁管改造工程施工任务书。明确由 HR 集团工程公司四分公司履行建设单位职责。项目负责人吴某，安全管理员储某。

（2）项目总承包单位：中国 NH 公司建筑业企业资质证书编号（略），资质类别及等级：建筑工程施工总承包一级，石油化工工程施工总承包一级，钢结构工程专业承包一级，市政公用工程施工总承包三级；建筑施工企业安全生产许可证号（略）。2018年12月28日，与 HR 集团签订燃气建设安装工程合同。2018年2月1日，中国 NH 公司将该项目交由其全资子公司中国 NH 公司第十二分公司具体负责组织实施。第十二分公司负责人利成云是该项目总负责人兼技术负责人，项目经理汪某明，施工经理袁某；项目安全主管徐某，安全员袁某功；施工员袁某宝，质检员袁某洋。相关管理人员均持证且在有效期内。

（3）项目监理单位：安徽天翰工程咨询有限责任公司（以下简称"安徽 TH 公

司"），工程监理资质证书编号（略）。具有房屋建筑工程监理甲级，市政公用工程监理甲级，机电安装工程监理甲级资质。2018 年 12 月 28 日，与合燃集团签订建设工程监理合同。施工监理期：2018 年 1 月 1 日～2020 年 12 月 31 日。项目总监理工程师王某武，专业监理工程师李某，监理员吴某。

3. 管线自检试压前施工情况

8 月 2 日，事故工段完成沟槽开挖和 PE 管道敷设。8 月 3 日 18 时许，施工员袁某宝按照编制的焊接工艺指导卡工作的要求，对焊接作业人员进行技术交底后，安排阮某然等 3 人，采用公司提供的全自动塑管热熔焊机（型号 QZD450）进行新建 PE 管道焊接作业，至次日 6 时许，事故工段管道的焊接工作完成。当日上午，施工人员完成管道吹扫工作，并经监理公司验收合格。下一步进入自检试压阶段。试压施工流程为：前期准备管线吹扫验收→强度试验→严密性试验→后期收尾，图 8.8-1 为事故工段敷设燃气管道。

图 8.8-1　事故工段敷设燃气管道

4. 安全管理情况

（1）建设单位。HR 集团在管道改造项目开工前依照《合肥市市政设施管理条例》的规定，申请领取了城市道路挖掘及桥梁上架设各类市政管线许可证；与中国 NH 公司、安徽 TH 公司分别签订了《燃气建设安装工程合同》《建设工程委托监理合同》，签订了相关方职业健康安全和环境保护协议、廉洁合作协议，移交了相关资料，明确了双方安全管理责任。确定了建设工程安全作业环境及安全施工措施所需费用；开工前对施工单位组织了综合管网交底，管道改造项目成立了安全生产领导小组，明确了项目负责人、项目安全管理人员，对项目施工过程进行巡查，开展安全管理工作，定期参加工程监理例会，协调商讨解决工程问题。未能及时发现总包单位、监理单位违反安全管理制度、操作规程和监理实施细则未落实等问题，安全检查和问题督促整改不到位。事故发生后，应急救援反应迟缓，相关人员未及时到达事故现场；未按编制的生产安全事故综合预案的要求及时启动应急预案，采取应急救援措施。

（2）项目总承包单位。中国 NH 公司第十二分公司成立了项目管理机构，建立了安全生产责任制，制定了安全生产管理制度和各工种操作规程，编制了生产安全事故综合预案、管道改造项目施工组织设计（方案）、管道吹扫、试压等专项方案。隐患排查治理未能有效开展；安全生产教育培训工作流于形式，未按规定组织实施施工作业人员安全生产教育和培训；项目安全生产管理人员未对管道吹扫、试压专项施工方案实施情况进行有效的现场监督。

（3）项目监理单位。编制了项目监理规划，制定了项目监理实施细则、安全监理细则；成立了项目监理组织机构，明确了监理岗位职责。未对施工单位是否按批准的施工组织设计方案、专项施工方案施工进行有效巡视；未检查施工单位质检员、安全管理人员到位情况；未按照监理规划、监理实施细则的规定，对工程质量控制措施进行全方位的巡视、全过程的旁站以及全环节的检查；对施工单位在进行管道自检试压时，未按规定书面报备，自行组织施工行为失察。

5. 媒体反映中国南海公司失信问题

媒体反映的中国 NH 公司司法诉讼案件主要涉及河北某地产项目诉讼案、山东某项目诉讼案、河南某项目诉讼案、珠海某旧改项目诉讼案 4 起发生在 2012～2016 年期间的案件。上述司法诉讼案均是由建设方资金链断裂，无法支付中国 NH 公司工程款而引起的。为了维护社会稳定，中国 NH 公司积极化解矛盾，主动与相关当事人协调解决涉案纠纷。经核查，HR 集团与中国 NH 公司招标投标程序合法合规。

8.8.2 事故情况

1. 事故发生经过

8 月 4 日上午，施工员袁某宝向安全员袁某功报告了施工工序后，安排施工班组长袁某清、PE 焊工陆某强，普工杨某年进入施工现场施工。陆某强组装好加压设备，按照管道吹扫方案规程对新建 PE 管道进行加压吹扫约 1h，清理管道杂物。吹扫作业前，袁某宝向监理单位作了报备，管道焊接、吹扫作业经监理单位验收合格。9 时许，袁某清检查确认了设备安全后，前往另一个施工地点。15 时，袁某宝未向监理单位书面报备，安排陆某强、杨某年 2 人，按照管道试压专项方案的工序，开始管道自检试压测试。在进行管道强度试验过程中，压力逐步缓升。17 时 40 分，压力表显示读数为 0.52MPa，作业的陆某强来到压力表旁边查看并拍照记录，同时向袁某宝作了报告，并按其指令继续加压至 0.6MPa 止。17 时 50 分，袁某宝因故离开试压现场，此时施工现场无施工技术员、安全员和监理人员，仅有两名施工人员进行打压。18 时 10 分许，陆某强下到沟槽查看压力表读数，并拍照记录；同时安排杨某年去拿工具，准备进行关闭阀门作业保持稳压；试压装置和 PE 燃气管道的热熔接口存在焊接缺陷，焊缝发生脱焊，导致管道内压缩空气泄漏，造成现场施工人员陆某强被高压气体冲至路面，杨某年和路人卜某朝被泄漏的压缩空气吹起的飞石砸伤。杨某年遂向班组长袁某清电话报告。

2. 应急救援情况

18 时 20 分，袁某宝接袁某清电话报告后赶赴现场处置，并逐级上报了事故发生情况。路人拨打了合肥市急救中心 120 急救电话。约 8min 后，120 赶到现场。120 救护人员现场对陆某强进行了紧急施救，当场宣布抢救无效死亡。19 时 41 分，合肥急救中心急救科出具了居民死亡通知书。死亡原因诊断为临床死亡（创伤性）。

事故发生后，合燃集团工程公司四分公司应急救援反应迟缓，相关人员未及时到达事故现场；未按编制的生产安全事故综合预案的要求及时启动应急预案，采取应急救援措施。

18 时 45 分，区应急管理局接属地信息快报后，立即调查了解情况，启动应急处置机制，并成立了由区应急管理局、区住建局、区市场监管局、公安包公派出所、包公街道组成的事故善后协调组，做好安抚工作，帮助处理善后事宜。经过沟通、协调，中国 NH 公司和死者家属于 2020 年 8 月 11 日达成协议，一次性赔偿精神抚慰金、死亡赔偿金、丧葬费等各项费用 185 万元。对两名伤者支付治疗费用 12.5 万元。

8.8.3 伤亡情况

1. 死亡人员情况

陆某强，汉族，45 岁，安徽省肥西县人，中国 NH 公司第十二分公司雇用工人，签订了合肥市建筑业劳动合同书。工种：PE 焊工。

2. 伤者情况

（1）杨某年，53 岁，安徽省肥西县高刘镇人，中国 NH 公司第十二分公司雇用工人，签订了合肥市建筑业劳动合同书。工种：管道安装工。

（2）卜某朝，50 岁，安徽省工业设备安装有限公司工人，下班回家途经事发地点，被气压冲击物擦伤胳膊。

3. 直接经济损失情况

依据现行国家标准《企业职工伤亡事故经济损失统计标准》GB 6721—1986 等规定，核定事故造成直接经济损失约为 197.5 万元。

8.8.4 事故原因

1. 直接原因

PE 燃气管道与试压装置间的焊缝在试压时发生脱焊，造成燃气管道内压缩空气泄漏；管道测压工艺设计（方案）不合理，未考虑试压施工人员的安全距离问题，陆某强在读取压力表数值时，距离试验管道的安全间距不足，是造成这起事故的直接原因。

2. 间接原因

（1）中国 NH 公司第十二分公司。未认真履行安全生产主体责任，在项目实施过程中，隐患排查治理未能有效开展；安全生产教育培训工作流于形式，未按规定组织实施施工作业人员安全生产教育和培训；项目安全生产管理人员未对管道吹扫、试压专项施工方案实施情况进行有效的现场监督。

（2）安徽 TH 公司。未对施工单位是否按批准的施工组织设计方案、专项施工方案施工进行有效巡视；未检查施工单位质检员、安全管理人员到位情况；未按照监理规划、监理实施细则的规定，对工程质量控制措施进行全方位的巡视、全过程的旁站以及全环节的检查；对施工单位在进行管道自检试压时，未按规定书面报备，即自行组织施工行为失察。

3. 事故性质

经调查认定，包河区中国 NH 公司"8·4"燃气管道爆裂事故，是一起生产安全责任事故。

8.8.5 处理意见

1. 建议免予处罚人员

陆某强，在连续升压过程中和强度试验的稳压结束前，距离试验管道的安全间距不足，对事故发生负有直接责任，鉴于其在事故中死亡，建议免于追究责任。

2. 建议给予行政处罚人员

（1）利某云，中国 NH 公司第十二分公司负责人、管道改造项目总负责人、技术负责人，作为项目负责人未按规定履行安全生产管理职责，未结合施工现场实际、根据工程特点，采取有效的安全施工措施，消除安全事故隐患，对施工现场施工技术员、安全员未在岗履职的行为失察，对事故发生负有重要领导责任。依据《中华人民共和国安全生产法》第九十二条第（一）款规定，建议由合肥市包河区应急管理局对其处以上年年收入 30% 的罚款。

（2）王某武，安徽天翰公司管道改造项目监理部总监理工程师，未按规定督促施工单位规范日常安全管理工作，未安排监理人员对施工单位是否按批准的专项施工方案施工进行巡视；对施工单位质检员、安全管理人员未在岗履职情况失察；对施工单位在进行管道自检试压时，未按规定书面报备，即自行组织施工行为失察，对事故发生负有监理责任。依据《安全生产违法行为行政处罚办法》（国家安监总局令 第 77 号）第四十五条第（一）款规定，建议由合肥市包河区应急管理局给予其行政处罚。

3. 建议给予行政处罚单位

（1）中国 NH 公司第十二分公司。未认真履行总包单位安全管理责任，未及时发现和排查施工现场存在的安全事故隐患；安全生产教育培训工作流于形式，未按规定组织实施施工作业人员安全生产教育和培训；在项目实施过程中，操作规程落实不力，未有效落实安全防范措施；未按照批准的专项施工方案的要求组织施工；施工作业时质检员、安全管理人员未在岗履职，对事故发生负有主要责任。依据《中华人民共和国安全生产法》第一百零九条第（一）款规定，建议由合肥市包河区应急管理局给予其行政处罚。

（2）安徽 TH 公司。未有效履行监理单位职责，在实施监理过程中，未有效督促项目施工单位加强现场管理；未安排监理人员对施工单位是否按专项施工方案施工进行巡视；对施工现场的质检员、安全管理人员未在岗履职情况失察；对施工单位在进行管道自检试压时，未按规定书面报备，即自行组织施工的行为失察，对本起事故发生负有监理责任。依据《安全生产违法行为行政处罚办法》（国家安监总局令 第 77 号）第四十五条第（一）款规定，建议由合肥市包河区应急管理局给予其行政处罚。

4. 其他处理建议

HR 集团，未严格落实项目安全管理责任，安全检查和问题督促整改不到位，未采取有效安全管控措施，对管道改造项目存在的安全隐患失察，建议责成其向市国有资产监督管理委员会作出深刻书面检查。建议 HR 集团对负责安全生产和应急管理工作的经理周某国，依照集团公司的有关规定对其实施处理，并将处理结果书面报包河区安委办。

8.8.6 事故防范和整改措施

（1）中国 NH 公司第十二分公司。要深刻吸取事故教训，切实落实企业安全生产主体责任，加强现场施工的安全管理，严格按施工方案和程序落实各项安全防护措施；加强作业人员安全教育培训和安全技术交底工作，提高安全管理人员和从业人员的安全意识和水平；加强现场安全隐患排查治理，及时消除各类安全隐患，确保施工安全，杜绝类似事故再次发生。

（2）安徽 TH 公司。深刻吸取事故教训，进一步加强工程安全监理，严格按照现行国家标准《建设工程监理规范》GB/T 50319—2013 和《建设工程安全生产管理条例》（国务院令 第 393 号）有关规定，严把项目施工现场安全管理事项审查关口，按照法律、法规和工程建设强制性标准实施监理，严格审查施工组织设计中的安全技术措施或者专项施工方案，有效监督施工单位严格组织实施，及时发现消除安全事故隐患，切实为安全施工把好关。

（3）合燃集团，加强对发包项目的安全管理，细化安全生产管理职责和工作任务，督促施工单位、监理单位落实各自安全管理责任；加强监督检查，落实闭环管理，及时发现、纠正施工现场存在的各类违法、违规、违章行为，杜绝生产安全事故的发生。

（4）市国资委，按照出资人的职责，对所监管单位贯彻落实国家安全生产方针政策及有关法律法规、标准工作，加大督促检查力度。对监管单位安全生产管理方面暴露的问题依法依规处理。

（5）市城乡建设局，作为建设行业和城镇燃气行政主管部门，要深刻吸取事故教训，高度重视燃气建设施工安全，加强对燃气建设工程施工建设全过程的安全生产管理监督检查。要认真研究工程建设程序中暴露出的问题，督促参建单位落实责任，严格执行《建设工程安全生产管理条例》（国务院令 第 393 号），采取有效措施，督促施工单位认真落实专项施工方案，规范安全技术交底、严把工程质量和设施验收的程序控制，扎实有效开展隐患排查治理，切实有效防范燃气建设施工生产安全事故发生。

第9章

中毒和窒息典型事故

9.1 事故案例1：湖南衡阳市蒸阳北路天然气中压主干管道吹扫 "1·23" 窒息事故

2019 年 1 月 23 日 16 时 40 分，江苏 TL 建设集团有限公司衡阳项目部在衡阳市石鼓区蒸阳北路（田家炳实验中学东南门地段）对天然气中压主干管道进行置换吹扫，施工人员在阀门井内作业时发生一起窒息事故，造成 2 人死亡，直接经济损失 300 万元。

9.1.1 基本情况

1. 相关单位基本情况

（1）江苏 TL 建设集团有限公司（以下简称 TL 公司）。公司成立于 1981 年 6 月，地址：江苏省常州市溧阳经济开发区腾飞路某号，注册资金（略）；经营范围：房屋建筑工程施工，市政公用工程施工，土石方工程，压力管道安装等，具有市政公用工程施工总承包一级资质，石油化工工程施工总承包二级资质，特种设备安装改造维修许可证（压力管道）资质证等，法定代表人：史某保。该公司由法人代表史某保签署授权委托书，授权谢某才为公司代理人，以本公司的名义负责按营业执照规定的经营范围从事在衡阳地区的经营管理工作（以下简称项目部），谢某才为项目负责人。

TL 公司于 1981 年 6 月取得常州市溧阳工商局颁发的企业法人营业执照，统一社会信用代码（略），法定代表人：史某保，2016 年 11 月取得江苏省住建厅颁发的安全生产许可证，编号（略），有效期至 2019 年 11 月；2016 年 1 月取得国家质量监督检验检疫总局特种设备安装改造维修许可证（压力管道），有效期至 2020 年 1 月。

项目部负责人、安全管理人员和特种作业人员均已取得安全培训合格证和特种作业操作证，均在有效期内。

（2）衡阳市 TRQ 有限责任公司（以下简称 TRQ 公司）。公司成立于 2002 年 11 月，是 JH 控股集团股份有限公司旗下的全资三级公司，坐落于衡阳市石鼓区演武坪北壕塘某号，注册资金（略）；经营范围：城市燃气管网的建设与管理；燃气及燃气设备的生产与销售；燃气管网设计、燃气具安装与维修等；根据相关规定由衡阳市人民政府授权原市建设局与其签订了《衡阳市城市管道燃气特许经营协议》，特许经营业务范围：以管道输送形式向用户供应天然气、液化石油气等气体燃料，并提供相关管道燃气设施的维护、运行、抢修抢险业务等；该公司法定代表人为乌某。

2. 工程概况

该工程为衡阳市蒸阳北路二标段（K4＋260至双桥北路段）燃气中压主干管道工程。TRQ公司将该标段燃气中压主干管安装工程（安装部分），通过内部招标方式发包给TL公司衡阳项目部承建，双方于2012年11月10日签订了《建设工程施工合同》。该项目于2012年12月18日开工，因蒸阳北路路面施工延期，造成该天然气管道施工标段因沿途路面未成型，导致该项目延期至2016年9月14日才竣工，2016年9月19日进行了竣工验收，工程按照现行行业标准《城镇燃气输配工程施工及验收规范》CJJ 33-2005的要求，管材及附件质量合格，管道及燃气设施按设计安装到位，管道吹扫、管道强度、气密性试验均已合格，并出具了《工程竣工验收证明》，相关人员已签字确认。2018年底，按照XY安置房及沿线住户要求通气，施工单位按规范要求对该主干管道重新进行吹扫置换通气移交。该工程建设单位：衡阳市TRQ有限责任公司；施工单位：江苏TL建设集团有限公司；监理单位：湖南省HS建设项目管理有限公司。

3. 现场勘查情况

该管路通气置换总长约4102.5m，燃气管道设计压力为0.4MPa，工作压力为0.4MPa，选用L245级ϕ325×6.3螺旋缝埋弧焊钢管。钢管表面采用聚乙烯（PE）涂层和牺牲阳极法阴极保护双重结构防腐。事故端阀门井属有限空间，深1.8m、内径1m、孔径0.8m（圆形），从井内法兰管接出一根放散管，超出地面2.5m，排出管道中的空气和积水，另一端阀门井是一台大排气量空压机，相距约3000m。阀门井内法兰连接螺栓已被拧松，从另一端用压缩机吹扫时让水从法兰连接处流出，以排净管道内的积水。因为用氮气置换，积存在管道内的氮气和水直接从松开的法兰连接缝隙放散出来，并瞬间弥漫整个阀门井内，导致阀门井内缺氧，且涌出来的水瞬间灌满了阀门井。

4. 燃气管道置换吹扫作业情况

2019年1月21日下午，TRQ公司通知TL公司项目部对该段管道进行通气前的置换。首先由冯某春（组长）和张某传在事故阀门井内将吹扫气体的放散管接好，等待从另一端阀门井用大排气量空压机对燃气管道进行吹扫，将燃气管道内的空气和水排出，然后使用氮气来置换燃气管道。23日上午选用了一台大排气量空压机重新对该管道进行吹扫，直到14时30分，改用氮气置换，施工人员将氮气充入天然气管道，然后用压缩空气往管道内进行吹扫，考虑放散管的排气口高于地面2.5m，燃气管道内的积水短时间无法从放散管排气口排除干净。在对阀门井内的氧气含量进行检测合格后，由冯某春和张某传进入阀门井内，擅自拧松阀前法兰螺栓，让水从法兰连接处流出，以排净管道内的积水。随后，冯某春和张某传从阀门井内出来，等待燃气管道中的积水排干，至法兰连接处再无水流出时，阀门井内的水深约50cm，尚未到管道连接法兰最低点位置。冯某春和张某传用潜水泵将阀门井内的水抽干。

5. 安全管理情况

TL公司成立了安全管理机构，健全了安全管理制度，明确了各级安全生产责任制，制定了安全责任奖罚、技术交底、安全隐患排查、安全教育培训和各工种安全技术操作规程等制度，编制了事故应急救援预案，成立了衡阳地区管道安装施工项目部，并授权委托了代理人全权负责；项目部明确了项目经理、项目技术负责人、安全员、班组长安全生产职责，强化对项目工程的安全管理，并与 TRQ 公司签订了工程项目施工安全协议，明确了双方的安全责任和义务，施工单位对施工过程中的安全负责。但项目部对燃气管道吹扫存在的危害因素认识不足，忽视了对燃气管道吹扫施工的安全管理，也未制定与之相应的安全作业方案和采取必要的安全防护措施。

9.1.2 事故情况

2019 年 1 月 23 日上午，项目部班长杨某辉安排作业人员冯某春、张某传、刘某桂、张某 4 人对蒸阳北路（K4+260 至双桥北路段）燃气主干管做吹扫置换工作。冯某春和张某传一组，在事故阀门井位置，刘某桂和张某一组，在 3km 远的另一端阀门井位置。经过前期工作至 16 时 10 分，冯某春用手机联系在另一端阀门井的刘某桂，要求启动空压机继续往管道内送压缩空气，吹扫约 20min，确认燃气管道法兰连接处再无水流出，经检测阀门井内氧气含量合格后，张某传第一个进入阀门井内，将之前拧松的法兰螺栓进行紧固，冯某春也跟着进入井内，刚下到井底，发现张某传突然晕倒在井里，就用手去拉张某传，不料自己也晕倒。这时，站在阀门井口边的王某丁发现情况异常，没加思索就想用手去拉已倒在井里的冯某春和张某传，还未下井就已经晕倒在井口边的地面上。接着又从未拧紧的燃气管道法兰连接处涌出大量水，瞬间把阀门井灌至离井口约 30cm 水位，冯某春和张某传也被水淹没在井里。

面对突然发生的事故，在场的其他人员第一时间拨打了"119"和"120"救援电话，同时通知另一端关停空压机，并及时将事故情况报告项目部负责人和燃气公司领导，项目部和燃气公司相关人员立即赶到事故现场组织救援。接到事故报告后，石鼓区人民政府和市安监局派员立即赶赴事故现场，指导救援和善后处理工作。约 5min 后，消防救援车首先到达事发现场，消防人员立即与现场人员开展救援工作。将冯某春和张某传先后从几乎灌满水的阀门井里捞出，接着对冯某春进行一系列专业施救（包括心肺复苏和胸外按压等）。与此同时，南华大学附一医院急救医生也赶到现场，在确诊冯某春瞳孔已经放大且心脏已经停止跳动后，宣布冯某春已经死亡。便用担架将张某传抬上救护车送往南华大学附一医院，路途中，急救医生一直未停止对张某传的抢救。虽经医生全力救治，张某传也未能抢救成功而死亡。两人都因有限空间窒息，后又遇水淹溺，经抢救无效死亡。

事故发生后，TL 公司衡阳项目部立即通知死者家属协商处理善后事宜，经过协商，双方签订了事故赔偿协议书，现已完全履行到位，家属得到安抚，项目部人员情绪稳定。

9.1.3 事故原因

1. 直接原因

施工单位使用氮气对燃气管道进行置换作业时，施工人员冯某春和张某传违章拧松事故阀门井内的法兰连接螺栓，造成氮气直接从松开的法兰连接缝隙放散出来，并瞬间弥漫整个阀门井内，导致阀门井内缺氧，后又遇水淹溺，造成窒息事故发生。

2. 间接原因

（1）安全管理不到位。TL 公司衡阳项目部安全生产责任落实不到位，对有限空间作业的安全重视不够，对有限空间作业未实行作业许可审批，未编制吹扫施工方案，未采取通风措施。作业人员未严格执行有限空间作业安全操作规程，在阀门井内作业时，未采取安全防护系好安全绳，也没有指定专人进行监护。

（2）现场安全管理不到位。项目部编制的事故应急预案未对有限空间作业风险进行认真分析，未制定有限空间作业窒息处置方案，未配备相应的应急救援器材。燃气管道经过氮气吹扫后，作业人员违规拧松阀门井内的法兰连接螺栓，且又在短时间内进入井内拧紧螺栓，缺乏了解有限空间存在的有害因素和危害程度，对有限空间作业的安全管理缺乏针对性。

（3）安全教育不到位。TL 公司衡阳项目部安全教育不到位，对安全培训记录和对作业人员的"三级"安全教育培训内容考核均未涉及有限空间相关内容。致使作业人员对施工现场有限空间作业存在的危险因素认识不足，缺乏安全知识，对作业环境潜在的危害因素缺乏辨识能力，自我保护意识差。

3. 事故性质

经调查认定，这是一起生产安全责任事故。

9.1.4　处理意见

1. 建议不予追究责任的人员

冯某春，56 岁；张某传，50 岁，TL 公司衡阳项目部管道工。安全意识淡薄，违规拧松阀门井内的法兰连接螺栓，造成氮气直接从松开的法兰连接缝隙放散出来，并瞬间弥漫整个阀门井内，导致阀门井内缺氧，也未采取安全防护措施，对事故的发生负有直接责任，鉴于其 2 人在事故中死亡，建议不予追究责任。

2. 建议给予行政处罚的单位和个人

（1）江苏 TL 建设集团有限公司。未完全履行安全生产职责，未经常督促检查施工现场的安全管理工作，对有限空间作业未实行作业许可审批，未编制吹扫施工方案，未采取相应的安全措施，未及时排查安全隐患，作业人员违章操作。对事故的发生负有重要责任，建议由衡阳市应急管理局根据相关法律的规定，给予江苏 TL 建设集团有限公司行政处罚。

（2）谢某才，TL 公司衡阳项目部经理。未经常督促检查施工现场的安全管理工作，及时消除安全事故隐患，未督促实行有限空间作业审批和未编制吹扫施工方案，未加强现场作业管理。对事故的发生负有重要领导责任，建议由衡阳市应急管理局根据相关法律的规定，给予项目经理谢某才罚款处罚。

3. 建议给予公司内部处理的人员

（1）杨某辉，TL 公司衡阳项目部作业班长。未严格履行安全管理职责，未加强作业现场的安全检查、巡查。对作业现场的违规操作行为未及时发现并制止，对事故的发生负有重要责任，建议 TL 公司按内部管理制度给予处理。

（2）刘某，TL 公司衡阳项目部施工员。未严格督促班组加强作业现场有限空间的安全管理，严格执行作业规程。未明确告知作业场所存在的危害因素，对事故的发生负有监管责任，建议 TL 公司按内部管理制度给予处理。

（3）谢某，TL 公司衡阳项目负责人。未组织制定有限空间作业安全规程，未实行作业许可审批和编制吹扫施工方案，未采取相应的安全措施，对现场作业安全检查不到位，对作业人员的安全教育不到位，对事故的发生负有重要管理责任，建议 TL 公司按内部管理制度给予处理。

9.1.5 事故防范和整改措施

深刻吸取事故教训

(1) TL公司衡阳项目部要举一反三，按照"四不放过"原则，严守安全红线，认真分析事故原因，吸取事故教训，制定整改措施，严格按照《中华人民共和国安全生产法》《建设工程安全生产管理条例》（国务院令 第393号）、《工贸企业有限空间作业安全管理与监督暂行规定》（国家安监总局令 第80号）、《缺氧危险作业安全规程》GB 8958—2006等有关规定，加强安全生产工作领导，坚持召开作业前的班组安全会，建立安全隐患体检卡、"动工"安全审批卡、应急处置卡，强化施工现场安全管理，确保工程施工安全。

(2) TL公司衡阳项目部要严格落实安全生产责任制，各级安全生产管理人员要切实履行安全生产职责，加强施工现场安全管理；项目部主要从事燃气管道安装、维修以及排险工作，责任重大，不能疏忽大意。吹扫管道采用压缩空气，严禁采用氧气和可燃性气体，吹扫气体流速不小于20m/s、压力不大于0.3MPa。当采用氮气进行置换时，则不能拧松阀门井内法兰连接螺栓，这样会造成氮气直接从法兰连接处放散到阀门井内，要按规范要求作业。

(3) 加强有限空间作业管理。制定有限空间作业方案和作业审批制度，完善生产安全事故应急预案，明确作业现场负责人、监护人。配备相应的抢救器具。如：呼吸器、梯子、安全绳以及其他必要的器具和设备。从事缺氧危险作业时监护人员应密切监视作业状况，不得离岗。发现异常情况，应及时采取有效措施。

(4) 加强安全教育培训。对从事有限空间作业的现场负责人、监护人员、作业人员、应急救援人员进行专项安全培训。熟悉掌握有限空间作业的危险有害因素和安全防范措施，有限空间作业安全操作规程，紧急情况下的应急处置措施，以及检测仪器、劳动防护用品的正确使用等。教育督促作业人员自觉遵守作业安全规程，有效辨识作业场所存在的危险因素，如实告知作业人员作业场所存在的危害因素以及安全防范措施，增强安全意识，消除麻痹心里。

(5) 燃气公司要提高认识，高度重视，加强对施工单位的安全管理，督促施工单位健全各项安全管理制度和建立细化作业规程，加强协调配合，安排技术力量加强现场作业指导，确保每一个环节作业规程的有效实施。

江苏TL建设集团有限公司应当自接到事故调查报告及其批复的3个月内，将有关责任人员、事故防范和整改措施的落实情况书面报送衡阳市安全生产监督管理局。

9.2 事故案例2：河北石家庄市AZ工程有限公司天然气管道施工项目"4·12"窒息事故

2018年4月12日15时30分许，石家庄市AZ工程有限公司承建的高新区昆仑大街与漓江道交口东南角已有天然气管道阀门井与新建天然气管道对接准备作业过程中，发生一起天然气泄漏造成缺氧窒息的事故。此事故共造成2人死亡，直接经济损失约260万元。

9.2.1 基本情况

1. 项目工程承揽情况

（1）2018 年 2 月 26 日，石家庄 JT 天然气有限公司与石家庄市 AZ 工程有限公司签订《石家庄 JT 天然气有限公司 2018 年度城镇天然气工程施工合同》，合同中明确具体的工程名称、地点、内容、工期、价款以双方具体工程签订的协议书为准；合同中约定乙方（石家庄市 AZ 工程有限公司）必须按照投标承诺使用本单位的管理人员和施工队施工，不得以任何形式转包和分包给其他单位。

2018 年 3 月 30 日，石家庄 JT 天然气有限公司与石家庄市 AZ 工程有限公司签订《石家庄 JT 天然气有限公司工程合同协议书》，双方约定：工程名称为石家庄 JT 天然气有限公司昆仑大街（漓江道—万全道）中压天然气工程；工程内容为昆仑大街（漓江道—万全道）中压天然气工程施工图范围内管道设备安装、补口补伤、管道焊接、管道吹扫及管道设备试压等工程；甲方提供主材，乙方负责工程施工和甲供材以外的材料和设备提供；工程地点为高新区昆仑大街（漓江道—万全道）；开竣工日期为 2018 年 3 月 30 日～2018 年 6 月 30 日；合同工期总日历天数 90 日；工程造价 4.5 万元。

（2）2018 年 4 月 1 日，石家庄市 AZ 工程有限公司与河北 TS 建筑安装工程有限公司签订《工程项目承包合同》和石家庄 JT 天然气有限公司与石家庄市 AZ 工程有限公司签订《石家庄 JT 天然气有限公司工程合同协议书》中，工程名称、内容、地点均一致。

（3）2018 年 4 月 2 日，河北 TS 建筑安装工程有限公司与朱某华签订《劳务工程合同》中，工程名称为石家庄 JT 天然气有限公司昆仑大街（漓江道—万全道）中压天然气工程；工程内容为昆仑大街（漓江道—万全道）中压天然气工程施工图范围内管道施工；工程地点为高新区昆仑大街（漓江道—万全道）。

2. 事故所涉单位及施工人员基本情况

（1）建设单位：石家庄 JT 天然气有限公司。公司类型为有限责任公司，业务范围包括管道燃气、燃气汽车加气母站的经营；天然气工程技术咨询服务。法定代表人：潘某，项目建设方负责人：刘某，项目现场既有运行管道维护管理工作负责人为运行部工程师闫某。

（2）监理单位：石家庄 TY 工程建设监理有限公司。公司类型为有限责任公司，具有独立法人资格，经住房城乡建设部核定为房屋建筑工程监理甲级资质、市政公用工程监理甲级资质。法定代表人：赵某平，总监理工程师：赵某波，现场监理工程师：张某。

（3）施工单位：石家庄市 AZ 工程有限公司。公司类型为有限责任公司，国家机电安装工程施工总承包一级企业，具有设备安装工程施工总承包一级资质、房屋建筑工程施工总承包二级、市政公用工程施工总承包二级、压力管道安装 GC1、GB 类安装许可证、锅炉维修Ⅰ级许可证、锅炉安装Ⅱ级许可证。法定代表人：刘某（实际负责人总经理屈某军），项目经理：刘某某，项目安全员：左某。

（4）分包单位：河北 TS 建筑安装工程有限公司。公司类型为有限责任公司（自然人投资或控股），经营范围为建筑安装工程、市政工程施工、道路隧道桥梁工程、城市及道路照明工程、建筑装饰装修工程施工；未取得建设主管部门核发的《建筑业企业资质证书》和建筑工程安全生产许可证。法定代表人为王某国。

（5）项目施工带班负责人朱某华。河北 TS 建筑安装工程有限公司将劳务分包给朱某华，朱某华在石家庄市 AZ 工程有限公司事故发生项目负责带班施工。事故发生项目施工人员朱某强、李某为朱某华雇用人员。

（6）监管部门：高新区管委会原建设管理局（现为国土规划住建局）。

3. 现场勘察情况

（1）事故地点勘察情况

已有阀门井断面尺寸：井口直径 760mm，井内长 1650mm，宽 1650mm，深 1300mm，已切断阀门上法兰盖螺栓位置为井底上 530mm，井内已有带气运行天然气管道直径 dn200。阀门井内遗留物有角磨机（型号：东成 S1M-FF06-100 型）、管钳、被切断的螺栓、一只鞋和一部手机，井外有无齿锯，施工车辆上有柴油发电机、焊机（型号：凌木 ZX7-315 型），现场还有散落的天然气管件等。

（2）事故现场周围环境情况

事故发生现场为昆仑大街漓江道路口东南在建非机动车道，事故发生部位土方为挖开状态，其余部分土方已基本回填完毕。

9.2.2　事故情况

1. 事故发生经过

4 月 12 日 14 时 40 分许，天然气管道对接准备作业现场负责人（施工队长）朱某华带领施工人员朱某强、李某进入现场准备施工作业。朱某华在布置完任务后离开，去参加监理公司组织的会议。施工人员朱某强、李某随后进入运行中的天然气阀门井开始作业，违规拆卸并切开既有天然气阀门端盲板，造成管道天然气泄漏。朱某强、李某2人被困于井下。

2. 应急救援过程

群众杨某华路过事故现场时，听到有气体泄漏声音，发现路边井下有2人昏迷被困。杨某华与此时回到现场的朱某华一起并在附近施工的其他人员帮助下，用朱某华自带绳索将被困昏迷人员拽出井外。同时拨打120并通知石家庄 JT 天然气有限公司紧急关闭上游阀门。

石家庄 JT 天然气有限公司接到报告后，立即开始应急抢险工作并按规定向高新区燃气办、安监局进行上报。应急抢险人员在关闭上游阀门后，对管道内天然气进行放散，为避免发生次生事故，更换了受损部件。事故抢险过程中未发生次生事故。

朱某强、李某送到河北医科大学第四医院东院后抢救无效死亡。

9.2.3　事故原因

调查组依法对事故现场进行了认真勘验，及时提取了相关物证，对事故相关人员进行了调查询问，查明了事故原因并认定了事故性质。

1. 直接原因

石家庄市 AZ 工程有限公司的昆仑大街（漓江道—万全道）中压天然气工程项目中的2名现场施工人员朱某强、李某，在未经审批且没有监护人员在场的情况下违规进入相邻原有正常带气运行的阀门井中（有限空间）进行对接作业预制准备工作。朱某强、李某在拆卸并切割阀门法兰盖螺栓时使压力为 0.36MPa 天然气沿盲板缝隙快速泄漏，造成 2 人窒息死亡，是发生事故的直接原因。

2. 间接原因

（1）石家庄市 AZ 工程有限公司，将工程发包给未取得任何建筑专业资质和建筑工程安全生产许可证的河北 TS 安装工程公司（非法发包）；未认真落实安全生产管理规章制度，技术交底缺乏时效性针对性；施工现场管理失控失察；未执行天然气管道碰头连接危险作业动火审批程序，未经审批而违规作业；未明确有限空间作业现场负责人、监护人员。安全生产教育培训和技术交底针对性不强，现场作业人员安全意识和自我保护意识淡薄。对河北 TS 公司安全生产管理存在漏洞。

（2）河北 TS 安装工程有限公司未取得任何建筑专业资质和建筑工程安全生产许可证，非法承包项目并非法分包给不具备安全生产条件的朱某华；安全管理规章制度不完备，安全教育不到位；未对公司职工进行有限空间培训教育，致使现场作业人员安全意识缺失，不具备符合岗位要求的风险辨识、安全避险和应急处置能力；安全生产主体责任不落实，安全保证体系不健全，现场安全、技术管理人员缺位。

（3）朱某华，无营业执照，无任何资质非法承揽施工项目。

（4）石家庄 TY 工程建设监理有限公司，对施工现场缺乏有效的安全管控，未尽到监理职责；未严格落安全管理的相关要求，对施工企业成品保护的管理不到位，对施工过程安全监管不到位。

（5）石家庄 JT 天然气有限公司未认真督促施工单位和监理单位履行安全监督管理职责，对施工单位和监理单位安全管理规章制度执行和施工过程各环节监管力度不够。

（6）高新区管委会原建设管理局（现为国土规划住建局）未认真履行相关监督管理职责，疏于管理，未及时发现企业存在的违法违规问题。

3. 事故性质

这是一起因违反安全管理规定，施工人员盲目施工、违规作业而引发的生产安全责任事故。

9.2.4　处理意见

1. 建议免予追究责任人员

（1）朱某强，朱某华雇用人员，负责现场工程具体施工工作，安全意识淡薄，在未采取任何防护措施情况下，进入天然气阀门井，违规作业，造成燃气泄漏，对事故发生负有直接责任。鉴于其在事故中已经死亡，不再追究其相关责任。

（2）李某，朱某华雇用人员，负责现场工程具体施工工作，安全意识淡薄，在未采取任何防护措施情况下，进入天然气阀门井，违规作业，造成燃气泄漏，对事故发生负有直接责任。鉴于其在事故中已经死亡，不再追究其相关责任。

2. 建议追究刑事责任人员

朱某华，为事故发生项目施工带班人员。事发前，在未经审批且没有监护人员在场的情况下组织安排死者朱某强、李某进行天然气新旧管道碰头对接准备作业。对施工人员安全教育不到位，未向施工人员告知作业场所和工作岗位存在的危险因素，致使从业人员安全防范意识淡薄，违规操作，对事故发生负有主要责任。其涉嫌重大责任事故罪，建议移送司法机关，依法追究其刑事责任。

3. 建议公司内部处理人员

（1）刘某，石家庄 JT 天然气有限公司工程部项目工程师，昆仑大街（漓江道至万全道）中压天然气管道新建项目建设方负责人，未认真督促施工单位和监理单位履行安全监督管理职责，对事故发生负有责任。责成石家庄 JT 天然气有限公司依照内部规定给予记过处分，报石家庄市安全监管局备案。

（2）闫某，石家庄 JT 天然气有限公司运行部工程师，负责事故现场既有运行管道维护管理工作，疏于对运行管道管理，对事故发生负有责任。责成石家庄 JT 天然气有限公司依照内部规定给予警告处分，报石家庄市安全监管局备案。

（3）左某，女，石家庄市 AZ 工程有限公司昆仑大街（漓江道至万全道）中压天然气管道新建项目安全员，未尽到现场施工安全员的责任，对项目施工人员安全教育培训、安全监管不到位，对事故发生负有责任。责成石家庄市安装工程公司按照本企业职工管理有关规定给予进行经济处罚，罚款 1000 元，报石家庄市安全监管局备案。

（4）赵某波，石家庄 TY 工程建设监理有限公司昆仑大街（漓江道至万全道）中压天然气管道新建项目总监，督导相关监理人员落实安全巡视制度不到位，未及时发现施工现场安全隐患，对事故发生负有责任。责成石家庄 TY 工程建设监理有限公司按照本企业职工管理有关规定对其进行经济处罚，罚款 1500 元，报石家庄市安全监管局备案。

（5）张某，中共党员，石家庄 TY 工程建设监理有限公司昆仑大街（漓江道至万全道）中压天然气管道新建项目现场监理，未认真履行建设项目监理方安全责任，对施工人员安全技术交底流于形式，只进行了口头交底，没有被交底人签字的书面记录，对事故发生负有责任。责成石家庄 TY 工程建设监理有限公司按照本企业职工管理有关规定对其进行经济处罚，罚款 1000 元，报石家庄市安全监管局备案。

4. 对事故有关责任人的行政处罚建议

（1）刘某某，女，石家庄市 AZ 工程有限公司昆仑大街（漓江道至万全道）中压天然气管道新建项目项目经理。未能有效履行项目管理职责，对项目施工人员违规作业疏于管理，对未竣工验收工程缺乏有效管理，对施工人员安全教育培训不到位，对事故发生负有责任。依据《建设工程安全生产管理条例》（国务院令 第 393 号）第五十八条规定，建议由建设行政主管部门停止其执业资格 3 个月，报石家庄市安全监管局备案。

（2）屈某军，中共党员，石家庄市 AZ 工程有限公司总经理，负责公司全面工作，作为公司安全生产的第一责任人，对事故发生负有领导责任。依据《中华人民共和国安全生产法》第九十二条第（一）款规定，建议由石家庄市安全监管局对其处以 2.3 万元罚款。

（3）王某国，河北 TS 建筑工程安装有限公司法定代表人，负责公司全面工作，作为公司安全生产的第一责任人，对事故发生负有责任。依据《中华人民共和国安全生产法》第一百条规定，建议由石家庄市安全监管局对其处以 1.9 万元的罚款。

5. 对事故有关责任单位的行政处罚和处理建议

石家庄市 AZ 工程有限公司。违法转包给不具备安全生产条件的河北 TS 建筑工程安装有限公司；未认真落实安全生产管理制度，对未竣工验收工程疏于管理，对施工人员安全教育培训不到位，作业现场沟通、协调不力，对事故发生负有责任。依据《中华人民共和国安全生产法》第一百零九条第（一）款规定，建议由石家庄市安全监管局对其处以37 万元的罚款。

河北 TS 建筑工程安装有限公司。违法转包给不具备安全生产条件的朱某华；安全管理规章制度不完备，安全教育不到位；未对公司职工进行有针对性的有限空间等规章的安全生产教育培训，致使现场作业人员安全意识缺失，不具备符合岗位要求的风险辨识、安全避险和应急处置能力；安全生产主体责任不落实，安全保证体系不健全，现场安全、技术管理人员缺位，未履职尽责。依据《中华人民共和国安全生产法》第一百条规定，建议由石家庄市安全监管局对其处以 15 万元的罚款。

6. 对事故有关责任单位的问责建议

责成高新区国土规划住建局向高新区管委会做出深刻书面检讨，报石家庄市安全监管局备案。

郑某宾，中共党员，石家庄市高新区原建设管理局局长，负责局全面工作。履行监督责任不力，对事故发生负有监管领导责任。由高新区纪律工作检查委员会给予其批评教育，报石家庄市安全监管局备案。

张某柱，中共党员，石家庄市高新区原建设管理局主管副局长，负责安全监管工作。履行监督责任不力，对事故发生负有监管领导责任。由高新区纪律工作检查委员会给予其批评教育，报石家庄市安全监管局备案。

9.2.5　事故防范和整改措施

1. 石家庄市 AZ 工程有限公司

（1）要进一步完善安全生产保证体系，认真梳理并明确各级人员的安全生产责任，强化各级人员的安全责任落实，确保全员参与，认真落实思想、组织、技术和经济四项保证措施；要依法依规配备符合岗位要求的安全管理，要加强对有限空间作业的现场安全管理，加大现场检查、巡察，坚决杜绝各类"三违"现象的发生。

（2）加强现场安全管理工作，强化作业风险防控。要进行经常性的安全检查，发现问题及时处理。作业现场要严格按照"安全审批表"上签署的任务、地点、时间作业，为员工创造一个安全的生产环境。

（3）加强现场危险源的辨识、监控，对天然气管道施工整个作业过程中存在的危险因素按照危害程度进行分类，采取相应的安全监控措施；确认作业环境、作业程序、防护设施、作业人员等安全措施符合要求后，方可作业；同时按规定穿戴劳动防护服装、防护器具和使用工具等。

2. 石家庄 TY 工程建设监理有限公司

要进一步完善资质审核的管理规定，明确项目监理部安全生产工作职责划分，完善安全生产管理长效机制；要根据天然气管道施工监理项目的特点，完善安全检查、安全技术交底等各项安全管理制度，提高监理人员安全巡查、巡检意识和履职尽责能力。

3. 石家庄 JT 天然气有限公司

石家庄 JT 天然气有限公司要认真吸取事故的深刻教训，加强综合管理和协调，持续督促工程承包单位、监理单位履职尽责；要放大事故调查成果运用，组织事故企业、公司内其他项目部主要负责人和安全管理人员召开警示教育现场会，督促各自所属项目严格落实主体责任；同时全面认真开展系统范围内的安全生产隐患排查工作，监督各类安全管理制度落实到位。

4. 河北 TS 安装工程有限公司

要认真吸取事故教训，严格按照国家有关规定申报本企业的各项建筑业资质和《建筑安全生产许可证》等证照后从事法定范围内工程施工；要严格落实企业安全生产主体责任，建立完善安全生产管理机构体系，切实做到施工安全管理工作与施工作业同部署、同落实；要严把临时聘用人员的安全管理关，有针对性的开展安全生产操作技能、应急处置措施的培训教育，持续提高从业人员现场处置和自救互救能力；要建立并有效落实隐患排查治理自查自报自改机制；要认真开展作业场所危险因素分析，加强安全风险等级防控；要切实加强作业场所安全管理，对作业过程中的危险源（尤其是有限空间）作业，要做到"先安全，再操作"，杜绝"三违"现象，确保作业安全。

5. 高新区国土规划住建局

要严格按照中共石家庄市委石家庄市人民政府《关于进一步加强安全生产工作的意见》（石发〔2012〕10 号）要求，认真践行安全生产"党政同责、一岗双责"，切实加强对安全生产工作的组织领导，进一步明确细化相关部门的安全生产监管职责，坚决杜绝出现安全监管盲区和死角；突出监管重点，加大执法工作力度，持续督促企业规范落实安全生产主体责任，强力推进安全生产标准化建设，全面提升企业的安全管理。

9.3 事故案例 3：黑龙江双鸭山市 GT 置业发展有限公司 "1·19" 煤气中毒事故

2017 年 1 月 19 日 10 时 30 分许，黑龙江 GT 置业发展有限公司作业人员在尖山区某悦府小区 15 号楼室外带压拆除煤气引入管盲板作业时，发生一起煤气中毒事故，造成 1 人中毒死亡、1 人受伤，直接经济损失 70 余万元。

9.3.1 基本情况

1. 事故单位情况

黑龙江 GT 置业发展有限公司（以下简称 GT 置业），地址：双鸭山市尖山区东平行路某号，成立于 2005 年 3 月，注册资金（略），民营股份制公司，法定代表人：夏某实，公司主营城市管道煤气供应销售、煤气灶具安装服务、收取煤气使用费业务；公司设生产运行部、综合管理部、会计部、质量安全部、调度指挥中心、工程管理指挥中心、营销客服中心 7 个部门；其中生产运行部主要负责经验收合格后的煤气设施运行、巡查、维护、应急抢修，负责用户室内供气前打压、开栓送气及设施日检工作；工程管理指挥中心主要负责煤气工程开发和建设管理，负责办理相关手续，监督施工质量及安全，组织竣工验收，按期向运行部移交完工的煤气工程。

2015 年 12 月 28 日，黑龙江 GT 置业发展有限公司取得了市政公用工程施工总承包三级资质的建筑业企业资质证书，证书编号（略），有效期至 2020 年 12 月 16 日，主要承揽市区内新开发建设小区煤气管线分部分项工程施工，聘任刘某新任工长，蒋某君、赵某喜等 5 名工人为工程管理指挥中心施工人员。

2. 作业现场及作业队伍情况

（1）作业现场

某悦府小区 15 号楼二单元煤气管道引入管位于 101 室阳台外东侧拐角处，引入管高出地面约 100mm 处法兰盘被积雪覆盖，作业前工人将积雪清除，作业地点空旷。

市区煤气采取限时加压方式供气，加压时段为 5 时至 8 时，10 时 30 分至 13 时，16 时至 20 时，其余时段采取低压运行方式，某悦府小区地势较低，管道内煤气压力较市区还低，当天 10 时左右该区域调度室控显管道内压力监示为 684Pa，属低压运行时段。

作业地点满足现行行业标准《城镇燃气设施运行、维护和抢修安全技术规程》CJJ 51—2016 关于煤气管道带压开口作业必须在室外空旷空间且管网压力处于低压运行（800Pa）的条件。

（2）作业队伍

某悦府小区煤气管线分部分项工程现已全部竣工，经由工程管理指挥中心组织验收合格后，移交给生产运行部管理。按照公司管理规定，拆除盲板作业应由生产运行部负责，刘某新作为工长，带领的煤气管道安装施工人员，未经煤气运行、维护和抢修专业培训，不具备煤气管道带压作业能力。

3. 事故中人员伤亡情况

死者：赵某喜，55 岁，家住尖山区领航和园，系刘某新的姐夫，原双煤机电总厂电焊工，随同刘某新从事煤气管道安装作业 4 年。

伤者：蒋某君，60 岁，家住材料总厂住宅小区，随同刘某新从事煤气管道安装作业 9 年。

9.3.2 事故情况

事故发生经过：某悦府小区 15 号楼二单元住户 1 月 17 日办理煤气入户手续，交纳了煤气使用费，等待开栓供气，为春节前能使用煤气，其找到熟人陶某隆，求其帮忙协调尽早给开栓供气，陶某隆便于当天上午找到公司生产运行部部长顾某民说："某悦府小区 15 号楼我家亲属已办理完煤气入户手续，要开栓"。顾某民说："工作多，人员不够用，没时间去拆盲板"。陶某隆说："你安排人去复压，我安排人拆盲板"。顾某民即派人去进行复压，出于安全考虑，向主管副总唐某斌做了汇报，并与其一起赶往某悦府 15 号楼现场查看，到达现场后，发现只有一名煤气管道施工人员，立即电话通知工长刘某新，1 人不允许作业，并将该名工人撵走，随后离开。19 日 7 时 20 分，陶某隆再次请求顾某民派人对某悦府小区 15 号楼二单元进行复压，顾某民派人进行了复压后，告知陶某隆能打住压，随后陶某隆未请示公司任何领导，未办理任何审批手续情况下，便私自安排刘某新组织人员对某悦府小区 15 号楼二单元户外煤气管道盲板进行带压拆除，刘某新带领赵某喜和蒋某君到现场作业，未携带安全防护装备，也未交代现场作业程序和危险性，即安排作业，中间又离开作业现场。由于法兰盘距离地面较低，赵某喜和蒋某君在管道一边一个蹲在地上作业，在卸掉法兰盘 4 个螺丝后，发现由于积雪融化结冰，将橡胶盲板冻在上法兰盘口上，便使用抢子从两侧抢橡胶盲板，作业时，面部正对法兰盘开口处，距离较近，赵某喜和蒋某君吸入从法兰盘开口处泄漏的煤气后晕倒。

现场应急救援情况：赵某喜和蒋某君煤气中毒后，被 15 号楼二单元 101 室业主发现，立即电话通知小区物业公司，物业公司人员立即派出保安及工程部人员赶到事发现场。这时，刘某新也回到了现场，一同进行救援，对赵某喜做人工呼吸急救，刘某新同时拨打了 120 急救电话，120 赶到确认赵某喜已死亡，将伤者蒋某君送至双矿医院进行救治。

9.3.3　事故原因

1. 直接原因

GT 置业在拆除尖山区某悦府小区 15 号楼二单元室外煤气引入管盲板作业时，作业人员赵某喜、蒋某君未执行现行行业标准《城镇燃气设施运行、维护和抢修安全技术规程》CJJ 51—2016 关于煤气管道带压开口施工"作业人员不得正向面对管道开口"，"作业时必须佩戴防护装备"的规定，而是蹲在地上，面部近距离正对煤气管道开口，未佩戴防护面具，用抢子处理冻在上法兰盘口上的橡胶盲板，吸入煤气，导致事故的发生。

2. 间接原因

（1）GT 置业负责作业现场管理的工长刘某新未督促作业人员携带并使用防护面具；施工时，未能全程在作业现场监护，及时制止作业人员违章作业行为。

（2）GT 置业煤气管道安装施工人员赵某喜、蒋某君未经煤气运行、维护和抢修专业培训，不具备煤气管道带压作业能力。

（3）GT 置业工程管理指挥中心同时作为工程项目建设单位和施工单位，无法正确履行建设工程中建设单位和施工单位各自应承担的安全生产主体责任，违反《建设工程安全生产管理条例》（国务院令　第 393 号）及《城镇燃气管理条例》（国务院令　第 583 号）相关规定。

（4）工程管理指挥中心陶某隆未执行危险作业审批程序，违章指挥；生产运行部部长顾某民发现问题未及时制止并报告。

（5）GT 置业未执行新建小区开栓供气计划，生产运行部擅自为未列入开栓计划的某悦府小区个别住户开栓供气。

3. 事故性质

经事故调查组认定，黑龙江 GT 置业发展有限公司"1 · 19"一般煤气中毒事故是一起生产安全责任事故。

9.3.4　处理意见

1. 建议免予追究责任人员

赵某喜，GT 置业工程管理指挥中心工人。违章作业，对事故的发生负直接责任。因本人已在此起事故中死亡，不再追究其责任。

2. 建议企业内部处理人员

依据《中华人民共和国安全生产法》第一百零四条的规定，下列人员建议由 GT 置业依据《黑龙江 GT 置业发展有限公司员工奖惩条例》给予企业内部处理，并将处理情况上报市安全监管局备案。

（1）蒋某君，GT 置业工程管理指挥中心工人。违章作业，对事故的发生负直接责任。

（2）顾某民，GT 置业生产运行部部长。发现本公司其他部门人员进入分管领域作业，未及时制止，对事故的发生负有间接责任。

（3）唐某斌，GT 置业副总经理，分管运行部。疏于管理，对运行部负责人未能及时制止工程管理指挥中心人员违规从事煤气运行作业的问题失察，对事故的发生负有间接领导责任。

3. 行政处罚

依据《中华人民共和国安全生产法》和《生产安全事故报告和调查处理条例》（国务院令 第 493 号）等法律法规的规定，建议市安全生产监督管理局对事故责任单位黑龙江 GT 置业发展有限公司、直接负责的主管人员夏某实（法定代表人）、刘某新（工程管理指挥中心工长）、陶某隆（工程管理指挥中心主任）予以行政处罚。

9.3.5 事故防范和整改措施

（1）GT 置业要严格落实企业安全生产主体责任，分别完善市政工程施工与燃气经营管理安全责任体系，严禁交叉、混淆管理，制定安全责任清单，明确各部门职责，完善安全责任考核机制，确保各项制度落实到位，及时消除各类安全隐患，保证安全生产。

（2）GT 置业要加强安全培训工作，提高从业人员的自我保护能力，强化干部的安全责任意识，特别是领导干部的责任意识；法人及各级管理人员要深刻吸取本起事故的教训，立即组织开展施工管理、运行管理安全生产隐患大排查活动，要排查制度是否完善、责任是否全面落实、培训是否到位、作业审批流程是否规范执行、防护设施是否可靠等，对排查出的隐患，要立即整改，做到隐患整改"五落实"，确保安全生产。

（3）市住房与城乡建设局要高度重视新开发建设项目的燃气管道分部分项工程的安全监管和燃气经营企业的安全监管工作，牢固树立红线意识和责任意识，明确燃气工程的审批、施工、竣工管理机构，加强安全生产监督管理，确保燃气管道施工和燃气经营安全。

9.4 事故案例 4：新疆库车县 XT 燃气有限责任公司"5·31"窒息事故

2016 年 5 月 31 日 19 时 18 分许，位于库车县幸福路 HS 宾馆门前库车县 XT 燃气有限责任公司（以下简称："XT 公司"）门站至金石沥青燃气管线第 48 号阀井内，发生一起由甘肃 DY 安装有限公司安装队（以下简称："安装队"）在进行燃气管线封堵施工作业时，管线内燃气泄漏，致使在阀井内的施工作业人员窒息昏迷，阀井外监护的 XT 公司工作人员盲目施救而引发的窒息死亡事故。事故导致 1 人死亡、2 人受伤，直接经济损失 125 万元。

9.4.1 基本情况

1. 事故发生单位及相关责任单位的基本情况

（1）XT 公司基本情况。XT 公司统一社会信用代码（略）。取得有许可证编号（略）、经营类别为管道燃气，燃气汽车加气站的燃气经营许可证，有效期限：2014 年 7 月 23 日至2017年7月23日。公司类型：有限责任公司，法定代表人：杜某春，成立日期：2002年7月4日。公司经营范围：城市天然气输配、天然气管道输送、天然气零售、压缩天然气充装、燃气工程施工与安装等。设计输配能力为60万 m^3/d，主要工程包括：雅克拉天然气输配首站1座，城市门站2座，CNG汽车加气站3座，长输管线60km及其配套设施，城市中压管网600余公里及其配套设施。库车县有各类天然气用户4万余户。最高日销天然气达40万 m^3。天然气使用覆盖了库车县70%以上的城市地域。

XT公司现有职工117人，法定代表人杜某春担任公司总经理，负责公司全盘工作，分管公司财务和行政工作；副总经理魏某明分管公司安全生产监管部、工程建设部和CNG加气总站；副总经理谢某分管公司生产运行部和市场运行部。其中安全生产监管部是公司设立的安全生产管理机构，设有1名专职安全管理人员。

（2）安装队基本情况。自2003年XT公司成立建设之初，安装队实际负责人石某、许某生就挂靠建筑公司承包组织XT公司天然气管道施工工程。2016年4月1日，甘肃DY安装有限公司委托石某为XT公司2016年度城市中压管线、庭院低压管线、户内安装工程现场负责人；石某将工作任务安排给安装队队长许某生，许某生雇用了吾某尔、高某林、杨某等人具体从事天然气管道安装、施工工作。石某、许某生和吾某尔、高某林等人之间没有签订劳动合同或者其他形式的用工协议，口头约定干活按天工计酬，所有从业人员没有取得任何上岗证件或资格证件。

甘肃DY安装有限公司。统一社会信用代码（略），公司类型：有限责任公司，公司住所：甘肃省兰州市西固西路某号，公司成立于1990年9月20日，法定代表人李建军，取得有编号（略）、有效期限是2014年1月10日至2017年1月9日的安全生产许可证。公司经营范围：机电、冶炼、SY化工、市政公用工程、房屋建筑工程施工总承包；锅炉、压力管道安装，压力容器制造等。2016年1月20日，甘肃DY安装有限公司在新疆维吾尔自治区住房城乡建设厅登记备案，备案编号（略），有效期限：2016年1月20日至2016年12月31日。

2. 事故发生前事故现场基本情况

事故发生48号阀井位于库车县幸福路HS宾馆门前的XT公司门站至金石沥青中压PE线路上，管线直径 $DN160$，正常工作压力0.3～0.35MPa，全线长度1304m（不含各支线管网），下设有四处支线，分别负责向生态园餐厅、和兴嘉和园小区、司法局、保安公司、四中、武警三支队、龟兹分局、新桥管业等56家单位供气；支线上设有和兴嘉和园小区、车管所及金石沥青旁3处放散管。

48号阀井内的支线阀门，自2009年8月生态园餐厅由库车升高燃气公司供气后，阀门处于关闭状态。阀井入口圆形，直径550mm，井口深度940mm进入阀室，阀室内长度1700mm，宽度1400mm，高度1584mm，容积约3.77m³。

3. 事故发生前施工管理情况

2016年5月18日，XT公司与甘肃DY安装有限公司签订工程项目为库车县城区中压阀井增补和拆除整改，包括21号天五广场处、48号生态园处钢阀井拆除的工程施工补充合同。5月19日，XT公司生产运行部制定48号钢阀井拆除盲堵施工方案并经副总经理谢某审批。5月30日18时40分许，XT公司工程建设部会同安装队到XT公司安全生产监管部办理进入有限空间作业许可证，杨某代表安装队进行了确认签字。

9.4.2　伤亡情况

白某军，45 岁，身份证号（略），家庭住址：新疆库车县民航路某号 3 号楼 2 单元 202 室。2004 年 7 月进入 XT 公司工作，签订有固定期限劳动合同，合同期限至 2016 年 7 月 1 日。持有自治区住房和城乡建设厅发放的运行维护抢修工培训合格证书。在公司一直从事燃气管线的维护、巡检相关工作，担任过公司抢险队队长职务，对公司燃气管网、燃气设备的分布、使用、维护情况非常熟悉。因其工作勤奋、敬业，2015 年 5 月起，XT 公司任命白某军为生产运行部副经理。

9.4.3　事故情况

2016 年 5 月 31 日 18 时左右，白某军驾车将高某军和马某龙接至长宁路与幸福路交会处东北侧 50 号阀井处，白某军安排马某龙到阀井里去关闭阀门。19 时左右，3 人又到长安路与幸福路交会处东北侧，关闭了 5 号阀井内的阀门。关闭后白某军电话通知安装队杨某，告知 5min 后可以施工了。通知完后，白某军驾车带领马某龙、高某军二人来到事故发生的 48 号阀井施工现场。

18 时 54 分许，安装队杨某驾驶皮卡车带领高某林，吾某尔两人到达幸福路 HS 宾馆门前的 48 号阀井处，开始时做施工前的准备工作。19 时 14 分许，白某军、高某军、马某龙等人赶到事故现场，吾某尔、高某林下井施工作业，期间高某林上井透气。19 时 18 分许，站在阀井旁的白某军等人听到井内响声异常，就呼叫吾某尔，没有回音，白某军就下井施救，他下去后，将吾某尔扶到井口，井上人将已经昏迷的吾某尔拉出井口，阀井外人员见白某军没有上来，呼叫也没有应答，随后高某林、高某军等人先后下去救人，下去后都没有回应。最后马某龙下去救人，下到井内，马某龙感觉到头晕无力，就停止救援，伸手让杨某把他拉上来，上来之后，喘息稍定，于 19 时 25 分拨打了"119"和"120"报警并请求救援。19 时 32 分许，消防大队救援人员和巡逻民警赶到现场，展开疏散群众、封锁路口等救援工作。19 时 33 分，消防战士佩戴正压式空气呼吸器下井将 3 人救出，19 时 40 分县人民医院"120"急救车赶到，经简单抢救后，将伤者送往医院救治。在进行救援的同时，事故阀井处有天然气加臭剂味道，使用天然气检测仪，显示不断有天然气从 48 号阀井内散逸，XT 公司副总经理魏某明安排工程建设部经理付某军确认阀门关闭和放散情况。19 时 50 分左右，在确认管线阀门关闭后，在和兴嘉和园小区调压箱处，付某军等人打开放散管，强制放散了 5min，感觉再无天然气放散后关闭放散回到事故阀井处。再次检测，显示天然气浓度逐渐降低至无检测散逸数值。

救援结束，县安监局、公安局刑警大队等单位对现场进行了勘验取证至 6 月 1 日凌晨 1 时许结束，凌晨 3 时 40 分左右，事故阀井封堵结束，燃气管线气体置换完成后恢复供气。

9.4.4　事故原因

1. 直接原因

白某军操作错误，忽视安全，没有佩戴使用隔离式呼吸护具冒险进入散发天然气的有限空间危险场所阀井内施救，是引发事故发生的直接原因。

2. 间接原因

（1）甘肃 DY 安装有限公司库车 XT 安装队安全管理极其混乱。甘肃 DY 安装有限公司对安装队从业人员安全教育培训无记录，安全生产管理无记录；对从业人员没有签订劳动合同并缴纳工伤保险，所有从业人员均没有做到安全生产教育培训合格后持证上岗，没有开展有限空间作业场所危险因素辨识并制定相应方案；没有为从业人员配备有限空间作业防护器具和检测仪器；没有建立健全安全生产责任制度和安全生产教育培训制度及制定安全生产规章制度和操作规程；安装队负责人石某、许某生均没有取得相应执业资格或者培训合格证；没有设立安全生产管理机构或配备专职安全生产管理人员；没有向施工作业人员作出详细施工说明和要求，并签字确认。没有开展有限空间作业专项教育培训并配备必要的劳动防护用具。

（2）XT 公司制定城区中压停气联头实施方案有待健全完善，部分程序要求不具有可操作性；XT 公司安全管理制度和检修封堵及有限空间作业危害性辨识、管理有待加强，抢险抢修管理制度第四大项，应更改为："检漏应佩戴正压式空气呼吸器或者隔离式呼吸器及使用防爆灯具"，在审批进入有限空间作业许可证时，对 48 号阀井内危险因素辨识不足，没有将作业人员佩戴隔离式空气呼吸器作为强制条件。

3. 事故性质

事故调查组经调查认定，这是一起安全生产责任事故。

9.4.5　处理意见

1. 对责任人的处理建议

（1）白某军，XT 公司生产运行部副经理，安全意识淡薄，冒险施救，导致事故发生，鉴于其在事故中死亡，建议免于追究其责任。

（2）杨某，甘肃 DY 安装有限公司 XT 项目部安装队从业人员，没有接受过安全生产教育培训，不具备最基本的安全生产常识，违规指挥吾某尔、高某林等人冒险作业，且在事故中隐瞒存在的违章指挥作业问题，在此次事故中应负直接责任，违反了《安全生产违法行为行政处罚办法》（安监总局令第 15 号）第四十五条第（二）款、第（六）款规定，建议由库车县安监局对其给予罚款 6000 元的行政处罚。

（3）许某生，甘肃 DY 安装有限公司 XT 项目部安装队负责人，负责安装队具体的施工、安全管理工作，在此次负责实施的 XT 公司和甘肃 DY 安装工程有限公司阀门拆除与盲堵工程中，没有组织编写施工方案，没有对从业人开展专项安全生产教育培训，没有对有限空间作业危害因素进行辨识分析并配备相应的防护器具。在此次事故中应负管理责任，违反了《安全生产违法行为行政处罚办法》（安监总局令第 15 号）第四十五条第（一）款、第（二）款规定，建议由库车县安监局对其给予罚款 8000 元的行政处罚。

2. 对责任单位的处理建议

甘肃 DY 安装有限公司，对安装队从业人员没有进行安全生产教育和培训，并保证从业人员具备必要的安全生产知识，所有安装队从业人员均没有做到安全生产教育培训合格后上岗；安装队负责人石某、许某生没有取得相应执业资格或者培训合格证；没有设立库车 XT 项目安全生产管理机构或配备专职安全生产管理人员；在有限空间阀井内作业，没有向施工作业人员作出施工说明和要求，并签字确认，没有开展有限空间作业专项教育培训并配备必要的劳动防护用具；没有向从业人员如实告知作业场所和工作岗位存在的危险因素、防范措施以及事故应急措施；对从业人员没有签订劳动合同并缴纳工伤保险。违反了《中华人民共和国安全生产法》第二十一条、第二十四条、第二十五条、第四十一条、第四十二条、第四十八条，《建筑工程安全管理条例》（国务院令 第 393 号）第二十一条第（二）款、第三十二条、第三十六条规定。根据《中华人民共和国安全生产法》第一百零九条第（一）款（发生一般事故的，处以 20 万元以上 50 万元以下的罚款）规定，建议由库车县安监局对该公司给予罚款 20 万元的行政处罚。

9.4.6 事故防范和整改措施

（1）甘肃 DY 安装公司要加强对安装队从业人员的安全教育与培训。重点突出在管道带压、危险环境施工教育和培训，使每个员工都能熟悉了解本岗位危害因素和防护技能知识，提高从业人员的安全意识和自我保护能力；严格按照《城镇燃气行业防尘防毒技术规范》AQ 4226—2012 标准，为从业人员配备燃气工程现场施工检测仪器及隔离式空气呼吸器。

（2）甘肃 DY 安装公司要从此次事故中认真吸取教训，举一反三，公司要立即安排项目委托人或者项目施工负责人及安全管理人员参加安全生产教育培训，具备从事安全生产管理基本能力。完善生产安全事故隐患排查治理制度并书面记录隐患排查治理情况，杜绝各类事故的发生。

（3）XT 公司要根据《中华人民共和国安全生产法》第四十六条规定，加强对施工队伍的管理，定期对其进行安全检查。

（4）县住建局要加强对燃气企业的管理力度，严格落实"管行业必须管安全""管生产必须管安全"的要求。

（5）县质监局要加强对城市内燃气管线定期检验检测工作的管理力度，督促燃气管线运营、使用单位对管线定期检查、检测。

9.5 事故案例 5：辽宁大连市 TT 建设集团有限公司"10·31"煤气中毒事故

2014 年 10 月 31 日 11 时 48 分左右，TT 建设集团有限公司员工在施工过程中发生煤气中毒事故，造成 1 名员工死亡。

9.5.1 基本情况

1. 事故相关单位情况

（1）TT 建设集团有限公司

公司成立于 2005 年 12 月 9 日，公司类型：有限责任公司，地址：辽宁省大连市沙河口区中山路某号，注册资本（略），法定代表人：刘某茹。经营范围：市政工程、房屋建设工程、桥梁工程、公路工程、装饰装修工程、线路管道安装工程、机电工程、钢结构工程、土石方工程施工、水利水电工程施工、通信工程、地基与基础工程、消防设施工程、城市及道路照明工程、建筑防水工程、建筑智能化工程、隧道工程、机场场道工程、港口与海岸工程、河湖整治工程施工、铁路工程、建筑装饰工程设计；货物进出口、技术进出口、国内一般贸易；对外承包工程（依法须经批准的项目，经相关部门批准后方可开展经营活动）。

（2）大连 RQ 集团有限公司管网分公司

管网分公司成立于 2001 年，经理：徐某，为非法人二级单位，前身为大连 MQ 公司输配管理处，担负着大连地下煤气管道及其附属设施日常维护和应急救援抢修工作，同时也是大连市公共救援体系重要组成之一。管网分公司负责大连市现有市街煤气地下管网的安全运行，各类煤气管道和设施的维护、抢修、巡线、管网并网以及发生燃气泄漏事故时的应急救援工作。

（3）大连 ZX 建设工程管理有限公司

公司成立于 1992 年 2 月 25 日，公司类型：有限责任公司，地址：辽宁省大连市沙河口区民政街某号科技广场某座 4-1 号，注册资本（略），法定代表人：张某光。经营范围：工程项目管理；甲级工程建设监理；建筑安装装饰工程技术咨询；市政公用工程监理；机电安装工程监理；招标投标代理；工程咨询（以上涉及行政许可的，凭行政许可证经营）。

2. 事故涉及的工程项目情况

（1）工程整体概况

根据大连市发展改革委和大连市财政局《关于下达 2014 年大连市政府投资计划的通知》（大发改投资字〔2014〕58 号）的要求，2014 年实施 2000 个煤气进户支线改造，建设单位为大连 RQ 集团有限公司。2014 年 7 月 29 日，市建委根据综合评估《工程实施方案》的评审意见，下发了《关于煤气进户支线改造工程实施方案的批复》（大建计发〔2014〕268 号）。2014 年 8 月 29 日，在大连市建设工程交易中心经过公开招标投标，施工中标单位确定为 TT 建设集团有限公司（以下简称 TT 公司），负责煤气支线的空管改造安装，监理中标单位确定为大连 ZX 建设工程管理有限公司，大连 RQ 集团有限公司管网分公司（以下简称管网分公司）负责煤气支线掐气、碰头的带气作业。

该工程于 2014 年 10 月 22 日开工建设，预计 2014 年年底完工。大连 RQ 集团有限公司与施工单位签有《工程施工合同》和《安全协议》，与监理单位签有《建设工程委托监理合同》。

工程名称：2014 年 2000 户煤气进户支线改造项目，工程内容：进户线管道工程停气、沟槽开挖、钢管安装、焊口探伤、管道强度试验及气密性试验余土外运、阀门井及保护井砌筑、打墙眼、穿墙套管安装、送气、垃圾清理。

（2）工程实际施工概况

TT 公司中标了本次改造项目 4 个标段中的 2 个标段，TT 公司对两个标段进行同时施工，具体施工现场分别为 HL 观海小区和青林云海小区，此次事故发生地点为 HL 观海小区的施工现场。

9.5.2 事故情况

1. 事故发生地点、时间

事故发生地点为大连市高新园区 HL 观海小区 24 号楼煤气进户支线改造项目施工现场。

经对该现场施工人员询问调查，发现死者昏迷在沟槽内的第一时间为 2014 年 10 月 31 日 11 时 48 分左右，现场人员拨打 120 救援电话时间为 11 时 52 分 48 秒。

2. 事故发生经过

2014 年 10 月 30 日 TT 公司 HL 观海小区 24 号楼施工班组已经挖好了 4 条管沟，为第二天的施工做好了准备工作。管沟为南北走向并排，事故沟槽宽约 50cm 左右、长约 5m，沟槽浅处 60～70cm，深处有 1m 左右。

2014 年 10 月 31 日 6 时左右，TT 公司班组长马某岩吃完早饭后到施工现场进行了巡视，7 时左右，班组长马某岩见煤气公司刘某盛（甲方现场施工员）还未到施工现场对 4 条进户管线进行煤气主管线与支管线的分离工作（以下简称掐气作业），为了赶工程进度，班组长马某岩就擅自组织施工班组人员对管线进行掐气作业，自西向东先后对 4 条管线进行了掐气作业，掐气作业主要以冯某生为主，于某、任某兵配合，马某岩自己进行量尺、下料、管线焊接工作。

HL 观海小区 24 号楼施工班组共计 7 人，其中班组长马某岩为焊工，冯某生为管工，任某兵、于某、王某才和牟某波为力工，仇某东负责做饭。10 月 31 日的分工情况是：班组长马某岩为焊工，主要对管道焊接进行预制；冯某生为管工，主要工作是进行管道量尺、下料及管线安装；事故当天主要由冯某生进行掐气作业，于某、任某兵作为力工，配合班组长马某岩和冯某生工作；王某才和牟某波为一组，进行沟槽开挖和填埋工作。在掐气作业完成后，按照事先安排好的分工，开始自西向东依次对 4 条管线进行施工作业。施工作业内容主要有：部分老旧管线的拆除、拆除管线后重新量尺、下料、管线焊接和管线安装工作。

10 月 31 日 11 时 10 分左右，仇某东做好了午饭，施工人员陆续回来吃饭，整个上午班组长马某岩、冯某生、任某兵和于某 4 人（另外 2 人在另一个区域内进行沟槽开挖工作）共同完成了第 1 条管线的安装、碰头工作，尚未进行供气；第 2 条管线完成了安装、碰头尚未进行供气；第 3 条管线完成了安装工作，尚未进行碰头、供气作业；第 4 条管线尚未开始施工。午饭过后，班长马某岩准备外出采购施工工具，走出帐篷的时候看到任某兵在帐篷外抽烟，班组长马某岩向任某兵询问第 2 条管沟和第 3 条管沟的施工进度如何，任某兵回答已经差不多了，班组长马某岩就安排任某兵下午找冯某生他们帮忙，对第 3 条管线进行碰头作业，然后就外出采购工具了。冯某生和于某吃完饭回到施工现场，对第 1 条沟槽内管线进行打压测试（于某在室内，冯某生在室外）。

2014 年 10 月 31 日 11 时 48 分左右，于某施工过程中感到口渴外出买水，在经过第 3 条沟槽的时候，发现任某兵蹲在管沟中面朝煤气主管线，并且听见嘶嘶冒气声。于某自觉有些异常，随即憋了一口气进入第 3 条管沟中，将任某兵拖拽离开煤气主管线，并大声呼叫其他现场施工人员，随后冯某生、仇某东、王某才、牟某波 4 人闻声来到事故发生地点，5 人一起将任某兵抬到道路对面的草坪上，期间于某拨打了 120 急救中心电话，冯某生也拨打了班组长马某岩的电话（中国移动通信详单显示时间为 11 时 52 分 48 秒），进行事故情况汇报。在等待救护车到来期间，冯某生进入事故沟槽内将漏气点进行了堵漏处理。

根据班组长马某岩自述，他询问了冯某生事故现场的相关事宜，得知在场 5 人已将昏迷的任某兵抬到通风处，并拨打了 120 急救电话。随后，班组长马某岩马上返回事故现场，并给 TT 公司本项目专职安全员张某来打电话汇报具体情况。班组长马某岩返回施工现场时，120 急救中心人员也赶到了现场，医护人员在现场对任某兵进行了简单的急救处置，随后送往大连医科大学附属第二医院进行抢救。10 月 31 日 13 时左右，医院下达了《死亡通知书》，宣告任某兵为一氧化碳中毒死亡。

3. 事故应急处置情况

事故发生后，TT 公司现场人员立即将死者迅速抬到通风良好的地段，同时向 120 急救中心求救，120 急救中心出动了一台急救车、3 名医务人员参加紧急抢救，TT 公司其他领导随后赶往了医院。

市建委燃气处、大连 RQ 集团有限公司的领导及相关人员闻讯迅速赶到现场，参与应急处置。

市安监局危化局有关负责人也在接到事故报告后，第一时间带领危化监管三室相关人员赶到现场，组织协调指挥应急处置工作，并对事故情况进行了现场询问。在开展应急处置的同时，市政府事故调查组成立并立即开展工作，为确保现场安全，事故调查组要求，一是 TT 公司要立即停止施工作业，全力配合事故调查，待事故调查处置结束后，方可恢复施工；二是大连 RQ 集团有限公司要立即恢复供气，不得耽误用户正常使用煤气。

本次事故造成 TT 公司 1 名员工经送医院抢救无效后死亡，无其他受伤人员。

9.5.3 伤亡情况

事故类别：中毒和窒息。

事故等级：事故造成 1 人死亡，属一般事故。

直接经济损失：事故损失工作日为 6000 天，直接经济财产损失为 67.5 万元。

9.5.4 事故原因

经事故调查组认真、细致的调查询问，及检查相关文件材料，认定事故原因及性质如下：

1. 事故直接原因

TT 公司施工班组人员任某兵违章作业，在没有告知他人的情况下，违章进行管线碰头作业过程中，吸入过量一氧化碳导致中毒死亡。

2. 事故间接原因

（1）TT 建设集团有限公司

TT 公司作为施工单位，安全生产主体责任不落实，安全意识淡薄，TT 公司本项目两个施工工地同时组织施工，但只安排了一名专职安全员，不能做到作业施工全程监护；安全教育培训不到位，班组日常安全教育还只停留在口头教育，没有形成安全教育记录；应急救援处置不当，虽然制定了煤气中毒应急救援预案，也组织过演练，但参与应急救援演练人员仅停留在公司领导层面，未组织现场施工人员进行演练培训，未组织现场施工人员学习应急救援知识；TT 公司对本项目进行了安全风险辨识，但没有针对辨识出的风险因素制定有针对性的安全防范措施。施工班组班长为了赶工程进度，违规违章指挥施工人员对管线进行掐气、碰头作业，致使施工人员在违章作业时中毒死亡。

（2）大连 RQ 集团有限公司管网分公司

管网分公司在本项目中负责煤气支线掐气、碰头的带气作业，相关人员未按照《城镇燃气管理条例》（国务院令　第 583 号）履行带气作业的专门职责，未按照施工合同规定组织进入现场施工人员进行安全教育培训；人员配备不足，两个施工现场只配备了一名现场安全员，不能对施工现场进行全程监护，现场施工员还负责两个施工现场煤气管线的掐气、碰头作业，不能专职履行现场施工员职责，不能做到沟下作业、沟上监护，下管时专人指挥。

（3）大连 ZX 建设工程管理有限公司

大连 ZX 建设工程管理有限公司作为 2000 户煤气进户支线改造工程的监理单位，负责对 2000 户煤气进户线改造施工的全过程进行监理，相关人员违规对两个施工现场同时进行监理，事故发生当天未对 HL 观海施工现场进行监理，未能按规定履行监理职责。

3. 事故性质

经调查认定，TT 建设集团有限公司 "10·31" 煤气中毒事故是一起生产安全责任事故。

9.5.5　处理意见

1. 因在事故中死亡、免予追究责任人员

任某兵，TT 建设集团有限公司项目施工现场力工，未遵守安全管理规定，违规、违章进行煤气管线碰头作业，致使自身中毒死亡，对煤气中毒事故的发生负有直接责任，因在事故中死亡，建议免于追究责任。

2. 对责任人的行政处罚建议

（1）TT 建设集团有限公司

1）张某来，TT 建设集团有限公司安全员，负责施工现场的安全管理和安全教育培训工作，未认真履行工作职责，对事故的发生负有管理责任。依据《辽宁省职工因工伤亡事故处理条例》第二十六条规定，建议对张某来处以 3000 元罚款。

2）马某岩，TT 建设集团有限公司 HL 观海工地施工作业班组长，负责整个施工班组的安全管理工作，未认真履行工作职责，违章指挥施工人员进行煤气管线掐气、碰头作业，对事故发生负有管理责任。依据《辽宁省职工因工伤亡事故处理条例》第二十六条规定，建议对马某岩处以 5000 元罚款。

3）范某辉，TT 建设集团有限公司该工程经理，施工项目安全生产第一责任人，未认真履行工作职责，对事故的发生负有领导责任。依据《辽宁省职工因工伤亡事故处理条例》第二十六条规定，建议对范某辉处以 10000 元罚款。

（2）大连 RQ 集团有限公司管网分公司

1）刘某盛，大连 RQ 集团有限公司管网分公司现场安全员（兼项目施工员），负责煤气支线掐气、碰头的带气作业，负责施工现场安全监护、安全教育培训，未能按照《城镇燃气管理条例》（国务院令　第 583 号）履行带气作业的专门职责，对现场监护、安全教育培训不到位，对事故发生负有监督管理责任。依据《辽宁省职工因工伤亡事故处理条例》第二十六条规定，建议对刘某盛处以 3000 元罚款。

2）苏某东，大连 RQ 集团有限公司管网分公司安全科科长，负责 2000 户进户线改造工程项目现场带气作业的安全管理，负责签署 HL 观海小区事故当天掐气、碰头施工作业报告单，作为专职安全员未对带气作业施工现场全程监护，对事故的发生负有直接责任，依据《辽宁省职工因工伤亡事故处理条例》第二十六条规定，建议对苏某东处以 5000 元罚款。

（3）大连 ZX 建设工程管理有限公司

原某光，大连 ZX 建设工程管理有限公司监理员，负责 HL 观海和青林云海小区标段进户线改造工程全过程的监理工作，对施工现场监理不到位，事故发生当天未对 HL 观海施工现场进行监理，未能按规定履行监理职责，对事故的发生负有直接责任，依据《辽宁省职工因工伤亡事故处理条例》第二十六条规定，建议对原某光处以 3000 元罚款。

3. 对事故相关单位的行政处罚建议

TT 建设集团有限公司对 TT 建设集团有限公司"10·31"煤气中毒事故的发生负有主要责任。依据《生产安全事故报告和调查处理条例》（国务院令 第 493 号）和《安全生产行政处罚自由裁量适用规则（试行）》（国家安监总局 第 31 号）规定，建议给予 10 万元罚款的行政处罚。

9.5.6　事故防范和整改措施

本起煤气中毒事故造成 1 人死亡，教训深刻、惨痛，事故的发生直接反映出两个单位在安全管理方面的漏洞和安全教育培训的缺失，存在着严重违规违章指挥、作业行为，没有认真落实实企业安全生产主体责任。为认真吸取事故教训，举一反三，防止同类事故重复发生，建议采取以下防范措施：

1. 燃气经营单位和项目施工单位要牢固树立法律意识、红线意识

燃气经营单位和施工单位要深刻吸取此起事故教训，切实落实"管业务必须管安全、管生产经营必须管安全"的原则，把安全责任落实到领导、部门和岗位，谁踩红线谁就要承担后果和责任。

2. 燃气经营单位和项目施工单位要切实落实企业主体责任

大连 RQ 集团有限公司管网分公司和 TT 建设集团有限公司要认真吸取事故教训，切实落实企业安全生产主体责任。一是要针对本次事故暴露出的人员配备不足问题，立即加强人员配备，要符合规定要求，每个施工工地都要有专职安全员与现场施工员，坚决避免现场监护空白、盲区；二是要针对此次事故中存在的违规违章指挥、作业行为，认真落实企业安全管理规章制度和操作规程，加强施工现场安全管理，坚决杜绝违规违章指挥、作业的再次发生；三是要以新修订的《中华人民共和国安全生产法》为契机，尽快完善企业的安全管理规章制度、操作规程和安全生产责任制，要切实做到"有岗有责，一岗双责"，杜绝出现责任空白问题；四是要加强对施工人员的安全教育培训和应急救援知识培训工作，此次事故暴露出现场施工人员对于应急救援知识掌握不足的问题，不能在第一时间对伤者进行救护，最终导致了悲剧的发生，施工单位要加强对一线施工工人的应急救援演练工作，使其了解、掌握应急救援知识，避免同类事故再次发生。

9.6　事故案例6：江苏苏州市WZ区"4·1"中压天然气管道碰通工程工地中毒和窒息事故

2014年4月1日4时25分左右，由江苏HN建设工程集团有限公司承接的苏震桃公路中压天然气管道碰通工程工地（位于WZ区友新路与吴中大道交叉口东南角）发生一起气体窒息事故，造成2人死亡。在施救过程中，1名救援人员因窒息受伤，在入院治疗观察期间，病情趋于好转。4月9日，该员工的病情突然恶化，经医院抢救无效，于20时25分死亡。

9.6.1　基本情况

1. 建设单位基本情况

苏州市WZ区燃气有限公司，地址在苏州市WZ区月苑街某号，法定代表人：胡某兴，注册资本（略），公司类型为有限公司，营业执照注册号（略）。

2. 施工单位基本情况

江苏HN建设工程集团有限公司，地址在江苏省溧阳市溧城清溪路某号，法定代表人：宋某华，注册资本（略），公司类型为有限责任公司，营业执照注册号（略）。安全生产许可证（略），资质等级：机电安装工程施工总承包一级、机电设备安装工程专业承包一级；特种设备安装改造维修许可证（压力管道）。

3. 工程基本情况

苏震桃公路中压天然气管道工程是吴中经济技术开发区太湖新城商业地块的配套公用工程。2013年12月18日，苏州市WZ区燃气有限公司和江苏HN建设工程集团有限公司签订工程施工合同，该工程已于2014年3月31日完成竣工验收，并计划于4月1日正常供气。

为保证该工程管线按时供气，2014年3月20日，WZ区燃气有限公司以直接发包的形式，与江苏HN建设工程集团有限公司签订了碰通工程施工合同。碰通工程施工计划于3月31日22时开始，至4月1日6时结束。

管线碰通工程的施工流程为：天然气放空-插盲板-氮气置换天然气-碰通-抽盲板-氮气查漏-天然气置换氮气。

9.6.2　事故情况

3月27日，施工单位江苏HN建设工程集团有限公司将管线碰通施工方案交由建设单位WZ区燃气有限公司（以下简称燃气公司）审核；3月28日，燃气公司组织公司安全部、工程部、运营部和施工单位对施工方案进行论证，参加论证的有燃气公司安全部经理项某、工程部副经理杨某丽和施工员董某雁、运营部倪某民、施工单位代表杨某。燃气公司对论证情况做了会议纪要，并填报《管道危险作业项目审批表》，由公司工程部提出申请，经运营部、安全部和公司分管领导沈某华层层审批通过。

3月31日22时前，施工单位安排人员到现场进行碰通施工的准备工作，派至施工现场的人员有10人，分别是：项目施工员杨某、施工班组长张某林、焊工王某龙和杨某科，其他施工人员杨某平、杨某现、王某春、王某祥、季某明和张某松。当时，在施工现场的还有项目负责人宋某刚，但在22时后相关人员未见其在现场。为保障施工方案的有效实施，燃气公司由副总经理沈某华带队，公司安全部项某、工程部杨某丽和董某雁、运营部倪某民在施工作业前到现场进行了巡查，并于22时前回到碰通点。

施工现场共有3个作业点，其中：一个为焊接碰通点，在兴昂路和苏震桃公路交叉处，也是主要作业点；其他两个作业点分别在田上江路与兴昂路交叉处、吴中大道和友新路交叉处（事故发生点），这两个点的施工作业是在井下开关阀门、装拆盲板和充氮气置换天然气。张某林、杨某、季某明和王某祥在焊接碰通点，杨某科、王某春和张某松在田上江路点，王某龙、杨某平和杨某现在友新路点。王某龙和杨某科应在各自作业点开启放散阀充氮气置换天然气后，去碰通点进行焊接。

按照施工方案，3月31日22时开始碰通施工，先关闭碰通点上游老管道的三个阀门，接着关闭了管道下游各天然气用户的阀门。22时20分左右，在碰通点的老管道上，开启放散阀将管道内的天然气放空。22时50分左右，天然气放空结束。田上江路点和友新路点在关闭的阀门后各安装一块盲板，田上江路点、友新路点盲板分别由杨某科、王某龙安装。盲板装好后，23时20分左右，在友新路点、田上江路点开启放散阀，通入氮气置换管道内的天然气后，杨某科、王某龙各自前往碰通点。

4月1日零时50分左右，氮气置换天然气完毕，碰通点开始进行新、老管道碰通作业。张某林负责切割打磨管道，杨某科、王某龙轮流焊接。

3时40分左右，碰通点焊接作业完成，杨某和张某林一同先后到田上江路点、友新路点抽盲板。在友新路点，张某林下井操作，杨某现下井配合，杨某平在地面负责打手电筒照明。4时10分左右，张某林、杨某现回到地面。张某林指示杨某现、杨某平有异常情况要及时汇报，不要私自下井。之后，杨某和张某林离开友新路点回碰通点。路上，张某林电话通知田上江路点的王某春通氮气给管道检漏。按要求，田上江路点和友新路点的作业人员须用肥皂水刷在法兰上检漏。

4时15分左右，张某林和杨某回到碰通点。因为未接到两个作业点检漏不正常的情况汇报，张某林和杨某认为作业点检漏合格，张某林就电话通知田上江路点开启关闭的天然气阀门。4时25分左右，杨某因手机电量不足，安排在碰通点的王某龙打电话通知杨某平开启关闭的天然气阀门，电话无人接听。随即，杨某和王某龙开车赶去友新路点查看。

到友新路点后，杨某停车；王某龙赶到井口发现杨某现、杨某平躺在井里，就直接下井救人，并在井下将杨某平抱托到井口。杨某停好车后赶到井口，将杨某平抱上地面进行现场急救，王某龙则又去救杨某现。2min后，杨某到井口准备接杨某现时，发现王某龙也倒在井里，呼吸急促，不能说话。杨某立即电话通知在碰通点的燃气公司的杨某丽，请她带人救援，并电话报120急救中心。

5min后，燃气公司的杨某丽、董某雁，施工单位的张某林和杨某科4人一同赶到友新路点事故现场。张某林屏住呼吸下井，先后将王某龙和杨某现托抱给井口地面上的救援人员。5时5分左右，3辆救护车先后赶到，将3人送至医院抢救。杨某平和杨某现经抢救无效死亡，王某龙经抢救恢复了意识并住院观察。

自入院至4月5日，王某龙每天8时左右到医院高压氧舱治疗一个半小时。期间，王某龙生命体征平稳，恢复较好。6日，医院未安排王某龙使用高压氧舱治疗；当天晚上，王某龙开始发烧，病情加重。9日20时25左右，经抢救无效死亡。

9.6.3 伤亡情况

1. 死亡人员情况

（1）杨某平，管道辅助工，身份证号码（略），家庭住址：江苏省丰县赵庄镇杨庄寺某号。死亡原因：窒息。

（2）杨某现，管道辅助工，身份证号码（略），家庭住址：江苏省丰县赵庄镇杨庄寺某号。死亡原因：窒息。

（3）王某龙，焊工，身份证号码（略），家庭住址：江苏省阜宁县新沟镇新西村六组某号。死亡原因：事故施救中窒息受伤，肺部感染。

2. 事故直接经济损失

事故直接经济损失310万元。

9.6.4 事故原因

1. 直接原因

（1）友新路点的燃气管道法兰在盲板抽取复位时未安装到位，田上江路点的天然气阀门开启后，管道带压，管道内的氮气从友新路点的法兰空隙处泄漏至友新路点的阀门井内，井内窒息性气体聚积，造成空气氧含量严重不足。

（2）杨某平、杨某现安全意识淡薄，在受限空间作业，未按规定佩戴防护面具、未系安全绳，并在未开启通风设备的情况下，盲目冒险下井作业，导致窒息。

2. 间接原因

（1）江苏 HN 建设工程集团有限公司未认真落实安全生产主体责任，对施工人员安全培训教育不到位；未对施工作业进行安全技术交底，制订的碰通工程施工方案无安全防护和应急处置措施内容；作业现场安全监管不到位，友新路点作业现场未配备发电机，通风设备无法正常开启，井下作业未能保持良好通风环境。

（2）苏州市 WZ 区燃气有限公司，未制定和落实承包商安全管理制度，对承包商安全生产工作管理不到位；工程发包后，对施工单位安全管理人员资质审核、碰通工程施工方案审核不到位，对作业现场安全监管不到位。

（3）有关行政主管单位和燃气行业管理部门安全监管不到位。

3. 事故性质

经认真调查分析，事故调查组认定，该事故是一起施工单位安全防护措施缺失、作业现场安全管理松懈、施工人员盲目下井冒险作业、建设单位施工现场安全监管不到位导致的生产安全责任事故。

9.6.5 处理意见

（1）江苏 HN 建设工程集团有限公司，未认真落实安全生产主体责任，安全培训教育不到位，施工作业安全管理措施缺失，施工现场安全管理不到位，是事故的责任单位，建议苏州市安全生产监督管理局按照《生产安全事故报告和调查处理条例》（国务院令 第

493 号）等相关法律法规的规定，对该公司实施罚款 380000 元的处罚。

（2）杨某平、杨某现，江苏 HN 建设工程集团有限公司施工人员。安全意识淡薄，盲目下井冒险作业，对事故负有直接责任。鉴于 2 人已在事故中死亡，建议不再进行责任追究。

（3）张某林，江苏 HN 建设工程集团有限公司施工班组长，作业前未进行安全技术交底，作业现场安全管理不到位，在拆盲板紧法兰作业中检查不细，对事故发生负有主要责任。建议公安机关依法追究其刑事责任。

（4）宋某华，江苏 HN 建设工程集团有限公司法定代表人，作为公司安全生产第一责任人，未认真履行安全生产管理职责，对公司安全管理不到位，对事故发生负有领导责任。建议苏州市安全生产监督管理局按照《生产安全事故报告和调查处理条例》（国务院令 第 493 号）等相关法律法规的规定，对其实施罚款 53000 元的处罚。

（5）宋某清，江苏 HN 建设工程集团有限公司项目经理，苏州分公司负责人，作为分公司和项目部安全生产第一责任人，未认真履行安全生产管理职责，对分公司和项目部安全管理不到位，对事故发生负有领导责任。建议苏州市安全生产监督管理局按照《生产安全事故报告和调查处理条例》（国务院令 第 493 号）等相关法律法规的规定，对其实施罚款 32000 元的处罚。

（6）宋某刚，江苏 HN 建设工程集团有限公司现场负责人，对职工安全培训教育不到位，作业现场安全监管不到位，对事故发生负有管理责任。建议江苏 HN 工程集团有限公司给予其留用察看处分、罚款 10000 元的处罚。

（7）杨某，江苏 HN 建设工程集团有限公司项目施工员，现场实际负责人，作业前未进行安全技术交底，作业现场安全管理不到位，对事故发生负有管理责任。建议江苏 HN 工程集团有限公司给予其行政记大过处分、罚款 5000 元的处罚。

（8）江苏 HN 建设工程集团有限公司按照事故处理"四不放过"原则，对事故的其他相关责任人员进行处理，处理意见形成书面决定，执行后报苏州市安全生产监督管理局备案。

（9）苏州市 WZ 区燃气有限公司，对承包商安全监管松懈，工程施工方案审核不到位，施工现场安全监管不到位，对事故的发生负有责任，建议苏州市安全生产监督管理局按照《生产安全事故报告和调查处理条例》（国务院令 第 493 号）等相关法律法规的规定，对该公司实施罚款 300000 元的处罚。

（10）沈某华，苏州市 WZ 区燃气有限公司副总经理，对施工方案审核不到位，施工现场安全指导和安全监管不到位，对事故发生负有领导责任。建议苏州市安全生产监督管理局按照《生产安全事故报告和调查处理条例》（国务院令 第 493 号）等相关法律法规的规定，对其实施罚款 28000 元的处罚。

（11）项某，苏州市 WZ 区燃气有限公司生产安全部经理，对施工方案审核不到位，现场监管不到位，对事故发生负有管理责任。建议苏州市 WZ 区燃气有限公司给予其扣全年绩效奖金的经济处罚。

（12）杨某丽，苏州市 WZ 区燃气有限公司工程部副经理，对施工方案审核不到位，现场监管不到位，对事故发生负有管理责任。建议苏州市 WZ 区燃气有限公司给予其扣全年绩效奖金的经济处罚。

（13）董某雁，苏州市 WZ 区燃气有限公司工程部员工，施工方案审核不到位，现场监管不到位，对事故发生负有管理责任。建议苏州市 WZ 区燃气有限公司给予其留用察看处分、扣全年绩效奖金的经济处罚。

（14）倪某民，苏州市 WZ 区燃气有限公司运营部经理，对施工方案审核不到位，对事故发生负有管理责任。建议苏州市 WZ 区燃气有限公司给予其扣全年绩效奖金的经济处罚。

（15）修某军，中共党员，WZ 区住建局燃气办主任，作为 WZ 区燃气行业管理部门的负责人，对事故发生负有一定的监管责任，建议监察部门给予其行政警告处分。

（16）许某弟，中共党员，WZ 区城南街道建设管理科科长，作为城南街道行业管理的负责人，对事故发生负有一定的监管责任，建议监察部门给予其行政警告处分。

（17）郁某德，中共党员，吴中经济技术开发区建设局副局长，作为该工程安全监管部门的分管领导，对事故发生负有一定的领导责任，建议监察部门给予其行政警告处分。

9.6.6　事故防范和整改措施

（1）根据生产安全事故调查处理"四不放过"的原则，事故调查组指出了江苏 HN 建设工程集团有限公司和苏州市 WZ 区燃气有限公司在安全管理方面存在的严重问题，要求两家单位认真落实安全生产主体责任，加强全员安全生产培训教育，建立和完善安全生产基础管理台账；建立健全企业安全生产责任制，建立和完善安全生产各项规章制度和操作规程；组织开展事故隐患自查自纠，加强施工现场安全管理，全面落实企业安全生产主体责任。

（2）建议行业主管部门组织开展城镇燃气安全专项大检查，对查出的各类问题进行通报，并明确整改要求、整改责任单位和整改时限。

（3）建议苏州市住建局、WZ 区政府及相关部门进一步加大燃气管道施工安全监管力度，通报该起事故原因及查处情况，杜绝类似事故的再次发生。

第 10 章

淹溺典型事故

10.1　事故案例 1：广东深圳市 DP 液化天然气有限公司"10·27" 淹溺事故

2018 年 10 月 27 日上午 11 时左右，广东 DP 液化天然气有限公司（以下简称：DPLNG 公司）发生一起淹溺事故，伤员于 28 日上午 9 时 54 分经抢救无效死亡。

10.1.1　基本情况

1. 事故相关单位及人员基本情况

（1）事故发生单位

深圳市 HH 潜水工程服务有限公司（以下简称：HH 潜水公司），事发施工项目承包商单位。该公司成立于 2008 年 8 月 27 日，统一社会信用代码（略）；注册地址：深圳市南山区招商街道南海大道以西美年国际广场某栋；公司类型：有限责任公司；注册资本（略）；法定代表人：熊某海。经营范围：海洋工程服务、海洋工程技术服务，海事技术服务（以上均不含限制项目）；潜水服务、水下检测、水下维修、水下电焊、水下切割、水下安装、水下打捞、ROV 水下作业、水下工程（凭潜水资格证经营）；潜水设备、海洋平台设备、石油设备、船舶机电设备的购销、租赁和安装（上门服务），金属钢结构件、设备配件的购销，其他国内贸易（以上均不含专营、专控、专卖、限制商品及限制项目）；经营进出口业务（法律、行政法规、国务院决定禁止的项目除外，限制的项目须取得许可后方可经营）。该公司为中国潜水协会会员，具备潜水服务能力与信用评估等级证书潜水作业二级资质［证书编号（略），有效期至 2020 年 4 月 26 日］，并在作业前取得了水上水下活动许可证，有效期至 2019 年 6 月 30 日。

（2）事故相关单位

事发施工项目发包单位为 DPLNG 公司。该公司成立于 2004 年 2 月 23 日，统一社会信用代码（略）；注册地址：深圳市福田区福田街道深南大道某号时代金融中心某层；公司类型：有限责任公司（中外合资）；注册资本（略）；法定代表人：吴某兴。经营范围：购买、运输、进口、存储液化天然气（LNG）及液化天然气再气化，向珠江三角洲地区及其他地区进行天然气及其副产品的输送、市场开拓和销售；向在中国香港特别行政区及中国澳门特别行政区的用户销售天然气及其副产品；建设和经营接收站和输气干线，以及为新用户和现存用户建设支线及其他附加和扩建设施，以满足合营公司的业务增长需求；以及包括液化天然气运输船的包租、租赁和营运等业务及在中国境内外的液化天然气购售业务在内的其他相关业务。取得资质情况：港口经营许可证，有效期至 2020 年 1 月 20 日。DPLNG 公司项目一期码头工程由交通运输部验收合格并准予投入使用。

（3）事故主要相关人员

1）熊某海，44 岁，江西省新建县人，身份证号（略），系该维修工程施工方 HH 潜水公司的主要负责人，公司具有相关的潜水及水下作业的资质。

2）聂某荣，42 岁，江西省乐安县人，身份证号（略），担任工程部副经理，系死者熊某的直接上属，拥有工程潜水（空气潜水）的资格证书，在事发当天负责现场的潜水监督工作。

3）熊某 1，25 岁，江西省南昌市人，身份证号（略），拥有工程潜水（空气潜水）的资格证书，担任预备潜水员。

4）事故受伤害人熊某 2，23 岁，江西省新建县人，身份证号（略），系该维修工程施工方 HH 潜水公司员工，拥有工程潜水（空气潜水）的资格证书，负责水下打孔作业。

2. 事发项目名称及概况

（1）项目名称

接收站码头钢管桩阳极管箍螺栓安装的工程服务项目（以下简称"事发项目"）。

（2）项目概况

DPLNG 公司接收站码头为钢管桩式。2016 年对码头钢管桩潜水检查时，发现钢管桩上阳极管箍和钢管桩连接的连接螺栓数量不足。出于钢管桩防腐及保障码头钢桩的长期运行安全的需要，需对钢管桩进行检查，补充阳极管箍连接螺栓，修复损坏的阳极。DPLNG 公司通过公开招标的方式，委托中标单位深圳市 HH 潜水工程服务有限公司（以下简称 HH 潜水公司）开展接收站码头钢管桩阳极管箍螺栓安装的工程服务项目。项目施工主要内容为潜水作业修复 241 根钢管桩，恢复阳极管箍，补齐钢管桩连接螺栓。安装方式及要求遵循 GDLNG 码头钢管桩阳极安装设计图纸《T653010-113-PCC-10.07-10005》和《T653010-113-PCC-10.07-10005-006》的相关要求，并增加了管箍螺栓连接前需清理管箍螺栓位置的海生物，打磨相应位置，以满足焊接安装施工条件的要求。施工步骤根据已审批的方案为：设备布置调试—钢管桩渔网清理—钢管桩阳极管箍淤泥清理—钢管桩阳极管箍连接螺栓安装位置标记海生物打磨—钢管桩阳极管箍连接螺栓安装位置水下液压钻孔—连接螺栓螺母焊接—连接螺栓安装—完工录像。本次安装的螺栓及阳极块由 DPLNG 公司提供。潜水作业所需要的所有工器具、设备（如空压机、气瓶等）由 HH 潜水公司提供。项目完成期限为 2019 年 7 月 31 日。

10.1.2 事故情况

1. 事故发生经过

（1）事故发生前情况

2018 年 10 月 27 日 7 时 30 分左右，HH 公司作业人员领取许可可证，接收站开始作业，本次作业共 8 人，带缆艇（支持船"SZW"）上 4 人（潜水监督聂某荣、预备潜水员熊某 1、潜水照料员熊某 3、王某），水下作业潜水员 2 人（熊某 2 和赵某亮），码头栈桥 2

人（机电员杜某林和监护员万某青）；

2018年10月27日8时左右，进行潜水作业前检查，主要包括设备设施、潜水装备、潜水员身体状况检查，身体检查符合要求；

2018年10月27日8时42分左右，潜水员熊某2下水作业，熊某2的照料员为熊某1，熊某2的工作内容为钢桩阳极块管箍钻孔，作业位置接收站码头第一排第三根桩位置，8时50分左右赵某亮开始下水作业，赵某亮的照料员为王某，赵某亮进行水下拍照，熊某2和赵某亮两人相距约20m。

2018年10月27日9时20分左右，DPLNG公司机械值班工厂是到接受站码头检查该潜水作业项目施工情况，主要检查：工作票填写情况及注意事项，具体施工人数，空压机运转情况等；根据现场记录显示，设备设施未发现异常和隐患。

2018年10月27日10时20分左右，DPLNG公司安全工程师到接收站码头检查潜水作业项目施工安全情况，设备及安全监控正常。

2018年10月27日10时50分左右，根据聂某荣询问笔录，因聂某荣发现水面的气泡不在4号桩附近，就呼叫熊某予以确认，熊某2浮出水面予以确认在7号桩位置，因施工没有要求必须按照桩号顺序钻孔，聂某荣就告诉熊某2不用移位就在先对7号桩进行钻孔作业。于是，熊某2就下潜至作业区继续作业。

（2）事故发生经过

2018年10月27日上午11时14分左右（聂某荣笔录），潜水监督聂某荣发现潜水员熊某2水下呼吸声音异常，呈持续供气声，多次呼叫无应答，潜水监督聂某荣立即进行灯光（熊某2面罩照明灯）闪烁紧急通知熊某2，与此同时，令水面照料员熊某1快速手拉熊某脐带，在收拉脐带2m左右后无法拉动，见无法拉动，告知赵某亮去看看熊某2，同时令赵某亮照料员王某拉赵某亮。潜水员赵某亮沿熊某2脐带前行过程中发现熊某2脐带挂在码头桩腿的阳极块上，随即予以解除后继续前行，当到达潜水员熊某2位置时，发现其潜水面罩已经完全脱离头部，触碰熊某2无反应，并报告水面立即拉脐带。

约11时19分左右，赵某亮将熊某2拖出水面，约11时21分左右，众人合力将熊某2拖上带缆艇，由聂某荣首先对熊某2进行心肺复苏和人工呼吸，然后熊某3、王某、聂某荣轮流对熊某2进行急救。待赵某亮上艇后就立即断电和拆除管线及电源线，并告知船员准备解缆回小码头，带缆艇启动慢慢离开BD2靠泊墩，约11时27分拟向海里投放液压管，由于艇上液压管往海里投放的时候不顺利，带缆艇前进一段后又退回了一点，约11时33分才完成液压管投放，带缆艇起航向小码头驶去。

约11时37分左右聂某荣、熊某1、熊某3、王某合力将熊某抬上码头，同时通知DPLNG公司中控，中控派遣救护车将熊某2送往大鹏医院，后转至盐田区人民医院继续抢救。

2. 事故救援及现场处置情况

2018年10月27日11时14分左右，潜水监督聂某荣发现潜水员熊某2水下呼吸声音异常，立即呼叫无应答，在多次呼叫无应答的情况下，潜水监督聂某荣立即令照料员拉熊某2脐带。

2018年10月27日11时15分左右指令同时在水下作业的另一名潜水员赵某亮迅速

前往实施救援；

2018 年 10 月 27 日 11 时 19 分左右，熊某 2 被拉出水面，约 11 时 21 分左右被拖上带缆艇（支持船"SZW"），由潜水监督聂某荣、熊某 3、王某轮流对熊某 2 进行心肺复苏急救；

2018 年 10 月 27 日 11 时 27 分左右带缆艇拟起航前往小码头，由于艇上液压管往海里投放的时候不顺利，直到 11 时 33 分左右带缆艇（支持船"SZW"）才起航前往拖轮码头；

2018 年 10 月 27 日 11 时 37 分左右带缆艇（支持船"SZW"）到达拖轮码头，潜水监督聂某荣、预备潜水员熊某 1、潜水照料员熊某 3、王某四人合力将熊某 2 抬至码头岸上；

2018 年 10 月 27 日 11 时 39 分，DPLNG 公司救护车到达拖轮码头，11 时 48 分救护车将熊某 2 送到深圳市大鹏新区妇幼保健院抢救，深圳市大鹏新区妇幼保健院对熊某 2 进行了体格检查，检查情况：神志消失深昏迷状态，疼痛刺激无反应，颈动脉搏动消失，双侧瞳孔散大，直径约 5mm，对光反射消失，呼吸心跳停止，皮肤湿冷，体温不升，生理性反射消失；

2018 年 10 月 27 日 13 时 57 分转院至深圳市第七人民医院（深圳市盐田区人民医院）继续抢救，其初步诊断为：（1）心肺复苏术后；（2）海水溺水；（3）缺氧缺血性脑病；（4）休克；

2018 年 10 月 28 日上午 9 时 41 分深圳市第七人民医院（深圳市盐田区人民医院）宣布熊某 2 经过抢救无效死亡。

3. 善后处理情况

2018 年 10 月 29 日，HH 潜水公司与死者家属代表签订了《意外事故赔偿协议书》，并根据协议的约定向死者家属转账支付赔偿金。

10.1.3　伤亡情况

（1）事故造成的人员伤亡

事故造成 1 人死亡，死者熊某 2。

（2）事故造成的经济损失

事故造成经济损失 165 万元，主要是死亡赔偿、丧葬费等费用。

10.1.4　事故原因

经过反复的现场勘验、查阅资料、调查取证、监控视频分析、询问和专家分析论证，依据《生产安全事故报告和调查处理条例》（国务院令 第 493 号）、现行国家标准《企业职工伤亡事故分类标准》GB 6441—1986 及《企业职工伤亡事故调查分析规则》GB 6442—1986 的规定，现将此起事故发生的原因分析如下：

1. 直接原因

（1）物质或环境的不安全状态

熊某 2 的潜水面罩主排水阀的膜片老化变形，四周翘起，关闭不全，进而造成面罩进水。

（2）人的不安全行为

熊某 2 违反潜水作业规程要求，在未打开旁通阀或应急气瓶阀的情况下自行拉下面罩。

2. 间接原因

（1）深圳市 HH 潜水工程服务有限公司安全生产教育培训不到位，培训记录不全。根据 HH 公司提供的资料，HH 公司编制有《潜水作业手册》和《潜水应急反应程序》QSH-P0701，未见有应急演习相关记录，熊某 2 虽然取得《潜水员证书》，但是其实际从事潜水作业时间不到一年时间，救援和应急处置经验不足，在呼吸面罩发生意外进水时，未能采取果断措施打开旁通阀或应急气瓶阀进行排水，而是违章自行拉下呼吸面罩。

（2）深圳市 HH 潜水工程服务有限公司对潜水装具安全隐患排查不力。未及时发现和消除作业人员佩戴的呼吸面罩主排水阀存在的膜片老化变形，四周翘起，关闭不全等隐患。

（3）深圳市 HH 潜水工程服务有限公司潜水作业监督管理和组织不满足安全条件进行潜水作业：

1）预备潜水员未按照国家现行标准《空气潜水安全要求》GB 26123—2010 第 6.15.2 条的要求规范穿戴好除潜水面罩或头盔外的其他潜水装备；

2）根据现场勘查，现场并未发现悬挂潜水信号旗，不满足《中国潜水打捞行业协会潜水管理办法》第三十九条："在可航水域实施潜水作业的，应在潜水现场 3m 以上高处悬挂潜水信号旗"的要求；

3）根据现场勘查，潜水作业区域现场未按照现行国家标准《空气潜水安全要求》GB 26123—2010 第 6.16.1 条的规定采取相应的隔离标识。

（4）深圳市 HH 潜水工程服务有限公司未编制生产安全事故应急预案也未定期组织演练。

（5）DPLNG 公司安全生产监督管理执行不到位，未严格执行《广东 DP 液化天然气有限公司与深圳市 HH 潜水工程服务有限公司关于接收站码头钢管桩阳极管箍安装的工程服务协议》附件一 4.3 的要求："潜水作业人员应具备至少 5 年以上的作业经验，和相应的资质证书，以及潜水作业安全知识以及应急能力"，未及时发现不到一年潜水经验的潜水员熊某参与到了本潜水作业工程中。

（6）潜水脐带挂住，造成熊某自救难度增大和时间增长，也增加了救援的难度和时间长度。脐带挂住是本次事故的间接原因之一。

3. 事故性质

经调查认定，"10·27"淹溺死亡事故是一起因潜水设备部件老化导致面罩进水、潜水员现场处置不当，企业现场安全管理不到位造成 1 人死亡的一般生产安全责任事故。

10.1.5　履职情况

目前海洋潜水作业没有明确的主管部门，相关监管法律法规存在空白。以下是有关部门的履职情况：

1. 相关部门职责

市港航货运局负责全市港口航运、道路货运（含危险货物运输、泥头车运输、集装箱运输、普通货物运输及货运场站）、机动车驾驶员培训等行业管理（含许可、监管、服务），统筹指导监督全市汽车维修行业管理。下设机构港航管理处负责制定港航政策、港航行业管理及港航企业日常监管。

大亚湾海事局对深圳辖区水上交通安全实施监督管理的主管机关，主要负责海事行政许可、行政备案、行政征收、行政检查、行政处置等。

2. 相关部门履职情况

大亚湾海事局于 2018 年 7 月 9 日批复中华人民共和国水上水下许可证（大亚湾海事准字 2018 第某号），准许 HH 潜水公司自 2018 年 7 月 10 日至 2019 年 6 月 30 日在 DPLNG 公司码头附近进行作业。并于 7 月 16 日对其申请的变更进行了审核。经查，许可备案资料及手续齐全。在日常工作中大亚湾海事局对该局行政许可批准事项进行了巡查，巡查中未发现异常。

市港航货运局根据《市港航货运局关于印发 2018 年安全生产监管工作计划的通知》要求对 DPLNG 公司进行现场安全监督检查 2 次，现场检查发现问题共 7 项，DPLNG 公司按期整改。经查，潜水作业无需在深圳市港航货运局进行备案。

10.1.6　处理意见

（1）HH 潜水公司存在安全生产教育培训不到位，设备检维修不到位，安全隐患排查不力，现场安全管理不到位，对该起事故负有直接责任。建议新区安监部门依法对其进行行政处罚。

（2）DPLNG 公司作为项目发包单位，对承包商安全生产监督管理执行不到位，未及时发现不到一年潜水经验的潜水员熊某参与到了本潜水作业工程中。建议由深圳市港航和货运交通管理局、深圳海事局、新区城市建设局和新区安全生产监督管理局对其主要负责人进行约谈。

（3）熊某海作为 HH 潜水公司主要负责人，组织安全生产教育培训不到位，尤其是救援人员应急培训不到位，组织设备检维修不到位，未发现设备存在的安全隐患，间接导致事故发生，对该起事故负有责任，且发生事故后未按照《生产安全事故报告和调查处理条例》（国务院令 第 493 号）及时报告相关部门。建议由新区安监部门依法对其进行行政处罚。

（4）聂某荣作为作业现场负责人，现场安全管理不到位，未发现设备存在的安全隐患，未纠正待命潜水员的违规行为，对该起事故负有责任。建议新区安监部门依法对其进行行政处罚。

（5）熊某1作为作业现场待命潜水员，未按照现行国家标准《空气潜水安全要求》（GB 26123—2010）第 6.15.2 条的要求规范穿戴好除潜水面罩或头盔外的其他潜水装备，直接影响到了事故救援速度，建议由 HH 潜水公司对其进行内部处理。

（6）熊某2遇紧急情况时候应急处置不当，未按照操作规程正确自救，对该起事故负有直接责任。鉴于其在事故中死亡，建议不予追究责任。

10.1.7 事故教训和整改措施

此次事故的发生，暴露了有关单位在日常安全生产管理中存在的不足、安全生产主体责任落实不到位等问题。为预防事故再次发生，有关单位应针对存在的问题采取以下整改和防范措施：

1. HH 潜水公司

（1）全面辨识潜水作业过程中事故风险，仔细全面的对潜水作业的器具和装具，发现隐患立即整改并建立隐患整改台账；

（2）建立健全设备设施检查、检测和安全培训规章制度。要检查和督促员工严格执行本单位的安全生产规章制度、安全操作规程和应急预案；定期组织开展潜水作业突发事件应急演练，提高事故应急处置能力。

（3）加强从业人员的安全培训教育。对从事现场作业的潜水员、潜水监督、潜水照料员等从人员进行专项安全培训，落实岗前培训，做好各项安全技术交底工作，提高员工的安全意识和安全应急技能。

（4）严格执行现场作业安全，对于潜水作业能够全程进行视频摄像，这样就能及时了解潜水员现场情况，为及时救援提供技术保障。

（5）潜水作业区域现场设置相应的隔离标识，无关人员严禁进入潜水作业区。在可航水域实施潜水作业的，应在潜水现场 3m 以上高处悬挂潜水信号旗。

（6）按照生产安全事故应急法律法规和标准要求完善生产安全事故应急预案并定期组织演练。

2. DPLNG 公司

要进一步加强承包安全管理工作。强化承包安全管理既是企业必须履行的法律责任，也是监管责任，更是社会责任。建议广东 LNG 公司做好几个方面的承包安全管理工作：一是加强制度约束力度；二是加大现场监管力度；三是加大承包商考评力度。发现承包商的违规作业行为必须及时制止。

10.2 事故案例2：山东寿光市"10·12"淹溺事故

2016 年 10 月 12 日 12 时 20 分左右，寿光市 JH 热力有限公司分支管网敷设及改造工程科技学院幼儿园管道工程段在顶管施工过程中发生一起淹溺事故，造成 3 人死亡，直接经济损失约 460 万元。

10.2.1 基本情况

1. 事故单位情况

（1）项目施工单位：江苏 HN 建设工程集团有限公司（下称 HN 公司），成立于 1982 年 9 月 30 日，位于江苏省溧阳市泓口路某号，法定代表人：宋某华，注册资本（略）。经营范围包括：机电安装工程施工总承包一级，房屋建筑工程施工总承包一级，钢结构工程专业承包一级，起重设备安装工程专业承包一级，化工石油设备管道安装工程专业承包一级，电力工程施工总承包，火电设备安装工程专业承包二级，市政公用工程施工总承包二级，锅炉安装、改造一级，压力管道安装一级等。

（2）项目建设单位：寿光市 JH 热力有限公司（下称 JH 公司）是寿光市某建设投资开发有限公司的子公司，成立于 2010 年 5 月，位于寿光市商务小区某号楼某室，法定代表人：杨某，注册资本（略）。主要从事小区供热管理服务；热力设施的设计、施工、维修；热力销售；承揽：管道工程；管道和设备安装（不含压力管道）。2016 年 5 月，JH 公司委托招标代理机构山东 JW 工程管理有限公司发布招标公告，9 月 HN 公司中标寿光市 JH 热力有限公司分支管网敷设及改造工程。

（3）寿光市某城市建设投资开发有限公司（下称城投公司），成立于 2008 年 2 月 29 日，位于寿光市商务小区某号楼某室，法定代表人：于某康，注册资本（略）。经营范围：以企业自有资金对城市基础设施和公共基础设施进行投资，国有土地综合开发利用，市政府授权的城建国有资产经营和管理，安置房建设，商住楼开发，旧城拆迁、改造、开发；承揽：房屋建筑工程、园林绿化工程。

（4）蔺某强：潍坊 HY 管道安装工程有限公司法定代表人。2016 年 9 月份借用 HN 公司资质承揽了寿光市 JH 热力分支管网敷设及改造工程，后将科技学院幼儿园管道工程段顶管工程分包给王某增。

（5）王某增：寿光市圣城街道城里村人，2015 年 4 月 7 日注册成立潍坊 XH 管道工程有限公司，主要从事各种建设工程的承揽。2016 年 10 月与蔺某强签订施工安全协议书，承揽了科技学院幼儿园管道工程段顶管工程，无相应施工资质，后又转包给王某周（自然人，无相应施工资格资质）。

2. 工程概况及工程施工组织情况

（1）工程概况：发生事故的顶管工程位于寿光市科技学院东门兴安路与学院东街路口东南侧，中南香堤雅苑南临。建设单位为寿光市 JH 热力有限公司；工程招标单位为山东 JW 工程管理有限公司；设计单位为山东 TR 热电设计院有限公司；施工单位为江苏 HN 建设工程集团有限公司，工程内容为寿光市 JH 热力 2016～2018 年 3 月底分支管网敷设及改造；顶管施工覆土深度 6m，顶管段长 60m，单管长度 2m，两管中心距离 3m，为 DN1000 钢筋混凝土套管，东西走向。

（2）工程施工组织情况：2016 年 5 月 14 日，寿光市 JH 热力有限公司委托招标代理机构山东 JW 工程管理有限公司在网上发布了招标公告。2016 年 9 月 21 日，蔺某强借用江苏 HN 建设工程集团有限公司资质投标中标承揽了寿光市 JH 热力分支管网敷设及改造工程，9 月 28 日蔺某强将科技学院幼儿园管道工程段顶管工程分包给王某增。10 月 1 日王某增又转包给了无资质的个体包工头王某周。王某周联系到戚某良雇用施工人员张某国、贾某涛、陈某春、陈某才、王某坤、刘某良、王某利、陈某东 8 人进行顶管作业。

10.2.2　事故情况

10 月 4 日开始，王某周组织人员开始施工，首先开挖深度为 7.1m 的工作坑，当天工作设备、水泥管及吊车到位。10 月 5 日开始进行顶管工程作业，10 月 11 日，施工人员戚某良发现北侧管道上方出现轻微渗漏现象，并报告了王某周，王某周要求北侧管道暂停施工。10 月 12 日上午，王某周到达施工现场后，与戚某良等人查看北侧管道和兴安路中间的污水井，认为问题不大，戚某良继续在北侧施工，当进行到兴安路中间污水检查井下方时，污水检查井底局部突然破裂，大量污水迅速涌入顶进管道，致使戚某良及在南侧管道内作业的两名施工人员被困，经各级救援力量全力救援，被困人员于 13 日凌晨 6 时左右先后救出，后送医院经抢救无效后死亡。

10.2.3 事故原因

1. 直接原因

顶管挖土至污水检查井附近时，造成上部土层扰动，由于污水井长期渗漏，承载力下降，污水检查井井底局部突然破裂，大量污水迅速涌入顶进管道，是造成该起事故的直接原因。

2. 间接原因

（1）建设、施工单位管理混乱，现场安全措施差，施工人员安全意识淡薄。

污水管道使用年限较长，检查井底部渗漏形成土层含水率过大，土层承载力下降；北侧顶进管道位置设置不合理；该工程建设单位未向施工单位提供地质勘察报告。施工单位未向施工现场提供施工图纸、施工组织设计、专项施工方案，施工现场无专业技术人员，导致施工现场工人盲目施工；顶进管道时未采取防坍塌等安全措施，工作坑未设置上下安全通道；施工作业前施工单位未对现场工人进行安全技术交底和安全教育，操作人员安全意识淡薄，自我保护意识差。

（2）施工单位安全生产主体责任不落实，违规出借资质，非法分包、转包，违法违规组织工程施工。

HN 公司明知蔺某强无相应市政工程施工资质，不具备安全生产条件，仍出借资质证书允许蔺某强以本公司的名义承包项目。未履行安全生产管理职责，未向施工现场派驻任何管理人员和技术人员实施有效管理。

蔺某强借用 HN 公司资质、非法转包、非法组织施工，在无施工资质、不具备安全生产条件的情况下，将承包的科技学院幼儿园管道工程段顶管工程非法分包给王某增。

王某增无资质承揽科技学院幼儿园管道工程段顶管工程后又非法转包给无资质的王某周。

王某周无资质承揽科技学院幼儿园管道工程段顶管工程后，在不具备安全生产条件下组织施工，违章指挥工人冒险作业。

（3）主管部门监管责任不落实，执法不严，事故隐患排查和整改不到位。

1）寿光市住建局对寿光市 JH 热力有限公司分支管网敷设及改造工程施工安全监管不到位；建工处未发现查处施工单位非法转包、分包行为；城管执法大队未及时组织查处辖区内未备案进行热力管道顶管作业的行为；燃热办未认真履行"管行业必须管安全"职责，对寿光市 JH 热力有限公司的安全监管不到位。

2）潍坊市住建局作为全市建设行政主管部门，对建设、施工、监理等建设施工活动监管不力，指导寿光市建设行政主管部门开展建设工程施工安全监管不到位。

3）潍坊市市政局贯彻"管行业必须管安全"意识不强，指导寿光市开展热力企业落实安全生产主体责任落实不到位。

（4）属地管理责任不落实。

寿光市政府贯彻国家建设和市政方面的法律法规不到位，对辖区内的市政工程建设施工监管不力。

3. 事故性质

经调查认定，江苏 HN 建设工程集团有限公司寿光市"10·12"较大淹溺事故是一起生产安全责任事故。

10.2.4 处理意见

1. 建议移交司法机关处理人员

（1）蔺某强，群众，借用 HN 公司资质承揽寿光市 JH 热力有限公司分支管网敷设及改造工程，伪造招标投标文件，对工程进行分包发包，对事故发生负主要责任，建议移交司法机关依法处理。

（2）王某增，群众，无资质承揽并非法转包科技学院幼儿园管道工程段顶管工程，对事故发生负重要责任，建议移交司法机关依法处理。

（3）王某周，群众，无资质承揽科技学院幼儿园管道工程段顶管工程，不具备安全生产条件组织施工，违章指挥工人冒险作业，对事故发生负重要责任，建议移交司法机关依法处理。

2. 建议给予党纪政纪处分处理人员

（1）宋某湖，中共党员，寿光市政府副市长，分管市住建局、市城建投资中心的工作，落实建设和市政领域安全生产"一岗双责"职责不到位、督促寿光市住建局查处建设市政领域的违法行为不力，对事故发生负有重要领导责任，建议给予其行政警告处分。

（2）崔某川，中共党员，寿光市住建局局长、党委书记、城管执法局局长，主持住建局、城管执法局全面工作。疏于管理，对市政工程施工监管责任分工不明确，组织查处施工单位非法转包、分包和未备案进行热力管道顶管作业行为不力，对事故发生负有主要领导责任，建议给予其行政记大过处分。

（3）刘某来，中共党员，寿光市住建局党委委员、城管执法大队大队长（正科级），主持城市管理行政执法大队全面工作。疏于管理，未及时组织查处辖区内未备案进行热力管道顶管作业的行为，对事故发生负有主要领导责任，建议给予行政记大过处分。

（4）刘某江，中共党员，寿光市住建局党委委员、建工处主任（正科级），主持建工处全面工作。疏于管理，未及时督促有关科室查处施工单位非法转包、分包行为等违法违规行为，对事故发生负有主要领导责任，建议给予其行政记大过处分。

（5）庞某亮，中共党员，寿光市城管行政执法大队副主任科员，负责法规审批、督察、数字城管等工作，监管不力，未发现未备案进行热力管道顶管作业行为，对事故发生负有直接责任，建议给予其党内严重警告处分、免职处理。

（6）唐某喜，中共党员，寿光市住建局建工处副主任（正科级），分管建筑市场、外地入寿企业管理和政务中心窗口工作。监管不力，未及时组织有关科室查处施工单位非法转包、分包行为等违法违规行为，对事故发生负有直接责任，建议给予其党内严重警告处分、免职处理。

（7）王某图，中共党员，寿光市住建局燃热办主任，负责燃气供热行业管理和监管、供热、燃气资质审核等工作。未认真履行"管行业必须管安全"职责，对供热企业热力管道建设工程监管不力，对事故发生负有主要领导责任，建议给予其党内严重警告处分。

（8）王某雷，中共党员，寿光市住建局建工处建筑市场一科科长。未及时发现查处施工单位非法转包、分包行为等违法违规行为，对事故发生负有直接责任，建议给予党内严重警告处分、免职处理。

（9）房某胜，中共党员，寿光市城市建设投资管理中心主任（正科级），实际管理人，对所属企业安全生产监管不力。对事故发生负有重要领导责任，建议给予其党内严重警告处分、免职处理。

（10）于某康，中共党员，寿光市某城市建设投资有限公司董事长、总经理、法定代表人，对所属企业安全生产监管不力。对事故发生负有主要领导责任，建议给予其党内严重警告处分，按有关规定程序撤销或罢免其职务。

（11）王某龙，中共党员，JH 热力有限公司总经理，作为企业安全生产第一责任人，对企业安全生产疏于管理，对事故发生负有主要领导责任，建议给予其留党察看一年处分。

（12）黄某峰，群众，JH 热力有限公司现场负责人，对企业外包工程未按规定进行协调管理，对事故发生负有直接责任，建议与其解除劳动合同。

（13）杜某斌，中共党员，潍坊市住建局副局长，分管城市建设、行政审批等工作，指导寿光市开展市政工程施工安全监管不力。对事故发生负有重要领导责任，建议给予其诫勉谈话处理。

（14）蔡某经，中共党员，潍坊市市政局调研员，分管供热工作，指导寿光市落实热力企业安全生产主体责任不力，对事故发生负有重要领导责任，建议给予其诫勉谈话处理。

3. 对有关单位处理建议

（1）责成寿光市委、市政府向潍坊市委、市政府做出深刻检查。

（2）责成寿光市住建局、寿光市城市建设投资管理中心向寿光市政府做出深刻检查。

（3）江苏 HN 建设工程有限公司，出借资质承揽工程，未落实安全生产主体责任，对事故发生负有主要责任，建议寿光市安监局对该企业以及主要负责人处以上限的经济处罚。

10.2.5　事故防范和整改措施

针对这起事故暴露出的问题，为深刻吸取事故教训，进一步加强企业安全生产工作，有效防范类似事故重复发生，提出如下措施建议：

（1）吸取事故教训，切实加强当前安全生产工作。各级建设、市政部门务必要保持清醒头脑，牢固树立安全生产"红线"意识，切实增强做好当前建设工程施工安全生产工作的政治意识、责任意识和忧患意识。要清醒认识当前安全生产严峻形势，深入贯彻落实党中央、国务院和市委、市政府领导同志的重要批示精神，牢牢紧绷安全生产这根弦，认真履行监管职责，狠抓责任落实，警钟长鸣，真正做到思想上警醒、行动上务实，切实把工作抓实抓细抓好，全力确保当前建设市政行业领域安全生产形势稳定。要深刻吸取寿光市"10.12"事故教训，按照市委、市政府关于安全生产工作的安排部署和全市安全生产工作视频会议精神，结合工作实际，迅速对本地区安全生产工作进行再强调、再跟进、再落实，并对前一阶段安全生产工作进行认真检查，凡工作不严密、责任不明确、措施不得力的要立即纠正，确保安全生产各项措施真正落到实处。

（2）严厉打击市政建设施工领域违法转包分包等行为。各级建设、市政部门要提高对市政建设施工领域违法发包、转包、分包及挂靠等违法行为危害性的认识，加强组织，落实责任，精心安排，认真部署。要统筹市场准入、施工许可、招标投标、合同备案、质量安全、行政执法等各个环节的监管力量，建立综合执法机制。要加强对建设单位、施工单位及相关人员法律法规教育，充分运用典型案例进行警示教育，增强自觉抵制违法发包、转包、分包、挂靠等行为意识。对发现的违法发包、转包、分包及挂靠等违法行为，一经查实，一律严肃依法依规进行查处。

（3）切实加强市政建设工程项目的安全监管。各级建设、市政部门要本着"谁主管谁负责、谁审批谁负责、谁执法谁负责"的原则，真正承担起对本行业领域的安全生产监督管责任，做到"管行业必须管安全、管业务必须管安全、管生产经营必须管理安全"。对新建、改建、扩建的城市道路、供水、排水、燃气、供热、地下公共设施及附属设施的土建、管道、设备安装等市政建设工程，必须按国家和省市有关规定实行招标投标和委托工程监理。开工前必须办理工程质量安全监督手续和施工许可证，未办理相关手续的项目不得开工建设，不予办理竣工备案。

第 11 章

其他伤害典型事故

11.1 事故案例 1：广东中山市"1·19"其他伤害事故

2018 年 1 月 19 日下午，位于中山市民众镇沙仔村的 GD 中山民众天然气热电冷联产工程项目发生一起 1 人死亡的一般生产安全事故。

11.1.1 基本情况

1. 山东 JH 建设集团有限公司

山东 JH 建设集团有限公司，法定代表人：李某英；注册资本（略）；注册号（略）；住所：山东省泰安市肥城市仪阳工业园区；成立日期：2004 年 9 月 6 日；营业期限：2004 年 9 月 6 日至 2024 年 9 月 5 日；经营范围：压力容器设计、制造、安装、销售、压力管道安装，锅炉安装、改造、维修，化工石油工程，机电安装工程，防腐保温工程，房屋建筑工程，市政公用工程，钢结构安装，消防设施工程，电力工程，建筑装修装饰工程，工业专业设备、建材专业设备安装及其设备的内衬外防腐及维修，炉窑砌筑，非标准件制作安装，保温管道、不锈钢制品加工、销售，建材、钢材、管材、管道附件、五金、交电、电线电缆销售等；资质等级：机电工程施工总承包一级。

2. GD 中山民众天然气热电冷联产工程项目情况

GD 中山民众天然气热电冷联产工程项目（以下简称：GD 工程项目）位于中山市民众镇沙仔村，建设单位：GD 中山燃气发电有限公司；建设规模：1.9 万多 m²；施工单位：中国能源建设集团广东火电工程有限公司；施工许可号（略）；项目经理：杨某辉，GD 中山燃气发电有限公司将 GD 工程项目中的辅助设备安装工程分包给山东 JH 建设集团有限公司，山东 JH 建设集团有限公司派遣经理蔡某城〔男，30 岁，身份证号（略），身份地址：广东五华县横陂镇责人村塘面〕负责该项目的所有事务。

11.1.2 事故情况

2018 年 1 月 19 日下午，山东 JH 建设集团有限公司临时聘请的工人樊某和黄某财根据工作安排，到 GD 工程项目的 1 号汽机房安装冷油器（重：1570kg，长：1300mm，宽：640mm，高：1854mm），两人用手拉葫芦吊住固定冷油器，用液压油顶顶高冷油器底部，用铁片垫在下面，调整冷油器的平衡度。期间，冷油器基本调平，樊某便取下了吊住冷油器的手拉葫芦，但随后发现还要微调冷油器的平衡度。14 时 30 分左右，樊某和黄某财没有按照要求将手拉葫芦吊住固定，而是直接用液压油顶和铁片进行微调，微调过程中，冷油器突然朝北倾倒，站在冷油器北侧的樊某躲避不及，被冷油器压倒受伤，后经送民众医院抢救无效于 15 时 50 分左右死亡。造成一起一人死亡的一般生产安全事故。

11.1.3　事故原因

1. 直接原因

从业人员违规作业，致使冷油器失稳倾倒，压倒樊某受伤死亡是导致事故发生的直接原因。

2. 间接原因

(1) 山东 JH 建设集团有限公司没有督促从业人员严格执行安全操作规程。

(2) 山东 JH 建设集团有限公司的主要负责人蔡某城没有督促、检查 GD 工程项目的安全生产工作，没有及时消除生产安全事故隐患。

3. 事故性质

经调查认定，山东 JH 建设集团有限公司"1·19"一般生产安全事故是一起生产安全责任事故。

11.1.4　处理意见

经调查认定，山东 JH 建设集团有限公司"1·19"一般生产安全事故造成 1 人死亡，直接经济损失 100 万元，给人民生命财产造成了不可挽回的损失，在社会上造成了不良的影响。该事故的发生，暴露了事故单位在督促从业人员严格执行安全生产规章制度和安全操作规程、消除生产安全事故隐患等方面存在的漏洞。经事故调查组调查分析，认定是一起从业人员违规作业、企业没有督促从业人员严格执行安全生产规章制度和安全操作规程等方面导致的一般生产安全事故，山东 JH 建设集团有限公司对事故发生负有责任。为吸取教训，教育和惩戒有关事故责任人员，根据《中华人民共和国安全生产法》等有关法律法规规定，建议对山东 JH 建设集团有限公司"1·19"一般生产安全事故的事故单位和有关责任人作出如下处理：

(1) 由市安监局责令山东 JH 建设集团有限公司暂时停止民众沙仔工业园 GD 项目建筑工地的施工作业。

(2) 由市安监局按照《中华人民共和国安全生产法》有关规定，对山东 JH 建设集团有限公司进行行政处罚。

(3) 由市安监局按照《中华人民共和国安全生产法》有关规定，对山东 JH 建设集团有限公司主要负责人进行行政处罚。

(4) 责令山东 JH 建设集团有限公司对公司内部相关责任部门或责任人进行处理。

11.1.5　事故防范和整改措施

山东 JH 建设集团有限公司应认真吸取教训，针对事故暴露出来的从业人员没有严格执行安全生产规章制度和安全操作规程、没有消除生产安全事故隐患等问题，立即进行全面整顿，加强安全管理，完善设备设施，加强安全教育，提高安全意识，消除安全隐患，防范类似事故的发生。

11.2 事故案例2：广东广州市GD省天然气管网二期工程线路六标段 "7·8" 顶管工作井突沉事故

2013年7月8日17时15分，在广东省广州市GD省天然气管网二期工程线路六标段万洲涌顶管工程的工地，发生了一起顶管工作井突沉事故，导致现场施工人员杨某祥死亡。

11.2.1 基本情况

1. 事故涉及单位基本情况

本次事故发生于GD省天然气管网二期工程线路六标段万洲涌顶管工程的工地，主要涉及的单位基本情况如下：

（1）GD省TRQ管网有限公司。该公司（以下简称GW公司）是本次事故项目的建设单位，成立于2008年3月，由中国HY、中国SH、GD省YD集团按照4∶3∶3股比共同出资组建，负责GD省省级天然气主干管网的建设、运营和管理。

（2）中国SH天然气管道工程有限公司。该公司（以下简称GD工程公司）是本次事故项目的设计单位，具有工程设计综合类甲级的设计资质和工程勘察综合类甲级的勘察资质。

（3）北京XY工程项目管理有限公司。该公司（以下简称XY管理公司）是本次事故标段的监理单位，具有工程监理综合资质。

（4）SL油田SLSY化工建设有限责任公司。该公司（以下简称SL油建公司）是本次事故标段的施工单位，具有化工石油工程施工总承包一级资质。

经调查核实，该工程的建设单位、设计单位、施工单位、监理单位的安全资质均符合法律法规的规定，承担过GD管网一期工程、GD液化天然气输气管线等多个天然气管道重点项目的建设工作。

2. 事故受害人员基本情况

本起事故共死亡1人，死亡者情况如表11.2-1所示。

死亡者情况   表 11.2-1

姓名	性别	年龄	文化程度	用工形式	工种	安全教育情况	伤害程度	损失工作日
杨某祥	男	34	初中	劳务工	水泥工	有	死亡	6000

3. 工程概况

涉事工程为GD省天然气管网二期工程的珠海LNG输气管道东干线项目广州段，在整个项目中编号为二期工程线路六标段。2010年获得国家发展改革委核准（发改能源〔2010〕461号），2012年8月17日获得广州市规划局的规划批复（穗规函〔2012〕4023号），被纳入广东省2013年重点建设项目计划（粤发改重点〔2013〕153号）。线路起于与中山市交接的洪奇沥，之后并行京珠高速公路，穿越下横沥、上横沥在京珠高速公路与南沙港快速交叉处向北并行南沙港快速路敷设，经新联村穿越潭州沥、大岗沥水道、

S111、南沙港快速路、蕉门水道、细沥、溜岗涌、京珠高速、市南路、骝东涌到达位于留东村的南沙末站（DPLNG 公司）。线路设计长度 24.98km，设置阀室 1 座，输送介质为净化天然气，管线规格 $\phi762 \times 19.1$mm，采用三层 PE 防腐，材质 X70，设计压力 9.2MPa。

经调查核实，该工程具备合法建设的审批手续，属广东省 2013 年重点建设项目。

4. 地质勘测情况

本次事故地点位于广州市南沙区东涌镇万州村和长莫村之间万洲涌附近（距离万洲涌约 100m）。事故作业点左侧有自来水管线与其并行，原自来水管道地勘资料《广州南沙自来水厂原水输水管线（修正）详勘工程》中 ZK16 钻孔距离顶管工作井约 10m、ZK17 钻孔距离接收井约 30m，SL 油建公司采用了该地勘资料作为本次顶管工程地勘依据。经专家组技术分析论证，该公司采用《广州南沙自来水厂原水输水管线（修正）详勘工程》作为本项目的地勘资料，符合工程建设地质勘测的要求。

根据地勘资料，其地层自上而下分布为：第 1 层为植物层：褐黄色，结构松散，层厚 1m；第 2 层为淤泥层：流塑状，偶含 3%～5% 细砂，层厚 1.5m；第 3 层为淤泥质粉细砂层：结构松散，含有机质约 35% 淤泥，饱和，松散，层厚 1m；第 4 层为淤泥层：流塑状，层厚 6.5m，平均天然含水量 56.9%，层顶埋深 3.5m，层底埋深 10m；第 5 层为淤泥质黏土层，软塑～可塑，最大揭示深度约 31.0m（未揭穿）。

5. 气象水文情况

根据南沙区气象局气象资料，2013 年 7 月 6 日至 8 日，离事故区域最近的鱼窝头镇政府测量点均有降雨记录，2013 年 7 月 7 日的降水量达到了 12.2mm。

根据中国海事服务网查询南沙港的潮汐水位数据，7 月 8 日 14 时 15 分为最高潮位（248cm）。

6. 施工组织情况

（1）万洲涌顶管穿越采用泥水平衡顶管，顶管长度 200m，顶管深度（套管管底）深度 6m，套管采用 $L=2000$mm 内径 1500mm 的Ⅲ级套管，在长莫村处制作工作井、万洲村处制作接收井，发生事故的作业点位于长莫村正在制作的工作井。

（2）工作井采用圆形钢筋混凝土井，尺寸为 $\phi7.5$m×8m，壁厚 500mm，混凝土强度等级为 C30；主筋敷设 $\phi16$ 双层钢筋，环筋敷设 $\phi18$ 双层钢筋，钢筋间距均为 20cm×20cm；井底厚 600mm 左右，包括 300mm 左右的素混凝土底层和 300mm 左右的钢筋混凝土；后背墙采用钢筋混凝土后背墙，尺寸为 5m×2.5m×1m。

（3）工作井制作采用沉井工艺，即在地面预制 2m 后井内挖土下沉，再在地面预制 2m 再下沉，直至达到预定深度后进行封底。

（4）经查阅相关资料，万洲涌顶管工作井的施工日志如下：

2013 年 6 月 27 日，施工单位完成井壁南侧约 0.8m 处原水管线拉森钢板桩保护施工，打桩长度 $L=16$m，桩深 $H=15$m。

2013 年 6 月 29 日，施工单位开始制作顶管工作井。工作井为圆筒形钢筋混凝土结构，尺寸为 $\phi7.5$m×8.0m（深）×0.50m（壁厚）。工作井制作采用沉井工艺，在地面上分层浇筑钢筋混凝土井壁，用长臂挖机取出井内泥土使之下沉到预定深度。整个工作井每 1m 高度浇筑一次，每完成浇筑高度 2m 下沉一次，整个工作井分 8 次浇筑，4 次下沉。

2013 年 7 月 6 日，完成工作井壁的最后一次浇筑，工作井已下沉至 6m 深。

2013 年 7 月 7 日，工作井下沉至 7m 深。

2013 年 7 月 8 日 8 时 30 分，工作井已下沉至 7.5m 深度，井壁顶部高出地面约 0.5m，准备静止到下午观测后平整场地、封井底。

2013 年 7 月 8 日约 17 时，施工人员完成对井深观测，确定工作井下沉深度符合要求。约 17 时 10 分，工作井突然瞬间整体下沉。

11.2.2　事故情况

1. 事故经过

2013 年 7 月 8 日约 8 时 30 分，工作井已下沉至地下 7.5m 深度，约 17 时，杨某祥（死者）、李某富等 5 名施工人员在已下沉稳定超过 8h 的工作井周边平整泥土，并观测工作井是否有下沉偏位。当时，作业人员杨某祥位于北侧井壁外的地面上（据现场作业人员称杨某祥距井外壁约 2m 左右），另一名作业人员位于杨某祥对侧（即工作井南侧，工作井南侧约 0.8m 处有拉森钢板桩保护原水管线）。观测结束后，杨某祥等人正在收拾现场施工器具时，工作井突然瞬间整体下沉约 2m，工作井东侧、北侧的泥土快速向井内涌入。杨某祥被泥土推入井内的淤泥中，短时间内淹没仅余一只手臂，现场其余 4 名施工人员立即组织施救并调集工地值班挖掘机清理泥土实施救援。

2. 救援情况

事故发生后，SL 油建公司立即启动应急救援预案，并向公安、安监和业主单位进行报告。项目负责人和其他人员第一时间赶赴事故现场指导和组织抢救，立即调集了周边工地 5 台各种型号的挖掘机配合清理井口周边淤泥，并在井口四周安排 3 台打桩机打 15m 的拉森钢板桩进行支护。为保障现场施救的安全，防止次生事故的发生，7 月 9 日区安监局组织了 4 名工程建设方面的专家到现场指导救援工作。应建设单位请求，广东省韶关矿山救护队也安排工作人员和车辆到达现场参与救援。经过三天三夜不间断救援，直至 7 月 11 日上午 11 时 39 分杨某祥被打捞出井。

3. 善后情况

建设单位、施工单位共同做好了死者家属的接待和安抚工作，并按国家标准给予了经济赔偿，7 月 16 日将遇难者遗体火化，未发生社会维稳事件。

东涌镇人民政府及有关部门对本次事故的应急处置和善后工作处理得当，措施有力，效果明显。

11.2.3　事故原因

鉴于这起事故涉及工程建设的专业性较强，为查明事故发生的原因，事故调查组聘请了 5 位岩土工程和工业与民用建筑方面的专家协助开展事故调查（专家组组长林某海教授为广州市岩土工程、基础处理和基坑工程方面的杰出专家，享受国务院特殊津贴），有关事故原因分析如下：

1. 力学分析

工作井项目实施前，按规定进行了地质勘查、工程设计和施工组织设计。经查阅《万洲涌泥水平衡顶管施工方案》（该方案由 SL 油建公司编制、经监理单位 XY 公司审查同意）第 3.1.6 点〔工作井稳定性分析〕相关数据，工作井浇筑完成后总重力〔G〕约 2179kN；工作井沉降完成后，底部离地面约 7.5m，按照地质勘探、工程技术参数及相关技术规范计算，工作井底部泥土的最大承重力（$f_{承载}$）约 659kN；根据相关技术资料计算工作井外壁与泥土的摩擦力〔$R_{f外}$〕约为 1488kN；按照以往施工经验，SL 油建公司估算工作井内会有一定量的土层（约 1.6m 高），工作井内壁与泥土也存在摩擦力，经计算，1.6m 高的土层与井壁的摩擦力〔$R_{f内}$〕约 326kN。

则 $R_{f外}+R_{f内}+f_{承载}=1488+326+659=2473\text{kN}>G$（2179kN）

根据计算结果，在淤泥土质中进行沉井，只要工作井中有 1.6m 高的土层即可保持工作井稳定。施工人员可通过控制井内土层高度来控制工作井下沉或稳定，与 SL 油建公司在本工程之前制作的 4 个工作井的实际情况类比，计算结果与工程实际相符。

根据泥土的物理性质，泥土的含水量越高，其承载力（$f_{承载}$）及摩擦力（$R_{f外}$、$R_{f内}$）会越低。当泥土的含水量提高至（$R_{f外}+R_{f内}+f_{承载}$）的合力小于工作井自身重力时，就会出现下沉的现象。本次事故是在工作井完成沉降稳定静置超过 8h 后瞬间发生的。从力学角度分析，工作井突然下沉的原因是工作井的所有支撑力在外部原因（潮汐、雨水等因素）的影响下发生变化，井内外土压力平衡遭到破坏，导致工作井在重力作用下突然瞬间下沉。

2. 自然条件影响分析

（1）地质因素。根据地质勘察资料，事故工作井所处区域 1m 以下主要为淤泥或淤泥质粉细沙，部分含有有机质。此区域属于珠三角海滩区，在此海滩区内分布着一层物理力学性质很差的淤泥，厚度为 0.5～22m。该地区内淤泥类软土一般都具有"三低三高"特性，即高含水量、高孔隙比、高压缩性、低强度、低渗透性、低固结系数，地质条件恶劣。

（2）天气因素。根据天文记录，2013 年 7 月 6～8 日连续 3 天降雨，事故工作井周边为低洼积水区，使得土体含水量增大、强度降低，工作井侧壁摩阻力下降。

（3）水文因素。根据水文记录，7 月 8 日 14 时 15 分南沙港区潮高达到最大值，事故工作井离万洲涌约 100m，由于经历数小时的水土渗透作用，工作井周边地下淤泥层的含水量进一步提高。

施工地点恶劣的土质环境，加上天气和水文因素的影响，导致了淤泥层承载力和摩擦力大幅度降低，当土淤泥的承载力和摩擦力降低到一定程度，工作井的受力平衡被打破。

3. 事故原因分析

（1）直接原因

经调查分析和专家论证，造成本起事故的直接原因是事故作业点场地的地质条件复杂，淤泥层厚度大、含水量高、承载力低，在天气、水文等自然条件因素影响下，使得土体含水量增大、强度降低，工作井侧壁摩阻力下降，工作井的受力平衡被打破，最终导致了工作井瞬间下沉事故的发生。

（2）间接原因

工作井项目实施前，施工单位虽然按规定进行了地质勘查、工程设计和施工组织设计，也具备类似工程的施工经验，在南沙地区已经施工完成了 4 个同类型的工作井，但施工单位对南沙地区深厚淤泥层的工程性质认识不足，使得对施工过程中工作井的突沉风险评估不足，是造成本起事故的间接原因。

经查阅有关法律法规和建设规范，以及咨询有关工程建设方面的专家，在法律法规和建设规范中无强制要求"对工作井施工必须进行突沉风险评估"的规定。

（3）主要原因

复杂地质条件和不利天气影响是导致这起事故发生的主要原因。

4. 事故性质

经调查分析，这起事故主要是受复杂地质条件和不利天气影响，导致工程土层承载力下降和工作井突然下沉而引发的事故；建设项目的地质勘测、工程设计和施工组织均有按规定进行，有关工作井突沉风险评估不足的问题，在法律法规和建设规范方面未做明确规定，属施工单位对南沙地质工程性质认识不足的局限性影响而未预测到突沉风险，因此，事故调查组认定为这是一起意外事故。

11.2.4 事故防范和整改措施

（1）SL 油建公司在南沙区类似工程要立即停工，组织全体职工召开事故现场分析会，认真分析事故原因，深刻反省事故教训，同时组织技术人员对在建的类似工程的地质勘探、工程设计、施工作业等每个环节的技术防范措施执行是否到位进行排查，切实保障安全。

（2）依据《广东省安全生产条例》第十四条的规定，SL 油建公司必须委托符合资质要求的安全评价中介机构，对南沙区内管线施工作业现场的安全生产情况进行现状安全评估，全面查找事故隐患，并根据评价结论落实各项安全措施。

（3）SL 油建公司在重新编制施工方案时，要充分考虑当地土质环境和气候条件，进行突沉方面的风险评估，在工程设计、工程计算中要预留足够安全冗余度，减低外部因素对工程质量、安全施工的影响。

（4）建设单位、监理单位要加强对施工单位的工程设计、施工组织、现场作业的审核把关，加强与南沙区建设行政主管部门的技术咨询，督促施工单位严格落实有关安全管理制度和技术防范措施。

（5）区建设局、区城管局等职能部门和各镇街要认真吸取事故教训，举一反三，根据南沙地质特点和天气情况，发布安全预警信息，督促南沙新区的建设项目认真做好安全防范工作。

附录1：青岛市燃气工程建设安全管理办法

青岛市住房和城乡建设局
关于印发《青岛市燃气工程建设安全管理办法》的通知

各区（市）住房和城乡建设主管部门、青岛西海岸新区住房和城乡建设局、崂山区城市管理局，各有关单位：

为进一步规范燃气工程建设安全管理，维护燃气工程建设安全和社会公共安全，结合我市实际，市住房城乡建设局研究制定了《青岛市燃气工程建设安全管理办法》，现印发给你们，请认真贯彻执行。

青岛市住房和城乡建设局
2020 年 12 月 31 日

青岛市燃气工程建设安全管理办法

第一章 总 则

第一条 为了加强燃气工程安全管理，维护燃气工程安全和社会公共安全，根据《中华人民共和国建筑法》《中华人民共和国安全生产法》《建设工程安全生产管理条例》《房屋建筑和市政基础设施工程施工安全监督规定》《房屋建筑和市政基础设施工程施工安全监督工作规程》等法律、法规、规章及有关规定，结合本市实际，制定本办法。

第二条 本办法适用于青岛市行政区域内新建、改建、扩建等燃气工程安全监督管理。

天然气、液化石油气的生产和进口，城市天然气门站以外的天然气管道输送，燃气的船舶运输和码头装卸，燃气作为发电、工业生产原料、切割气的使用，沼气、秸秆气的生产和使用，不适用本办法。

第三条 住房和城乡建设主管部门负责本行政区域内的燃气工程建设安全管理工作，具体工作由其所属的安全监督机构负责燃气工程安全管理。

其他有关部门应当依照有关法律、法规，在各自职权范围内做好有关燃气工程安全管理工作。

第二章　建设与管理

第四条　市住房和城乡建设主管部门应当会同城市管理、自然资源和规划等部门，组织编制全市燃气设施专项规划，报市人民政府批准后组织实施。

崂山区、城阳区、黄岛区、即墨区和胶州市、平度市、莱西市住房和城乡建设主管部门应当根据全市燃气设施专项规划，组织编制当地燃气设施专项规划，报区（市）人民政府批准后组织实施。

第五条　在燃气设施专项规划确定的管道燃气覆盖范围内，新建住宅、工业园区以及其他需要使用燃气的建设项目，应当配套建设相应的管道燃气设施。

住宅配套建设的管道燃气设施应当包括燃气泄漏报警装置和自动切断装置。

依附于道路（含公路，下同）敷设的燃气管道，应当与新建、改建、扩建道路同步建设。

第六条　新建、改建、扩建燃气工程项目，应当符合燃气设施专项规划。

第七条　燃气工程的规划应当符合燃气工程安全保护的要求，遵循安全环保、节约用地和经济合理的原则。工程建设应当遵守法律、法规、规章、标准和技术规范有关建设工程质量管理的规定。

燃气工程建设使用的管道产品及其附件的质量，应当符合国家标准的强制性要求。

第八条　燃气工程完工后，建设单位应当依法组织勘察、设计、施工、监理等单位进行竣工验收，验收合格后办理竣工验收备案手续。

第九条　燃气工程建设单位应当在竣工验收后 3 个月内，向城建档案管理机构移交下列工程档案资料：

（一）燃气工程竣工资料；

（二）燃气工程竣工测绘成果；

（三）其他燃气工程建设过程中形成的电子文档、工程图片、视频影像资料。

第三章　燃气工程参建单位的安全责任

第十条　建设单位、勘察单位、设计单位、施工单位、工程监理单位及其他与燃气工程安全生产有关的单位，必须遵守安全生产法律、法规的规定，保证燃气工程安全建设，依法承担燃气工程建设安全生产责任。

第十一条　燃气工程建设单位应当向施工单位提供施工现场及毗邻区域内供水、排水、供电、供气、供热、通信、广播电视等地下管线资料，气象和水文观测资料，相邻建筑物和构筑物、地下工程的有关资料，并保证资料的真实、准确、完整。

建设单位因建设工程需要，向有关部门或者单位查询前款规定的资料时，有关部门或者单位应当及时提供。

第十二条　建设单位不得对勘察、设计、施工、工程监理等单位提出不符合建设工程安全生产法律、法规和强制性标准规定的要求，不得压缩合同约定的工期。

第十三条　建设单位在编制工程概算时，应当确定建设工程安全作业环境及安全施工措施所需费用。

第十四条　建设单位不得明示或者暗示施工单位购买、租赁、使用不符合安全施工要求的安全防护用具、机械设备、施工机具及配件、消防设施和器材。

第十五条 建设单位在申请领取施工许可证时，应当提供建设工程有关安全施工措施的资料。

第十六条 新建、扩建、改建的建设工程，不得影响燃气设施安全。各类工程建设单位在开工前，应当查明建设工程施工范围内地下燃气管线的相关情况。

建设工程施工范围内有地下燃气管线等重要燃气设施的，建设单位应当会同施工单位与管道燃气经营者共同制定燃气设施保护方案。建设单位、施工单位应当采取相应的安全保护措施，确保燃气设施运行安全；管道燃气经营者应当派专业人员进行现场指导。法律、法规另有规定的，依照有关法律、法规的规定执行。

第十七条 勘察单位应当按照法律、法规和工程建设强制性标准进行勘察，提供的勘察文件应当真实、准确，满足建设工程安全生产的需要。

勘察单位在勘察作业时，应当严格执行操作规程，采取措施保证各类管线、设施和周边建筑物、构筑物的安全。

第十八条 燃气工程设计单位应当按照法律、法规和工程建设强制性标准进行设计，防止因设计不合理导致生产安全事故的发生。

燃气工程设计单位应当考虑施工安全操作和防护的需要，对涉及施工安全的重点部位和环节在设计文件中注明，并对防范生产安全事故提出指导意见。

采用新结构、新材料、新工艺的建设工程和特殊结构的建设工程，燃气工程设计单位应当在设计中提出保障施工作业人员安全和预防生产安全事故的措施建议。

燃气工程设计单位和注册建筑师等注册执业人员应当对其设计负责。

第十九条 燃气工程监理单位应当审查施工组织设计中的安全技术措施或者专项施工方案是否符合工程建设强制性标准。

燃气工程监理单位在实施监理过程中，发现存在安全事故隐患的，应当要求施工单位整改；情况严重的，应当要求施工单位暂时停止施工，并及时报告建设单位。施工单位拒不整改或者不停止施工的，工程监理单位应当及时向有关主管部门报告。

燃气工程监理单位和监理工程师应当按照法律、法规和工程建设强制性标准实施监理，并对建设工程安全生产承担监理责任。

第二十条 施工单位从事燃气工程的新建、扩建、改建等活动，应当具备国家规定的注册资本、专业技术人员、技术装备和安全生产等条件，依法取得相应等级的资质证书，并在其资质等级许可的范围内承揽工程。

第二十一条 燃气工程施工单位主要负责人依法对本单位的安全生产工作全面负责。施工单位应当建立健全安全生产责任制度和安全生产教育培训制度，制定安全生产规章制度和操作规程，保证本单位安全生产条件所需资金的投入，对所承担的建设工程进行定期和专项安全检查，并做好安全检查记录。

燃气工程施工单位的项目负责人应当由取得相应执业资格的人员担任，对建设工程项目的安全施工负责，落实安全生产责任制度、安全生产规章制度和操作规程，确保安全生产费用的有效使用，并根据工程的特点组织制定安全施工措施，消除安全事故隐患，及时、如实报告生产安全事故。

第二十二条 燃气工程施工单位对列入建设工程概算的安全作业环境及安全施工措施所需费用，应当用于施工安全防护用具及设施的采购和更新、安全施工措施的落实、安全生产条件的改善，不得挪作他用。

第二十三条 施工单位应当设立安全生产管理机构，配备专职安全生产管理人员。

专职安全生产管理人员负责对安全生产进行现场监督检查。发现安全事故隐患，应当及时向项目负责人和安全生产管理机构报告；对违章指挥、违章操作的，应当立即制止。

专职安全生产管理人员的配备符合相关法律法规规定。

第二十四条 燃气工程实行施工总承包的，由总承包单位对施工现场的安全生产负总责。

总承包单位依法将建设工程分包给其他单位的，分包合同中应当明确各自的安全生产方面的权利、义务。总承包单位和分包单位对分包工程的安全生产承担连带责任。

分包单位应当服从总承包单位的安全生产管理，分包单位不服从管理导致生产安全事故的，由分包单位承担主要责任。

第二十五条 燃气管道焊接作业人员、电工、起重信号工、登高架设作业人员等特种作业人员，必须按照国家有关规定经过专门的安全作业培训，并取得特种作业操作资格证书后，方可上岗作业。

第二十六条 施工单位应当在施工组织设计中编制安全技术措施和应急预案，按照规定对危险性较大的分部分项工程、有限空间作业采取严格有效的措施，确保燃气工程建设安全。

第二十七条 燃气工程施工前，施工单位负责项目管理的技术人员应当对有关安全施工的技术要求向施工作业班组、作业人员作出详细说明，并由双方签字确认。

第二十八条 施工单位应当在燃气工程施工现场设置明显的安全警示标志。安全警示标志必须符合国家标准。

施工单位应当根据不同施工阶段和周围环境及季节、气候的变化，在燃气工程施工现场采取相应的安全施工措施。

第二十九条 燃气工程施工单位应当将施工现场的办公、生活区与作业区分开设置，并保持安全距离；办公、生活区的选址应当符合安全性要求。职工的膳食、饮水、休息场所等应当符合卫生标准。施工单位不得在尚未竣工的建筑物内设置员工集体宿舍。

燃气工程施工现场临时搭建的建筑物应当符合安全使用要求。

第三十条 燃气工程施工单位的主要负责人、项目负责人、专职安全生产管理人员应当经建设行政主管部门或者其他有关部门考核合格后方可任职。

燃气工程施工单位应当对管理人员和作业人员每年至少进行一次安全生产教育培训，其教育培训情况记入个人工作档案。安全生产教育培训考核不合格的人员，不得上岗。

第三十一条 燃气工程作业人员进入新的岗位或者新的施工现场前，应当接受安全生产教育培训。未经教育培训或者教育培训考核不合格的人员，不得上岗作业。

施工单位在采用新技术、新工艺、新设备、新材料时，应当对作业人员进行相应的安全生产教育培训。

第三十二条 燃气工程施工单位应当为施工现场从事危险作业的人员办理意外伤害保险。

意外伤害保险费由施工单位支付。实行施工总承包的，由总承包单位支付意外伤害保险费。意外伤害保险期限自建设工程开工之日起至竣工验收合格止。

第四章 燃气工程安全监督管理

第三十三条 市燃气工程安全监督机构具体负责对青岛市市南区、市北区、李沧区行政区域新建、扩建、改建的燃气工程和跨区市的燃气工程、投资在3000万以上的燃气工程、次高压（含次高压）以上的燃气工程建设实施施工安全监督管理。

各区（市）燃气工程安全监督管理按照国家规定，由当地住房和城乡建设行政主管部门负责。

第三十四条 住房和城乡建设部门在对燃气工程进行安全监督检查时，可以行使下列职权：

（一）要求工程建设责任主体提供有关工程项目安全管理的文件和资料；

（二）进入工程项目施工现场进行安全监督抽查；

（三）发现安全隐患，责令整改或暂时停止施工；

（四）发现违法违规行为，按权限实施行政处罚或移交有关部门处理。

（五）向社会公布工程建设责任主体安全生产不良信息。

第三十五条 对工程项目实施施工安全监督，依照下列程序进行：

（一）制定工程项目施工安全监督工作计划并组织实施；

（二）实施工程项目施工安全监督抽查并形成监督记录；

（三）评定工程项目安全生产标准化工作并办理终止施工安全监督手续；

（四）整理工程项目施工安全监督资料并立卷归档。

第五章 附 则

第三十六条 本办法所称燃气设施，是指燃气储配站、门站、气化站、混气站、加气站、灌装站、供应站、调压站、市政燃气管网等的总称，包括市政燃气设施、建筑区划内业主专有部分以外的燃气设施以及户内燃气设施等；

第三十七条 本办法自2021年2月1日起实施，有效期至2026年1月31日。

附录2：防高处坠落安全检查表

防高处坠落安全检查表见附录2表1。

防高处坠落安全检查表 附录2表1

序号	涉及的设备或活动	事故原因	控制措施
1	登高作业	无管理制度、管理混乱	建立登高作业管理制度，并严格执行，做好审批手续，落实安全监护人员
		作业人员有禁忌症	患有高血压病、心脏病、癫痫病等人员不得从事高处作业
		作业人员身体条件不符合安全要求	（1）疲劳过度、精神不振和思想情绪低落人员要停止高处作业
			（2）严禁酒后从事高处作业
		作业人员着装不符合安全要求	（1）应配备安全帽、安全带和有关劳动保护用品
			（2）不准穿高跟鞋、拖鞋、带钉鞋或赤脚作业

续表

序号	涉及的设备或活动	事故原因	控制措施
1	登高作业	作业人员违章操作	(1)登高作业前,必须检查脚踏物是否安全可靠
			(2)使用高凳时,单凳只准站1人,双凳支开后,两凳间距不得超过3m
			(3)不准攀爬脚手架或乘运料井字架上下,也不准从高处跳上跳下
			(4)在没有可靠的防护设施时,高处作业必须系好安全带。同时,安全带的质量必须达到使用安全要求,并要做到高挂低用
			(5)严禁在石棉瓦,刨花板、三合板、顶棚上行走
			(6)不准在六级强风或大雨、雪、雾天气从事露天高处作业
			(7)不得以叉车、挖掘机等作为登高作业工具
			(8)做好高处作业过程中的安全检查,如发现人的异常行为、物的异常状态,要及时加以排除
		登高作业车存在缺陷或使用不当	(1)登高车缺少栏杆
			(2)栏杆未正确使用
			(3)未正确使用撑脚
		脚手架不符合规定要求	(1)架子高度达到3m以上时,每层要绑两道护身栏,设一道挡脚板,脚手板要铺严,板头、排木要绑牢,不准留探头板
			(2)使用桥式脚手架时,要特别注意桥桩与墙体是否拉顶牢固、周正。升桥降桥时,均要挂好保险绳,并保持桥两端升降同步。升降桥架的工人,要将安全带挂在桥架的立柱上。升桥的吊索工具均要符合设计标准和安全规程的规定
			(3)使用吊篮架子时,其吊索具必须牢靠。吊篮架子在使用时,还要挂好保险绳或安全卡具。升降吊篮时,保险绳要随升降调整,不得摘除。吊篮架子的两侧面和外侧均要用网封严。吊篮顶要设头网或护头棚,吊篮里侧要绑一道护身栏,并设挡脚板
			(4)提升桥式架、吊篮用的倒链和手拉葫芦必须经过技术部门鉴定合格后方可使用。倒链最少应用2t的,手拉葫芦最少应用3t的,承重钢丝绳和保险绳应用直径为12.5mm以上的钢丝绳。另外使用插口架、吊篮和桥式架子时,严禁超负荷
		其他异常。如被行车挤压、起吊物碰撞、自身碰到固定物体等	(1)高处作业时应注意周边情况,加强与监护人员、操作人员间的联络,防止被行车挤压、被起吊物碰撞
			(2)登高作业时应注意周边情况,防止碰撞到其他固定物体后掉下
2	梯子的使用	梯子存在结构、强度等缺陷	(1)梯子应有足够的强度,结构件不得有松脱、裂纹、扭曲、腐蚀、凹陷或凸出等严重变形
			(2)梯子的下端应具有防滑装置
			(3)对于竹梯,构件不得有连续裂损两个竹节或不连续裂损三个竹节
			(4)移动竹梯、木梯梯柱应有拉紧措施

序号	涉及的设备或活动	事故原因	控制措施
2	梯子的使用	梯子存在结构、强度等缺陷	(5)人字梯的铰链完好、无变形,两梯之间梁柱中部限制拉线、撑锁固定装置牢固
			(6)由金属或塑料制作的踏棍和踏板应具有防滑表面
			(7)用绳操作的延伸式梯子的锁紧装置应确保安全的卡住,并且靠近梯框有两个支承块
		不正确使用梯子	(1)登梯时应注意力集中,两手握住梯梁
			(2)不要穿潮湿,有油污或塑料底鞋登梯,以免滑跌
			(3)梯子上部第二挡踏板为最高站立高度,工作时不得站立或跨越第一挡踏板
			(4)当需要在梯子上两手同时工作时,应使用安全带
			(5)工作范围超过一定限度,需要侧斜身子才能作业时,应下梯,调整梯子至适当位置后再登梯作业
			(6)梯子上有人时,不得移动梯子
			(7)使用梯子时,单梯只许上1人操作,支设角度以60°～70°为宜
			(8)移动梯子或在上面作业时,都应随时注意周围环境,防止发生意外
			(9)支设人字梯时,两梯夹角应保持40°,同时两梯要牢固,拉绳或支撑可靠
			(10)使用梯子应有监护人,并不得随意离开现场
3	现场	洞口缺少防护	(1)生产现场存在洞口的,必须设置好栏杆或加盖等安全措施
			(2)洞口挂安全警示牌
4	平台	平台缺少防护	平台必须设置好栏杆。扶手高度、立柱间距、横杆间距、走台或平台净空高度等尺寸应符合现行国家标准《固定式钢梯及平台安全要求 第3部分:工业防护栏杆及钢平台》GB 4053.3—2009规定
		平台强度不足	平台折断、坍塌、倒塌
检查综合性描述和意见			

附录3:防物体打击安全检查表

防物体打击安全检查表见附录3表1。

防物体打击安全检查表 附录3 表1

序号	涉及的设备或活动	事故原因	控制措施
1	行车吊车	机械伤人物件打击	(1)操作人员是否持证上岗
			(2)操作人员是否严格执行"十不吊"规定
			(3)是否定期检查钢丝绳有无散股、断股,挂钩有无裂纹
			(4)是否定期维护电机、滚筒、轴承及各控制元器件,有无例行检查记录和标志
			(5)是否严格执行无关人员严禁吊运货物、操作设备要求
2	物件堆放(原辅料、半成品、成品)	物件倒塌物件坠落	(1)物件堆放平稳,不得超高堆放,不得堵塞通道
			(2)铸造使用的砂箱、模型、工具等不得随意堆放,保持通道畅通无阻
3	物流、运输货物装卸	货物滚动或倒下	(1)场区交通组织是否规范,货物捆扎应固定,放置平稳
			(2)超高装卸作业时,现场应设监护人员
			(3)大件产品在组装和搬运时,应放置平稳,现场设监护人员,事前应做风险评估,做好防倾倒措施
4	维修、施工	高处作业时配件、工具等坠落	(1)作业人员持有登高证并按规定采取相应保护,有无超范围施工、无监护施工
			(2)作业人员上下时应将工具放在工具袋里;零配件、报废件等应定点放置,不准往下乱扔
			(3)高处平台应装10cm高的踢脚板
		重锤、榔头等飞出	(1)工作前检查所用的重锤、榔头等工具是否完好、可靠
			(2)使用重锤、榔头等工具时拿紧、拿好,应观察周边人员位置和变化情况再行操作
		物件(设备、零配件等)支撑不牢	(1)维修架空物件必须支撑牢固、可靠,方可进行作业
			(2)安装时,操作人员应做好协调配合,重物应使用起吊工具进行操作
5	组织生产中机床安全检查	工具、卡具、工件飞出	(1)牢固安装好工具、卡具、工件
			(2)加工偏心工件时做好平衡配重
			(3)经常检查卡盘保险销子是否销紧
			(4)不准在立车卡盘上放置浮动物体
		钻头、刀具飞出	控制钻头、刀具进给速度,并均匀进给
6	组织生产冲床、压力机检查	模具安装不当	(1)安装前应仔细检查模具是否完整无裂纹
			(2)检查压力机和模具的闭合高度,保证所用模具的闭合高度介于压力机的最大与最小闭合高度之间
			(3)模具安装完后,应进行空转或试冲,检验上、下模位置的正确性以及卸料、打料及顶料装置是否灵活、可靠,并装上全部安全防护装置,直至全部符合要求方可投入生产

续表

序号	涉及的设备或活动	事故原因	控制措施
7	组织生产锻床检查	锤头、铁砧碎裂飞出	(1)工作前应检查锤头、铁砧有无裂纹,锤头与锤是否松动
			(2)工作中应经常检查是受冲击部位是否有损伤、松动,裂纹等,发现问题要及时修理或更换,严禁机床带病作业
		工件飞出	(1)严禁无关人员在锻床边观看
			(2)严格遵守"七不打"的操作规程,即:①工件放不正不打;②拿不平不打;③夹不准不打;④冷铁不打;⑤冲子于和剁刀背上有油不打;⑥空锤不打;⑦看不准不打

其他行业

● **安全监督管理不到位**
(1)在日常生产组织管理上,现场负责人对交叉作业重视不足,安排两组或以上人员在同一作业点的上下方同时作业,造成交叉作业。
(2)片面追求进度,不合理地安排作业时间,不合理地组织生产,要求工人加班加点或颠倒生产程序等导致安全监管缺失。
(3)安全监护不到位。
● **人员安全意识淡薄导致违章作业等人的不安全行为**
(1)工作过程中的一般常用工具没有放在工具袋内,随手乱放。
(2)生产材料随意乱丢、乱堆放,或有直接向地面(空中)抛扔生产材料、杂物、垃圾等。
(3)随意穿越警戒区或在警戒区域内组织生产的,不按规定在安全通道内行走。
● **安全技术及管理措施不到位,使用不规范的组织生产方式,造成物体处于不安全状态**
(1)生产材料堆放在临边及洞口附近,堆垛超过规定高度、不稳固。
(2)不及时清理高处的临时堆放材料,导致生产材料由于振动、碰撞等原因而坠落。
● **个人劳动保护用品穿戴不到位,劳动保护措施不全面**
(1)作业人员进入生产现场没有按照要求配备劳保用品,或者劳保用品不合格。
(2)可能造成物体打击的场所、工段,没有采取有效措施或没有警示标志。
(3)检查生产用绳索、钢缆、吊钩等,防止断裂造成高空坠物。
(4)拆除工程(危险区域)未设警示标志,周围未设护栏或未搭设防护棚

检查综合性描述和意见

附录4:防机械伤害安全检查表

防机械伤害安全检查表见附录4表1。

防机械伤害安全检查表　　　　　　　　　　　　附录4 表1

项目	检查内容及要求	是否符合	存在的问题	整改建议	责任单位	整改负责人	完成日期
1. 制度台账	制定适合公司的《设备管理制度》及相关操作规程						
	建立设备台账						
	特种设备及其附件按照安全技术规范进行定期检验,并有有效证明						

项目	检查内容及要求	是否符合	存在的问题	整改建议	责任单位	整改负责人	完成日期
2. 人员管理	特种设备作业人员及管理人员按规定取得特种作业人员证书,并按规定接受安全教育和培训,具备必要的特种设备安全作业知识						
	一般设备操作人员熟知设备操作规程,严格按要求作业						
	设备接电由持证电工负责,无证人员禁止进行用电作业						
	工程进行期间持续开展日常安全教育,有书面记录						
	指定专人负责设备的维护保养						
3. 安全技术交底	工程开工前按要求进行安全技术交底						
	交底内容翔实、有针对性,各级交底人和被交底人签字确认						
4. 日常使用	设备按规定定期进行检查,设备的外观良好,保养符合要求						
	有设备日常维护、保养、运行故障和事故记录						
	每天开工前对当天使用设备进行检查,检查结果在安全日志中进行记录,检查人员签字确认						
	空压机、电焊机、切割机、套丝机等设备的防护罩及制动系统需灵活、可靠、牢固						
	进行管道切割、除锈作业时,作业人员必须佩戴安全帽、防护手套、护目镜、口罩等防护用品						
	使用水钻、路面切割机进行作业时,作业人员必须穿戴绝缘手套、绝缘鞋						
	进行焊接作业时必须佩戴个人防护用品(工作服、焊工手套、防护面罩或防护眼镜等)						
	设备专用箱做到"一机、一闸、一箱、一漏",严禁一闸多机						
	分配电箱与开关箱的距离不大于30m,开关箱与其控制的固定式用电设备的水平距离不大于3m						
	配电箱应保持整洁,不得堆放任何妨碍操作维修的杂物,有备用的"禁止合闸、有人工作"标志牌						
	作业场所的安全防护设施、警示标志完备,安全标识清晰,施工现场设置"五牌一图"						
	作业区域进行维护,放置警示标识,防止无关人员进入作业区域						

附录5：防触电安全检查表

防触电安全检查表见附录5表1。

防触电安全检查表   附录5表1

项目	检查内容及要求	是否符合	存在的问题	整改建议	责任单位	整改负责人	完成日期
1. 安全交底记录	用电设备总容量在50kW以上，必须编制临时用电组织方案						
	临时用电作业前进行了安全交底，由交底人和被交底人签字						
	每日开工前对电缆、用电设备等进行检查，并在安全日志中进行记录。检查人签字						
2. 人员持证	进行电工作业人员必须持有有效的特种作业操作证						
	安全技术资料中有电工作业人员登记信息						
	设备专用箱做到"一机、一闸、一箱、一漏"，严禁一闸多机						
	配电系统应设置配置电柜或总配电箱、分配电箱、开关箱，实行三级配电，逐级漏电保护现场检查，分配电箱与开关箱的距离不大于30m，开关箱与其控制的固定式用电设备的水平距离不大于3m						
	危险场所、手持照明灯应使用安全电压，线路及灯具安装应符合要求						
	配电箱应保持整洁，不得堆放任何妨碍操作维修的杂物						
	配电箱、开关箱外形结构应能防雨、防尘						
	有备用的"禁止合闸、有人工作"标志牌						
	室内线路及灯具安装高度应不小于2.5m						
	临时用电线路横跨道路或在有重物挤压危险的部位须加设防护套管						
3. 其他	电线无老化、破皮；保护零线必须使用黄/绿双色线						
	临时电源暂停使用时，应在接入处断开电源，工棚、宿舍用电严禁私拉乱接						
	对漏电保护器进行测试						

附录6：防火灾安全检查表

防火灾安全检查表见附录6表1。

防火灾安全检查表

序号	检查项目	检查重点内容	检查情况
1	查火源	是否存在违规用火、用电	□ 违规,存在问题:_____ □ 不违规
2		是否定期组织防火巡查,及时清除遗留火种	□ 是 □ 否,具体问题:_____
3		动火作业审批是否规范并落实防范措施	□ 是 □ 否,具体问题:_____
4		是否存在电器线路私拉乱接	□ 是,具体问题:_____ □ 否
5		是否落实电气线路定期检测规定	□ 是 □ 否,具体问题:_____
6		是否及时关闸断电	□ 是 □ 否,具体问题:_____
7		是否划定烟花爆竹禁放区域和禁绝明火散发区域	□ 是 □ 否,具体问题:_____
8		防雷防爆防静电以及遇湿易燃物品防潮等措施是否落实到位	□ 是 □ 否,具体问题:_____
9		货物堆场、危险化学品储存场所通风、散热等措施落实是否到位	□ 是 □ 否,具体问题:_____
10	查荷载	厂房、库房、员工集体宿舍是否使用夹芯彩钢板	□ 是,夹芯材质: □泡沫 □岩棉 □其他易燃、可燃材质 □其他不燃材质 □ 否
11		装修及隔热保温材料是否使用聚氨酯泡沫等易燃可燃材料	□ 有,装修或隔热保温部位:_____ □ 无
12		仓储、堆垛储存物品数量是否超过规定储量	□ 是 □ 否 □ 不涉及
13		易燃易爆危险化学品是否超量储存	□ 是 □ 否 □ 不涉及
14		是否采取搬离一定数量的可燃物品、使用低燃烧热值物品替代高燃烧热值物品等方式降低人员密集场所火灾荷载密度	□ 是 □ 否 □ 不涉及
15		公众聚集场所针对高峰时段大流量是否采取应急管理措施	□ 是 □ 否 □ 不涉及
16		生产、经营、储存场所是否有人员住宿,存在"三合一"现象	□ 是,具体部位及住宿人数:_____ □ 否
17		是否存在"群租房"现象	□ 是 □ 否 □ 不涉及

续表

序号	检查项目	检查重点内容	检查情况
18		是否按照规范标准配置消防设施、器材	□ 是 □ 否,具体问题:_____
19		是否接入消防设施联网监测系统	□ 是　　□ 否　　□ 不涉及
20		是否与有资质的维保机构签订维保协议	□ 是　　□ 否　　□ 不涉及
21	查设施	消防设施、器材、消防安全标志是否完好有效	_____设施完好 _____故障、损坏 在"__"填写下列序号:(1)消火栓系统;(2)火灾自动报警系统;(3)防烟系统;(4)排烟系统;(5)自动喷水灭火系统;(6)气体灭火系统;(7)灭火器;(8)应急照明灯;(9)疏散指示标志;(10)防火卷帘;(11)其他系统:_____
22		是否安装剩余电流式等电气火灾监控系统、缆式感温探测器、家用燃气泄漏报警系统、家庭火灾智能救助系统等实用设施、装备	□ 是,具体设施及安装部位:_____ □ 否
23	查通道	疏散通道是否畅通	□ 畅通 □ 不畅通,存在问题:_____
24		安全出口是否上锁	□ 是,具体问题:_____ □ 否
25		是否存在非法搭建的影响人员疏散逃生的建(构)筑物以及铁栅栏	□ 是,具体问题:_____ □ 否
26		楼梯间内存放电动自行车和杂物	□ 是,具体问题:_____ □ 否
27		员工是否掌握火场逃生自救基本技能,熟悉逃生路线和引导人员疏散程序	□ 掌握 □ 不掌握
28		是否组织员工开展消防安全培训和应急疏散逃生演练	□ 是 □ 否
29	其他	其他消防安全问题	

附录7:防中毒和窒息安全检查表

防中毒和窒息安全检查表见附录7表1。

防中毒和窒息安全检查表　　　　　　　　　　　**附录7表1**

编号	检查项	检查项目描述	是	否	不适用	问题描述
1	作业准备	合格的作业许可证在现场张贴				
2		查看记录,已做风险评估、危险源辨识,对员工进行安全教育				

编号	检查项	检查项目描述	是	否	不适用	问题描述
3		作业人员穿戴工作服、安全帽、工作鞋、全身式安全带等个人防护用品				
4		呼吸器、报警器、防爆对讲机等状况良好				
5		楼梯、梯子、三脚架、安全绳等逃生救援符合要求				
6		有限空间外备有清水等相应的应急用品				
7		气体检测仪器和防爆风机等设备处于正常状况				
8		切割、焊接设备经检验且状态良好				
9		使用超过安全电压的手持电动工具作业或进行电焊作业时,配备有漏电保护器				
10		有适量的消防器材,处于正常状态				
11		有限空间出入口畅通				
12		其他系统连通的可能危及安全作业的管道应采取有效隔离措施				
13	作业准备	用电设备停机时切断电源,上锁并加挂警示牌				
14		天气良好或已采取应对措施				
15		与有限空间相连通的可能危及安全作业的孔、洞应已进行严密地封堵				
16		在有限空间外有专人监护				
17		现场已设置明显的隔离区域、安全警示标志和警示说明				
18		易燃易爆的有限空间作业时,使用防爆型低压灯具及防爆工具				
19		检查记录符合规定:一氧化碳浓度不得超过 24mg/L、硫化氢浓度不得超过 7mg/L;可燃气体浓度是否不大于 0.5%;氧含量是否为 19.5%～22%;连续性空气安全测试合格				
20		通风设施良好可靠				
21		进入罐体等环境前应采取消除静电的措施				
22		有限空间内盛装或者残留的物料对作业存在危害时,作业人员应当在作业前对物料进行清洗、清空或者置换				
23		无交叉作业				
24		潮湿容器中,作业人员应站在绝缘板上,同时保证金属容器接地可靠				
25		观察作业人每次连续作业时间不能超过 1h,风险级别较高的应酌情缩短单次作业时间				
26	有限空间作业过程	作业人员使用防爆对讲机等有效通信手段				
27		监护人在作业现场,并与作业人员保持联系				
28		作业过程中,采取防爆风机等强制通风措施				
29		监护人对作业场所中的危险有害因素进行定时检测,至少每 30min 监测一次,对记录结果签字确认				
30		作业中断超过 30min,作业人员再次进入有限空间作业前,必须重新通风、检测合格				

编号	检查项	检查项目描述	是	否	不适用	问题描述
31	作业结束	作业结束后,现场负责人、监护人对作业现场进行清理,清点作业人员和工器具,必须与作业前相符				
32		作业中止或结束后,较为容易进出的有限空间设置了明显的隔离区域、隔离装置、安全警示标志和警示说明				
33		作业中止或结束,现场负责人和监护人在许可证上签字确认				
检查人员:			被检查人:			

参 考 文 献

[1] 彭知军，伍荣璋，蔡磊．燃气行业有限空间安全管理实务［M］．北京：石油工业出版社，2017．

[2] 伍荣璋，金国平，邹笃国等．燃气行业生产安全事故案例分析与预防［M］．北京：中国建筑工业出版社，2018．

[3] 刘倩，钟志，伍荣璋等．工业企业燃气事故分析与安全管理［M］．北京：中国建筑工业出版社，2019．

[4] 苏琪，同国普，高海晨等．燃气行业动火作业安全管理实务［M］．北京：中国建筑工业出版社，2020．

[5] 黄志丰，万方敏，吴谋亮等．燃气事故调查报告的研究和分析［J］．城市燃气，2018（8）：36-40．